un siècle d'aviation

LÉGENDAIRES AVIONS DU MONDE

François Besse
Jean Molveau

Sélection du Reader's Digest
PARIS•BRUXELLES•MONTRÉAL•ZURICH

LÉGENDAIRES AVIONS DU MONDE

est une publication de
SÉLECTION DU READER'S DIGEST

CRÉATION ET RÉALISATION
ATP

Conception éditoriale
Hervé Chaumeton
Christian Dorémus

Secrétaire de rédaction
Valérie Blanchout

Assistance graphique
Myriam Morlet

PAO
Nathalie Mathonnat
Isabelle Véret
Emmanuel Vogel

Photogravure
Christophe Courtier
Véronique Janvier
Chantal Mialon

♦

Avec la collaboration de l'équipe éditoriale
de Sélection du Reader's Digest.

♦

Les auteurs tiennent à remercier
Pierre Gaillard
pour l'aide apportée
à la recherche documentaire de cet ouvrage.

ISBN : 2-7098-1000-X

Sommaire

Préface

C'est du rêve fracassé d'Icare qu'est née la volonté de conquérir le ciel. Les plus légers que l'air – les montgolfières, le ballon – n'ont mené qu'à une impasse parce que l'homme était à la merci du vent… Alors, au prix de bien des vies, les pionniers ont ouvert la voie royale qui allait mener de la Demoiselle de Santos-Dumont au Concorde en un demi-siècle… Il aura fallu dix-sept siècles pour passer du char de Jules César au carrosse de Napoléon III.

L'homme, en copiant l'oiseau et ses formes, a dominé enfin l'air. Un élan vertigineux de la technique vers la perfection, de l'hélice au jet, a porté l'avion de la vitesse du vent à celle du son. L'iconographie de cet ouvrage présente mieux que tous les textes cette course au progrès et à cette beauté qui rivalise avec celle de l'oiseau.

Les photos montrent ces avions dont quelques-uns demeureront dans la mémoire à cause des pilotes du monde entier qui ont eu le privilège de les manier. Le Spad, le Messerschmitt 109, la grâce du Spitfire, le Zero japonais, libellule du Pacifique, la sublime élégance du Mirage, ces merveilleuses machines sont encore le triomphe de l'art sur les équations et les ordinateurs.

Demain, enchaîné comme un esclave dans la cale de ses fusées, l'homme partira à la conquête du monde sidéral… Ce sera la victoire de l'orgueil sur l'amour, et le ciel ne sera plus jamais pareil.

Pierre Clostermann

Reconstitution moderne de l'Albatros de Jean-Marie Le Bris, 1856.

1783-1913

Voler : du rêve à la réalité

De tout temps, l'homme a désiré voler. Dès l'Antiquité, la mythologie fait déjà référence à cet impérieux besoin : c'est l'architecte Dédale et son fils Icare, qui fuient le palais du roi Minos, en Crète, grâce à des ailes faites de plumes collées avec de la cire, dont la fonte occasionnée par la chaleur du soleil précipitera Icare dans la mer Égée... C'est Alexandre le Grand qui prétend visiter le ciel à bord d'un char ailé...

Au-delà des légendes, les premières expériences semblent avoir eu lieu en Chine, puisque l'on y invente le cerf-volant deux cents ans avant Jésus-Christ.

Le premier scientifique occidental à étudier sérieusement la question est Léonard de Vinci. Il dessine l'ornithoptère, à ailes battantes, inspiré de l'oiseau, ou l'hélicoptère, utilisant le principe de la vis sans fin pour s'élever verticalement dans l'atmosphère. Ses notes, pourtant, ne précisent pas s'il est passé de la théorie à la pratique, et, en tout état de cause, il eût fallu à l'homme une force musculaire qu'il ne possède pas pour parvenir à s'affranchir de la pesanteur avec ces appareils.

La conquête de l'air commence véritablement le 4 juin 1783, à Annonay. Ce jour-là, les frères Joseph et Étienne de Montgolfier font la démonstration de leur invention, née d'une constatation : l'air chaud a tendance à s'élever au-dessus de l'air froid. La montgolfière est née, qui embarque ses premiers passagers humains, Pilâtre de Rozier et le marquis d'Arlandes, le 19 septembre suivant. La même année, le professeur Charles parvient à stocker suffisamment de ce gaz récemment découvert, l'hydrogène, et son ballon s'envole le 27 août 1783. En compagnie de M. Robert, il décolle, fin 1783, pour le premier voyage aérien de l'Histoire, montant à 3 000 m et parcourant 36 km.

Dès lors, les ascensions de ces engins plus légers que l'air vont se succéder. Elles se pratiquent encore comme un sport à l'aube du IIIe millénaire. Les militaires vont utiliser très tôt ce poste d'observation, puisque les armées de la République possèdent leur compagnie d'aérostiers depuis le 2 avril 1794. Le 26 avril, les renseignements glanés par le ballon à air chaud l'Entreprenant permettent de remporter la bataille de Fleurus.

Toutefois, tous ne voient pas dans le ballon ni dans son évolution, le dirigeable (à vapeur, à l'époque), due au Français Henri Giffard en 1852, le moyen de locomotion de l'avenir. Puisque le poids de l'oiseau n'empêche pas ce dernier de voler, il doit être possible de décoller avec un « plus lourd que l'air », dont les principes sont posés par le Britannique sir George Cayley, qui réalise un premier planeur vers 1808. Il réfléchit également au concept de l'hélice aérienne. Un autre Anglais, William Samuel Henson, dépose en 1842 un brevet de machine volante mue par la vapeur, suivi par le Français Félix du Temple, en 1857.

La seconde moitié du XIXe siècle voit fleurir de nombreux projets et expérimentations : le premier, Jean-Marie Le Bris vole avec son planeur Albatros en 1856.

1890 : le Français Clément Ader achève l'Éole, et l'Allemand Otto Lilienthal commence ses essais avec des planeurs – à sa mort, six ans plus tard, il a totalisé plus de 2 000 glissades. L'un s'essaie à décoller avec un moteur, l'autre s'élance du haut d'une pente. Octave Chanute, ingénieur américain d'origine française, parcourt 100 m en 1897, avant de transmettre abondamment aux frères Wright les connaissances acquises en Europe.

Dès la fin du XIXe siècle, le vol humain est devenu une réalité. Mais il va falloir apprendre à le maîtriser...

CLÉMENT ADER INVENTE L'AVION

L'inventeur Clément Ader a été le premier à « perdre terre » à bord d'un engin plus lourd que l'air propulsé par sa propre force motrice. L'envol étant acquis, il restait à maîtriser le pilotage…

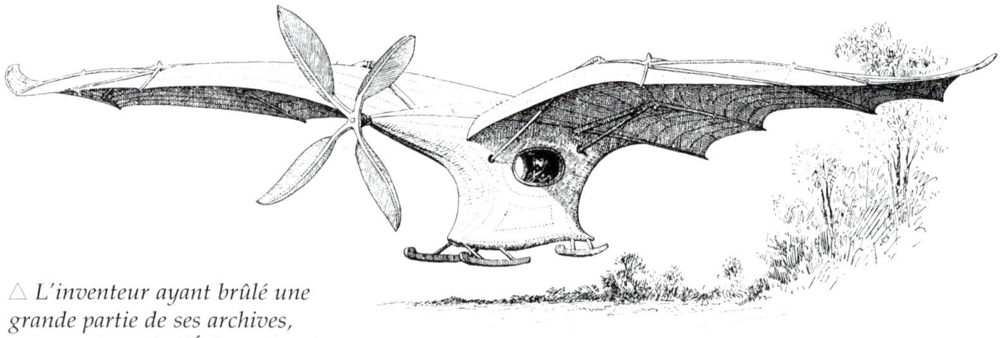

△ L'inventeur ayant brûlé une grande partie de ses archives, aucune photo de l'Éole en état de voler – encore moins en vol – n'existe, sauf l'appareil, ailes repliées, au fond d'un hangar. En raison du secret qui avait entouré sa fabrication, les illustrateurs, à l'époque, avaient dû imaginer certains détails faute d'informations – d'où ces patins en place des roues et ce fuselage aux formes certainement trop rondes.

À la fin du XIXe siècle, Clément Ader n'est pas un inconnu. Il a de nombreux brevets à son actif, tels un vélo à roue en caoutchouc, un théâtrophone (permettant de suivre à distance des pièces de théâtre jouées en direct), ou encore des applications destinées au chemin de fer. À partir de 1885, son objectif est de concevoir le premier appareil plus lourd que l'air capable de voler.

Un « avion » conçu de A jusqu'à Z

Ses multiples recherches donnent naissance à un appareil, un avion (on lui doit la création de ce mot à partir du latin *avis*, oiseau) qu'il baptise Éole, du nom du dieu des vents grec. L'Éole a une forme en plan calquée sur celle de la chauve-souris, avec une aile à profil creux, très porteur. Ses ailes sont repliables et modifiables en vol au moyen de plusieurs commandes. À la pointe avant se trouve l'hélice, conçue en bambou et actionnée par un moteur à vapeur. Ce bicylindre développe une vingtaine de chevaux, véritable prouesse technique de par son rapport poids-puissance. Le fuselage repose sur quatre roues, la roue avant devant parer à tout risque de capotage. Avec une envergure de 14 m et une longueur de 6,50 m, l'appareil pèse moins de 300 kg en charge. On l'achemine discrètement vers le parc du château d'Armainvilliers, où l'on prépare une bande de terre battue d'une longueur de 200 m. Ne conservant que quelques aides de confiance, l'inventeur s'installe à bord de sa machine le 9 octobre 1890. Le moteur est mis en route et l'appareil s'ébranle lentement. Quelques instants plus tard, l'Éole « perd terre » sous le regard des assistants et « se soutient dans l'air en rasant le sol avec la seule ressource de sa force motrice ». Une distance d'une cinquantaine de mètres aurait été parcourue avant que l'avion ne retouche le sol. Clément Ader est très satisfait de ce « premier vol » – le premier décollage d'un appareil plus lourd que l'air sous l'effet de sa

Originaire de Muret, Clément Ader avait déjà de nombreux brevets à son actif lorsqu'il s'est lancé dans le domaine de l'aviation. Utilisant comme « base » une roussette des Indes (chauve-souris), il a tout imaginé et conçu, du moteur à l'hélice, en passant par la voilure à géométrie variable. ▷

Reprenant la même architecture mais équipé de deux moteurs plus puissants, l'Avion III donne une bonne idée de la forme de l'Éole, appareil surtout connu par les plans des brevets déposés. ▽

Photo retouchée de l'époque, montrant le concepteur aux commandes de son Avion III. ▽

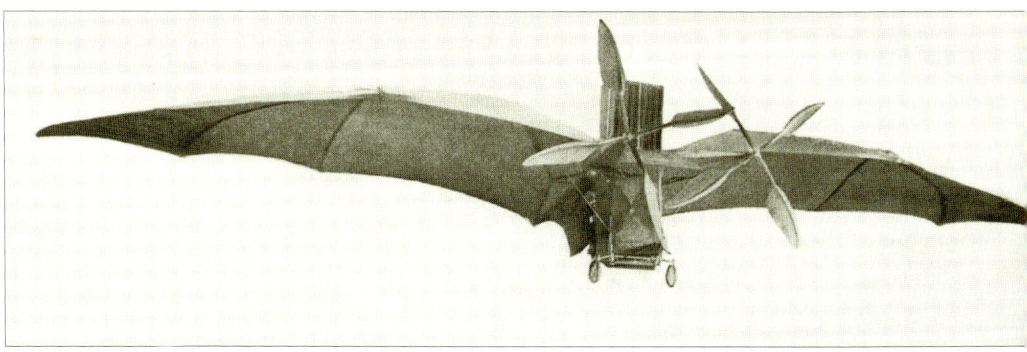

◁ *Seul appareil conservé aujourd'hui au sein des collections du Conservatoire national des arts et métiers (CNAM), l'Avion III a effectué une envolée en octobre 1897 qui ne parviendra cependant pas à convaincre la commission militaire, dirigée par le général Mensier. Les crédits octroyés seront suspendus…*

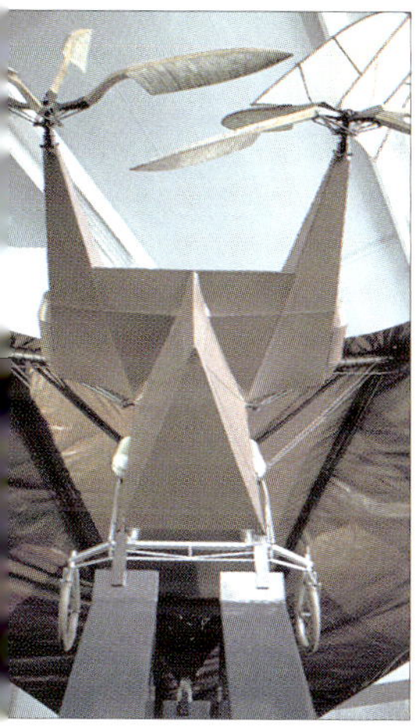

◁ *L'Avion III est propulsé par deux moteurs accouplés à des hélices quadripales contrarotatives, dont les plans de rotation sont décalés. La construction des hélices repose sur une étude très poussée des plumes d'oiseau.*

△ *À l'arrière de la « cabine », le pilote contrôlait la puissance du moteur et devait piloter en utilisant plusieurs manivelles déformant la voilure aux multiples articulations, faisant varier cambrure et flèche. Le grand gouvernail était censé orienter la trajectoire de l'appareil…*

Comme ce sera le cas quelques années plus tard pour les frères Wright, Clément Ader dut imaginer, tester et concevoir la totalité de ses inventions volantes, y compris son moteur à vapeur, faute d'une littérature technique en la matière à l'époque… ▽

propre propulsion –, mais il garde bien le secret. Des contacts sont pris avec le ministère de la Guerre afin de faire bénéficier la France de cette invention. Clément Ader obtient ainsi, en septembre 1891, l'autorisation d'utiliser le camp militaire de Satory. C'est là qu'un deuxième « vol » de l'Éole a lieu, qui s'achève par un accident. L'inventeur reçoit une aide financière du ministre de la Guerre pour construire un autre appareil, l'Avion II, qui restera au stade du projet. Après une seconde subvention en 1894, il est vite remplacé par l'Avion III, un bimoteur plus imposant (16 m d'envergure) et plus lourd (500 kg). Les deux moteurs de 25 à 30 ch entraînent des hélices quadripales, contrarotatives, pour annuler les couples de renversement.

Premières envolées

Après une première tentative le 12 octobre 1897, le véritable essai intervient deux jours plus tard à Satory. Mais à la suite d'une rafale de vent le bimoteur échappe au contrôle de son pilote, et se brise à l'issue d'une course de 200 m ponctuée par des traces de roues interrompues. Cette envolée ne convainc pas les militaires, l'appareil ne remplissant pas les conditions imposées. L'Avion III n'a pas volé pendant plusieurs heures ni dépassé quelques centaines de mètres de hauteur – des performances qui ne seront pas réalisées en Europe avant l'année 1910. L'aide financière s'arrête.

Le 4 avril 1900, l'Avion III est présenté à l'Exposition universelle, et va donner des idées aux pionniers. Découragé par le manque d'intérêt des militaires, fatigué et déçu après avoir dépensé une partie de sa fortune, Clément Ader brûle son laboratoire.

Bien qu'ayant interrompu ses activités dans le domaine de l'aéronautique, Clément Ader continue à suivre les progrès effectués en la matière. Il rédige ainsi un essai visionnaire intitulé *l'Aviation militaire* qui évoque l'emploi de l'avion comme moyen de reconnaissance et de bombardement, prophétisant que « sera maître du monde qui sera maître de l'air ».

Si Clément Ader a inventé l'avion avec son Éole et effectué le premier décollage, le pilotage d'un plus lourd que l'air n'est pas encore acquis. Ce sera le travail de pionniers ultérieurs – avancée qu'il verra avant de mourir, le 3 mai 1925.

WRIGHT FLYER I

Si Clément Ader a inventé l'avion, les frères Wilbur et Orville Wright vont inventer l'aviation en effectuant des vols soutenus et répétés, maîtrisant le pilotage de leur avion.

Ces deux frères ont dirigé la Wright Cycle Company, qui fabriquait des bicyclettes. La mort de Lilienthal va susciter leur intérêt pour l'aviation et les inciter à lire toute la littérature relative à l'aéronautique. C'est en concevant des cerfs-volants qu'ils vont tester leurs connaissances. En 1899, ils créent un système de pilotage en « tordant » la voilure de leur planeur, une méthode de gauchissement qui permet de contrôler l'appareil en roulis. Puis, ils passent au planeur capable de soulever un homme, un biplan dont la gouverne de profondeur est placée à l'avant. Pour les essais, ils ont choisi un endroit désertique de la Caroline du Nord, Kitty Hawk (Kill Devil Hill), qu'ils rejoignent chaque année à l'automne et où ils vont réaliser plus d'un millier de vols planés de 1900 à 1902. Patiemment, ils mettent leurs machines au point et acquièrent une expérience du pilotage inégalée jusqu'alors. Il ne reste plus qu'à motoriser leur planeur...

Du vol plané au vol motorisé en trois ans

Reprenant toutes les données déjà existantes, ils vont tout réinventer en poussant les techniques et les connaissances à un degré inconnu. Ayant créé l'une des premières souffleries pour évaluer le profil des ailes de leur engin, et ne trouvant pas de moteur assez puissant et léger, ils décident d'en fabriquer un. Ce 4-cylindres de 12 ch, actionnant par chaînes deux hélices bipales propulsives, est destiné au Flyer I, un biplan canard (profondeur à l'avant).

À la fin de 1903, l'appareil arrive à Kill Devil Hill. Le pilote est tiré à pile ou face et, le 14 décembre 1903, Wilbur s'allonge sur l'aile inférieure. Le Flyer I repose sur un chariot glissant sur un rail. Trop cabré au décollage, l'appareil retouche le sol au bout de quelques mètres : c'est un échec. Après réparation, le 17 décembre, c'est au tour d'Orville. Face à un vent soufflant à près de 50 km/h, il réalise en douze secondes un vol d'une trentaine de mètres, le premier

△ Le Wright Flyer A, tel que les Wright l'ont utilisé au Mans, en 1908, exposé au musée de l'Air et de l'Espace au Bourget.

Le Flyer original de 1903 figure désormais en bonne place dans le hall principal du National Air & Space Museum (Smithsonian Institute), à Washington, entre le Bell X-1 du premier mur du son, le X-15, et une capsule Apollo. ▷

△ La photo historique du premier vol du 17 décembre 1903. Wilbur vient de lâcher l'extrémité de l'aile après avoir parcouru quelques mètres, le temps pour Orville de contrôler le Flyer I en roulis. Volontairement centré arrière, l'appareil était vif aux commandes, un but recherché par les deux pilotes mais, en contrepartie, il avait un comportement instable. Il était nécessaire de constamment suivre la trajectoire.

Pour leurs démonstrations en vol, menées en 1908 en France, les Wright ont choisi un site à la mode, la ville du Mans, déjà réputée pour sa course d'automobiles. Un Wright survole la ligne droite des Hunaudières. Le pilote n'est plus couché sur la voilure inférieure mais plus confortablement assis au bord d'attaque de l'aile. ▷

◁ Sur la centaine de modèles Wright construits, peu ont survécu au temps, mais de nombreuses répliques ont été faites, dont celle de ce Wright Flyer I exposé au musée de l'Experimental Aircraft Association, à Oshkosh, dans le Wisconsin. Avec sa faible motorisation, l'appareil avait besoin d'être bien toilé, ce qui est le cas, avec ses 47 m^2 de surface alaire...

◁ Les premiers vols ne sont pas sans risque et, en 1908, Orville Wright s'écrase. S'il s'en sort indemne, son passager trouve la mort.

◁ Le 14 décembre 1903, Wilbur vient de tenter un premier décollage. Trop cabré à la sortie du rail, le Flyer I décroche et Wilbur ne peut l'empêcher de toucher durement le sol. Les patins à l'avant sont cassés. Ils vont nécessiter quelques jours de réparation avant la seconde tentative, réussie, du 17 décembre.

vol humain contrôlé à bord d'un « plus lourd que l'air ». Le même jour, les deux frères vont effectuer quatre vols, le dernier évoluant sur 260 m en cinquante-neuf secondes. Mais une rafale détruit l'appareil peu de temps après. Au cours des années suivantes, ils rendent leur invention plus performante. Le 20 septembre 1904, c'est le premier circuit fermé de plus de 1 000 m avec le Flyer II, qui est équipé d'un moteur 16 ch. Ils accomplissent près de 80 vols en 1904 à partir de Dayton. En l'absence de vents forts, une catapulte à contrepoids est utilisée pour accroître la vitesse de l'appareil au décollage. Le Flyer III suit en juin 1905. La durée des vols est de plus en plus grande, et un nouveau record mondial est établi le 5 octobre 1905 (39 km en 38 min). Virages et cercles deviennent une routine.

En avance sur tout le monde

Forts de ce succès, les frères Wright vont arrêter de voler de 1905 à 1908, ayant peur d'être copiés. Persuadés d'être les seuls détenteurs de ce savoir, ils cherchent à rentabiliser leurs recherches. Il est vrai qu'ils ont de l'avance et que personne n'arrive alors à leur niveau. Ce répit leur sera préjudiciable par la suite. Pour l'heure, en Europe, on ne croit pas à leurs vols. Ils viennent donc en France. Le 8 août 1908, au Mans, un simple vol de 1 min 45 s pour 760 m parcourus suffit à déchaîner l'enthousiasme et, le 31 décembre, Wilbur remporte la Coupe Michelin avec un vol de 124,7 km en 2 h 20 min, à bord d'un Flyer A à la conduite assise, et non plus couchée. Le succès arrive. Ils remportent une victoire, avec la signature en 1908 d'un contrat avec le gouvernement américain. Le premier Wright militaire sera acheté 25 000 dollars avec un bonus de 5 000 dollars, la vitesse étant supérieure de 5 km/h à celle prévue dans le cahier des charges ! Le 22 novembre 1909, la Wright Company est créée alors que l'école Wright a déjà ouvert ses portes, le 3 janvier, à Pau. Contrairement au Blériot XI, la formule Wright ne fera pas école et moins d'une centaine d'appareils seront construits. Un Wright EX connaîtra les honneurs en effectuant, à partir de septembre 1911, la première traversée transcontinentale des États-Unis. Mais dès 1910, les Wright font beaucoup moins parler d'eux, l'Europe rattrapant son retard.

QUI EST LE PREMIER ?

Si Clément Ader a été « le premier au monde à décoller du sol à bord d'un aéroplane de son invention, sans autre aide que la puissance de son moteur, et à atterrir normalement sur ses roues sans casser l'appareil après un vol d'une cinquantaine de mètres » (Pierre Lissarrague, ancien directeur du musée de l'Air et de l'Espace au Bourget, *Premiers Envols*, Éd. Joël Cuénot), il n'avait pas suffisamment pris en compte la notion de pilotage du système articulé par un jeu de câbles et de poulies qui actionnaient les bras des ailes de sa chauve-souris. Pour Clément Ader, il suffisait de s'envoler, ce qu'il a réussi le 9 octobre 1890, dans le parc du château d'Armainvilliers, près de Lognes, à bord de son Éole. Mais les frères Wright, comme Otto Lilienthal, ont pris conscience de l'importance du pilotage et du contrôle indispensable de l'appareil.

Le planeur de 1902 montre déjà l'architecture qui sera retenue pour le Flyer I de 1903. À l'arrière-plan, on distingue le camp avec les deux baraques. Le site a été retenu pour ses conditions venteuses, propices au vol, et pour ses dunes, afin de limiter les conséquences d'incidents ou d'accidents. ▽

LOUIS BLÉRIOT

Avec la première traversée aérienne de la Manche réalisée en juillet 1909 à bord de son modèle XI, Louis Blériot montre les progrès déjà atteints par l'aviation en quelques années.

C'est à bord de son modèle V, baptisé Canard, un appareil à hélice propulsive, que le pionnier va réussir un vol de 140 m effectué en août 1906 à partir de Bagatelle. ▷

Industriel, Louis Blériot se passionne pour l'aviation. Il dispose d'une fortune acquise en fabriquant des accessoires d'automobile... En 1902, ses premières tentatives au moyen d'appareils à ailes battantes sont sans succès. Trois ans plus tard, avec Gabriel Voisin, il réalise un planeur tracté par canot sur la Seine, mais l'appareil se retourne au décollage. La coopération entre les deux hommes prendra fin en 1906 à l'issue de plusieurs expériences infructueuses. Louis Blériot commence à avoir une certaine réputation, celle de... casser du bois !

Le pilote qui casse

Après plusieurs casses, « l'homme qui tombe toujours » effectue un vol de 150 m sur son aéroplane VI, la Libellule. En septembre 1906, il parvient à atteindre 184 m, mais il « casse » à l'atterrissage. Bon an, mal an, ses modèles s'affinent, sa technique de pilotage également, et les distances parcourues atteignent 700 m le 29 juin 1908, avec le monoplan VIII. Deux mois plus tard, il fait partie des pionniers français qui assistent aux démonstrations des frères Wright au Mans. L'Europe est en retard mais des prix sont lancés, afin d'inciter constructeurs et pilotes à progresser. Ainsi, le *Daily Mail* lance le défi de la première traversée de la Manche, avec un prix de 25 000 francs-or. Après les 27 km parcourus par Henry Farman pour rejoindre Reims, Louis Blériot réalise en octobre 1908 un aller et retour d'une trentaine de kilomètres avec deux escales pour problèmes mécaniques... Le 7 janvier 1909, l'Aéro-Club de France délivre les premiers brevets de pilote-aviateur et Louis Blériot reçoit le n° 1. Quelques jours plus tard, son modèle XI sort de l'atelier. Après avoir essayé plusieurs moteurs, il retient l'Anzani 3-cylindres avec un moteur de 25 ch.

Mais toutes ces années consacrées à la réalisation d'appareils et d'essais coûtent cher, et Louis Blériot connaît des difficultés financières. Il court donc après les cachets

△ *Ce Blériot XI a été décoré comme celui du pionnier Adolphe Pégoud pour ses démonstrations en meeting. Ce dernier a connu la gloire après avoir réalisé, en septembre 1913, la première boucle. Auparavant, effectuant un saut volontaire en parachute, il avait été étonné par les acrobaties réalisées par son appareil abandonné en vol et avait décidé d'en faire de même, mais en restant aux commandes. Adolphe Pégoud expérimentera un Blériot XI pour venir s'accrocher en vol à un câble, une application militaire qui restera sans suite. Ce Blériot XI a plusieurs traversées de la Manche à son actif, plusieurs vols ayant commémoré la traversée de 1909...*

△ *Cabine d'un Blériot XI biplace. Du bois, de la toile, des câbles, du rotin pour les sièges, du cuivre pour le réservoir et presque aucune instrumentation de bord.*

Moteur en étoile pour ce Blériot XI biplace, avec le sigle Blériot... ▷

Le Blériot XI maintenu en état de vol par l'Amicale Jean-Baptiste Salis. Tous les Blériot XI ne se ressemblent pas, des modifications ayant été régulièrement apportées à l'appareil. Ainsi, l'atterrisseur arrière peut être un simple patin, une double béquille en rotin ou bien une roue. Il en est de même pour la forme de la direction. ▷

en participant à des meetings. Lors d'une présentation de son modèle XII, il est gravement brûlé aux jambes par le pot d'échappement. Cependant, malgré sa blessure et les béquilles dont il a besoin pour marcher, il rejoint les environs de Calais, où l'attendent son modèle XI et ses mécaniciens.

La Manche ou la faillite

Il faut faire vite. Hubert Latham a déjà fait une tentative le 19 juillet avec son Antoinette mais, moteur arrêté, il a dû se poser en mer. S'il est indemne, sa machine est irrécupérable. La tempête s'étant calmée, Louis Blériot décide de tenter sa chance le 25 juillet 1909. À l'aube, l'appareil s'enfonce dans la brume, entre ciel et mer. Le modèle XI croise à 55 km/h. Bientôt, Louis Blériot devine les côtes anglaises. Son moteur ne lui permettant pas de monter très haut, il longe le littoral pour trouver un creux dans les falaises. Ce sera une petite prairie, non loin de Douvres. Surprise, c'est l'endroit conseillé auparavant par un journaliste du *Matin*, Charles Fontaine, qui l'attend avec un immense drapeau tricolore. Gêné par des turbulences, le pionnier regagne brutalement le sol, cassant son train d'atterrissage et l'hélice. Mais il est sain et sauf. La Grande-Bretagne n'est plus une île ! Louis Blériot a couvert une quarantaine de kilomètres en un peu plus de 37 min. Même si de telles distances ont déjà été parcourues auparavant, c'est le premier survol maritime, et l'événement frappe les imaginations.

L'exploit de la Manche va relancer les affaires de Louis Blériot. Il accumule les démonstrations dans les pays d'Europe, enregistrant plus d'une centaine de commandes dans le monde. Le 24 novembre, il inaugure son école de pilotage à Pau. Le 1er août 1914, il reprend les activités de la Société de production des aéroplanes Deperdussin : elle devient la Société anonyme pour l'aviation et ses dérivés, conservant au passage son acronyme Spad. Après la guerre, les usines Blériot poursuivront leur activité, avec une série d'appareils dont le plus original sera le modèle 125, un bimoteur de transport. Mais le 1er août 1936, victime d'une crise cardiaque, l'homme de la Manche s'éteint alors que ses usines sont à nouveau au bord de la faillite.

◁ *En octobre 1907, Louis Blériot réussit quelques envolées à Issy-les-Moulineaux à bord de son modèle VI, la Libellule, un monoplan à ailes en tandem, à moteur Antoinette 60 ch et à hélice propulsive, conçu par Louis Peyret, son chef d'atelier. Les ailerons se trouvent en extrémité de voilure.*

◁ *Louis Blériot, quelques minutes avant de décoller pour sa traversée historique. Il sait que c'est la fortune s'il réussit, la faillite dans le cas contraire. Une grande partie du succès réside dans la fiabilité de l'Anzani, refroidi par air, qui nécessite beaucoup d'huile pour ne pas gripper…*

Présenté au Salon de l'aviation 1930, au Grand Palais, à Paris, le Blériot 125 est un appareil de transport à double fuselage, chaque fuseau servant de cabine aux passagers, tandis que le pilote, dans le fuselage central, reste à cockpit ouvert. ▽

LES AUTRES PIONNIERS FRANÇAIS

Alors que les frères Wright travaillent en solitaires, on assiste en France à un bouillonnement d'idées et d'expérimentations qui vont permettre de combler rapidement le retard pris sur les Américains.

△ *Ingénieur américain d'origine française, Octave Chanute a réussi de beaux vols planés avec ses planeurs biplans. Son rôle est important lors des débuts de la conquête de l'air, car il entretient une importante correspondance avec les principaux pionniers de l'époque, faisant circuler l'information entre eux.*

Au début du XXe siècle, l'homme qui domine la recherche en aéronautique s'appelle Ferdinand Ferber. Polytechnicien, capitaine d'artillerie, il suit les traces de Lilienthal, parcourant 15 m à bord de son planeur lancé d'une plate-forme d'une hauteur de 5 m le 7 décembre 1901. En cette période où les prétendants à la conquête de l'air ne sont pas tous doués d'un esprit scientifique, le capitaine Ferber avance avec méthode. Il aura d'ailleurs cette formule d'une étincelante clairvoyance : « Concevoir une machine volante n'est rien, la construire est peu, l'essayer est tout. » Le premier, il installe un petit moteur Buchet de 6 puis de 24 ch sur son biplan en 1903. Entretenant une correspondance avec Octave Chanute, les Wright apprendront cette nouvelle et s'empresseront de l'imiter. Le 27 mai 1905, le Français effectue un vol motorisé significatif à bord de l'un de ses appareils.

△ *La Demoiselle a permis à de nombreux pionniers de s'essayer au pilotage, comme Hélène Dutrieu, l'une des premières aviatrices, Edmond Audemars ou Roland Garros. Le pilote est assis sous la voilure, le fuselage étant constitué de trois longerons soit en bambou, soit métalliques. Le moteur est un bicylindre Dutheil & Chalmers ou Darracq de 25 ch, qui entraîne une hélice bipale en prise directe.*

Le capitaine Ferber, précurseur méthodique, a établi les bases de la mécanique du vol. Gêné par l'Administration, il prend un congé sans solde pour entrer comme ingénieur chez le constructeur Levavasseur, concepteur d'Antoinette, appareil avec lequel Ferber traverse le polygone d'Issy-les-Moulineaux le 25 juillet 1908. Il fonde la Ligue nationale aérienne en 1909. ▽

Santos-Dumont : du ballon à l'avion

Pourtant, le premier à obtenir un résultat tangible est un dandy sud-américain établi à Paris, Alberto Santos-Dumont. Membre, depuis sa fondation, en 1898, de l'Aéro-Club de France – société d'encouragement à la locomotion aérienne –, où les partisans des « plus légers que l'air » se querellent avec les passionnés des « plus lourds », c'est un transfuge, passé avec aisance du ballon, domaine dans lequel il excelle, à l'aéroplane.

En 1906, il essaye son premier modèle, sous l'enveloppe de son dirigeable n° 14, d'où le numéro 14 *bis*. Cette alliance n'est guère probante, mais le Brésilien poursuit ses essais à Bagatelle devant un public nombreux : il parcourt ainsi plus de 50 m, le 23 octobre, à 3 m de hauteur, raflant la Coupe Archdeacon. Le 12 novembre 1906, il franchit 220 m, premier record homologué par l'Aéro-Club de France. Tous les aviateurs en herbe sont aiguillonnés par les 50 000 francs offerts

Le Santos-Dumont 14 bis *est un appareil de formule canard, les empennages à l'avant et le moteur propulsif à l'arrière, un Antoinette de 24 ch. Étant aéronaute, le Brésilien a adapté une nacelle en osier de laquelle il pilote debout. Il parcourt 220 m en 1906, et c'est historiquement le premier vol humain sur un « plus lourd que l'air » qui soit homologué au monde…* ▷

◁ *Trajan Vuia, ingénieur roumain établi en France, réussit en public, le 18 mars 1906, un vol d'une longueur de 12 m à une hauteur de 0,50 m. Son monoplan, équipé d'un moteur de 25 ch, n'est pas contrôlable à cette époque, car il n'est pas muni de gouvernes aérodynamiques, perfectionnement qu'il ajoute l'année suivante. Le 21 juin, sur cette machine, il parvient à voler sur 100 m à 5 m de hauteur...*

Pionnier et constructeur, Gabriel Voisin conçoit ce biplan qui va connaître le succès, effectuant le premier kilomètre en circuit fermé aux mains d'Henri Farman, au début de 1908. De nombreux pilotes commanderont des Voisin à moteur Antoinette, et cet appareil inspirera par la suite de nombreux concepteurs, dont Farman lui-même. ▽

par Ernest Archdeacon et Henri Deutsch de la Meurthe à l'occasion du Grand Prix de l'Aviation. C'est à qui parviendra à réaliser un vol soutenu de 1 000 m avec retour au point de départ, cet impératif imposant de régler le délicat problème du virage. En réalité, le match oppose Santos-Dumont à Henri Farman, un ex-champion cycliste, puis pilote automobile. Santos met au point son n° 19, la Demoiselle, légère et fiable (près de 200 exemplaires seront construits par la suite). Farman a commandé son aéroplane aux frères Gabriel et Charles Voisin, qui sont, avec Louis Blériot, les premiers industriels de l'aviation.

1908 : le premier kilomètre !

Gabriel Voisin est un authentique pionnier, qui vole sur son planeur à Berck en 1904, et qui s'envole ensuite, remorqué sur la Seine par un canot rapide, le 8 juin 1905.

Aux commandes de son biplan Voisin, Farman vole sur 771 m le 26 octobre 1907, puis sur 1 030 m (avec un virage), le 9 novembre suivant. Au matin du 13 janvier 1908, à Issy-les-Moulineaux, il est prêt : le vol comprenant deux virages a duré 1 min et 28 s, et la vitesse a atteint 40 km/h. Farman poursuit ensuite sur sa lancée : le 30 mai, le premier vol emmenant un passager (E. Archdeacon) ; le 30 octobre, le premier voyage aérien de ville à ville, reliant Mourmelon à Reims (27 km), et s'octroyant le lendemain le premier record d'altitude (30 m !).

L'instauration du brevet de pilote par l'Aéro-Club de France va susciter un réel engouement à partir du 15 décembre 1908 pour nombre de personnalités, comme le sculpteur Léon Delagrange, qui, à bord de son Voisin, bat les records de distance et de durée en volant 29 minutes, le 6 septembre 1908 (il réitérera le 30 décembre 1909) ; le comte de Lambert et Paul Tissandier, adeptes des Wright ; Hubert Latham, concurrent malheureux de Blériot au cours de la traversée de la Manche. Il prendra sa revanche lors des premiers meetings aériens, qui vont attirer une foule considérable, tels les 200 000 visiteurs de la Semaine de Champagne, en août 1909, au cours de laquelle Latham obtient le prix de l'altitude avec 155 m. Farman y couvrira 190 km. Le Salon de la locomotion aérienne, quant à lui, se tiendra au Grand Palais, à Paris, à la fin de 1909.

. . . LES AUTRES PIONNIERS

Le Deperdussin Monocoque est un avion taillé pour la course. Tiré par son moteur rotatif de 160 ch, Maurice Prévost dépasse la vitesse de 200 km/h en 1913. L'avion mesure 6,60 m d'envergure pour 6,20 m de longueur et pèse, à vide, 450 kg. La surface de ses ailes est très réduite, se limitant à 9 m² seulement ! ▷

La période des tâtonnements touche à sa fin. Le succès des frères Wright et les résultats de Farman stimulent les adeptes des biplans, plus voiliers, plus endurants. La renommée de Blériot et l'esthétique indéniable de l'Antoinette poussent les autres à réaliser des monoplans, plus fins, souvent plus rapides. Les pionniers remplacent les précurseurs et, en 1910, d'autres figures apparaissent. Louis Paulhan remporte un autre prix du *Daily Mail* (250 000 francs pour relier Londres à Manchester, soit 300 km, par la voie des airs) sur un biplan Farman. La presse française n'étant pas en reste, Alfred Leblanc, sur Blériot, termine en tête le circuit de l'Est (soit 850 km par étapes) du journal *Le Matin*, en août.

Au début de 1910 naît l'hydravion. Henri Fabre a quitté les eaux calmes de l'étang de Berre le 28 mars. L'appareil glisse sur trois flotteurs à fond plat qu'Henri Fabre, en ingénieur rigoureux, a longuement testés. Échec d'abord ; gréé de trois moteurs Anzani, l'avion se révèle sous-motorisé. C'est grâce à un rotatif Gnome de 7 cylindres en étoile développant 50 ch qu'il s'envole avec un autre hydro-aéroplane, sans aucune notion de pilotage. L'expérience est concluante, l'engin étant docile et bien équilibré.

Puis apparaît Léon Morane, qui, à peine breveté pilote, dépasse la vitesse de 100 km/h (108 km/h exactement) le 10 juillet 1910 sur un aéroplane de son cru. Il vole souvent avec son frère Robert, mais il ne va pas tarder à s'associer avec Raymond Saulnier pour fonder la célèbre firme d'aviation Morane-Saulnier.

De ville à ville...

Géo Chavez, péruvien né à Paris, franchit les Alpes le 23 septembre 1910 à bord d'un monoplan Blériot. Malheureusement, il se tue à l'atterrissage. Après le capitaine Ferber, qui est mort écrasé par son moteur à la fin de 1909, ce jeune homme de 23 ans est l'une des premières victimes de la conquête de l'air.

En décembre 1910, Robert Esnault-Pelterie est alors le seul homme au monde ayant pensé et construit entièrement un aéroplane, jusqu'à son moteur, et à l'avoir piloté. Il a inventé ce que les aviateurs appellent le manche à balai, situé entre les jambes du pilote, qui agit de droite à gauche pour le gauchissement (inclinaison des ailes) et

◁ *Les frères Edouard et Charles Nieuport se sont tués tous les deux en aéroplane, le premier en septembre 1911 alors qu'il participait aux premières manœuvres militaires, et le second au début de 1912. Ils ont eu le temps de créer ce monoplan type 2N, très moderne pour l'époque. La firme qu'ils ont fondée leur a survécu.*

△ *C'est par hasard, contraint de sauter en parachute, que le pilote Adolphe Pégoud a remarqué les évolutions acrobatiques de son Blériot biplace. Ayant abandonné son aéroplane sur le dos, il l'a ensuite vu se redresser et décrire des orbes dans le ciel. Peu après, il a exécuté cette même manœuvre en pilotant : le looping était né !*

Les précurseurs ont longtemps cru que, en menant des essais sur l'eau, ils prendraient moins de risques corporels. C'est ainsi qu'est né l'hydravion, dû au talent d'Henri Fabre. Propulsé par un moteur rotatif Gnome de 50 ch, cet engin a décollé en douceur de l'étang de Berre en 1910. Henri Fabre, qui a vécu centenaire, a connu à la fois les pionniers de l'aviation et la navette spatiale ! ▷

Sur ce document exceptionnel de l'Aéro-Club de France sont réunis les premiers brevets de pilote attribués le 7 janvier 1909 : les précurseurs français y voisinent avec les pionniers américains.
De haut en bas et de gauche à droite : Léon Delagrange, Henri Farman, Wilbur Wright, Alberto Santos-Dumont, Orville Wright, Robert Esnault-Pelterie, le capitaine Ferber, et Louis Blériot. ▽

◁ *C'est avec ce Morane type H que l'aviateur Roland Garros a réussi la traversée de la Méditerranée (Saint-Raphaël-Bizerte, soit 730 km) en 7 h et 53 min en septembre 1913. Il n'a appris à piloter que trois ans plus tôt, débutant aussitôt son entraînement au-dessus de l'eau : en août 1910, à bord de sa Demoiselle, il a traversé la Rance, de Dinard à Saint-Malo. Roland Garros est le premier à avoir relié deux continents.*

Antoinette est le nom donné par le constructeur Levavasseur à ses réalisations, avions et moteurs. L'aéroplane, d'une superbe esthétique inspirée des bateaux, est popularisé par Hubert Latham, qui l'utilise en 1909. Il remporte de nombreux prix avec cet appareil, mais ne peut parvenir à traverser la Manche, échouant par deux fois. ▽

d'avant en arrière pour la profondeur (pour piquer ou cabrer l'avion). Ce système a été universellement appliqué depuis. Robert Esnault-Pelterie a lui aussi fabriqué des avions en série, avant de s'intéresser, dès les années 1920, à l'astronautique.

1911 est l'année des grandes courses internationales, qui mettent en lumière de nouveaux pilotes et constructeurs. Parmi ceux-ci, citons Sommer, dont le biplan de 70 ch enlève 12 personnes, ou le monoplan rapide, qui triomphe dans le circuit européen avec André Beaumont ; Deperdussin, qui sort une série de monoplans permettant à Jules Védrines de battre plusieurs records de vitesse, ou bien encore Borel, Breguet ou Nieuport. Védrines remporte le Paris-Madrid ; Beaumont, le Paris-Rome et le circuit des « mille miles ». Roland Garros s'adjuge le circuit d'Anjou en 1912, soit 1 101 km en 15 h 40 min…

… de continent à continent

Au cours de l'année 1913, l'aviation atteint sa maturité et permet de relier les villes – Brindejonc-des-Moulinais joint les principales capitales européennes fin juin. Puis c'est au tour des continents : Roland Garros atterrit en Tunisie le 23 septembre. Et enfin celui des acrobaties : Adolphe Pégoud saute en parachute, voit son avion effectuer une belle boucle dans le ciel, qu'il va essayer de reproduire en pilotant son Blériot monoplan. Il est donc l'auteur du premier looping volontaire de l'histoire, le 21 septembre… Les aéroplanes sont presque tous équipés de moteurs Gnome ou Le Rhône, qui sont (relativement) fiables. Le Morane « H » de Roland Garros traverse la Méditerranée avec un moteur de 60 ch. Le 29 septembre, le pilote Maurice Prévost passe le « mur » des 200 km/h en Deperdussin Monocoque, une machine carénée révolutionnaire due à l'ingénieur Louis Béchereau, mue par un moteur Le Rhône de 18 cylindres en double étoile de 160 ch. Contrairement aux fuselages de technologie classique, celui du Deperdussin n'est pas une structure complexe de longerons et entretoises sous un entoilage, mais une coque rigide en bois formée sur un moule profilé. À l'orée de la Première Guerre mondiale, l'aviation a perdu son caractère artisanal : en 1911, près de 1 350 aéroplanes sont déjà sortis des usines…

Caudron G-III : avec les Farman, il équipait les escadrilles d'observation pendant la Grande Guerre.

1914-1918

L'aviation entre en guerre

Au moment où la Grande Guerre éclate, le 4 août 1914, la France aligne 25 escadrilles et les premières bombes aériennes ont déjà été larguées quelques mois plus tôt au Maroc. Dès 1909, le général Brun, ministre de la Guerre, a passé commande d'aéroplanes, que le général Roques, premier inspecteur permanent de l'aéronautique, a décidé d'appeler des avions, en hommage à Clément Ader.

Les premières manœuvres ont mis en lumière le rôle essentiel de l'aviation pour l'observation du champ de bataille. L'Allemagne et l'Autriche-Hongrie ont, elles aussi, constitué un important parc aérien, quasi équivalent en nombre à celui de la France et de la Grande-Bretagne. De part et d'autre, les machines ont des performances semblables : la vitesse ne dépasse guère 110 km/h, et le plafond 2 500 m.

Les premiers vols opérationnels se déroulent avec le souci d'identification de la marche des armées, ou pour régler le tir de l'artillerie : les équipages n'ont que leur arme individuelle, et souvent les rencontres avec l'ennemi se traduisent par un salut plus amical que guerrier. Pourtant, grâce aux renseignements qu'elle fournit, l'aviation va permettre, au début de septembre 1914, de remporter la bataille de la Marne. Elle permet aussi de déposer et de récupérer des agents derrière les lignes, et harcèle l'infanterie adverse.

Déjà, on a bombardé : le 13 août, un Taube a lâché deux bombes sur Paris... Le lendemain, deux Voisin ont attaqué les hangars à dirigeables de Metz.

Tout au long de la guerre, l'avion va bombarder le front et les arrières de l'ennemi avec des charges de plus en plus considérables : les Voisin 140 ch du groupe de bombardement n° 1 embarquent 100 kg de charges fin 1914. Les bombardiers lourds anglais ou allemands de la fin du conflit en emportent dix fois plus quatre ans plus tard.

Et voici que le sergent Frantz et son mécanicien Quenault ont l'idée d'installer une mitrailleuse Hotchkiss de 8 mm orientable à la pointe avant de leur Voisin : c'est la première victoire aérienne de l'histoire, aux dépens d'un biplan Aviatik, le 5 octobre 1914. Dès lors, il s'ensuivra de véritables duels, d'abord solitaires, puis, lors des derniers mois de la guerre, par formations entières (la première escadrille de chasse française est constituée de Nieuport à l'automne 1915). Tous les aviateurs veulent descendre un adversaire. Il est vrai qu'au bout de cinq victoires le pilote peut s'enorgueillir du titre envié d'As, qui va donner naissance à toute une mythologie, encouragée par la propagande. Dans chaque camp, les prouesses de ces chevaliers du ciel sont exploitées afin de soutenir le moral des poilus qui subissent l'enfer des tranchées.

Au terme de ces quatre années de guerre, l'aviation a énormément progressé, et sa doctrine d'emploi a évolué. Une force de bombardement stratégique agit au sein du Royal Flying Corps britannique ; une division aérienne a été créée en France. L'aviation a été engagée massivement sur terre et sur mer pour protéger les convois d'approvisionnement (la Royal Navy s'est dotée du premier porte-avions au monde en 1917). La technologie a fait un bond considérable : certains avions volent à 250 km/h et grimpent à plus de 7 000 m. La production en série est une réalité : la France a assemblé 50 000 avions et 90 000 moteurs. Elle présente 4 400 appareils en première ligne, servis par 12 000 pilotes. À l'Armistice, les Allemands croulent sous le nombre : 5 500 avions alliés font face à 4 000 machines à croix noires...

NIEUPORT ET SPAD : LES CHASSEURS FRANÇAIS

Les biplans de chasse Nieuport et Spad furent les atouts ailés de l'armée française. Ils s'attribuèrent la maîtrise du ciel face aux appareils allemands.

Au début du conflit, les militaires proclament que le combat aérien « n'est pas à envisager ». Pourtant, les pilotes des deux camps rêvent d'en découdre et réclament des mitrailleuses. En attendant, on se bat à coups de carabine ou de pistolet… En effet, la plupart des avions de 1914 sont sous-motorisés, et acceptent mal le poids supplémentaire de la mitrailleuse et de ses munitions. L'emport de l'arme impose la présence d'un servant et un champ de tir dégagé. Les pilotes constatent que les bons résultats s'obtiennent en attaquant dans le dos : l'idéal, pour une mission offensive, est donc de placer la mitrailleuse à l'avant, tandis que les biplaces vont être rapidement dotés d'une arme montée sur tourelle, servie par l'observateur, lequel se placera derrière le pilote en vue de se protéger de tels assauts.

Chasseurs du ciel

Les premiers chasseurs sont de placides biplaces bricolés, tels le Voisin LA-S ou les cages à poules Farman. Ils se caractérisent par leur moteur monté en propulsif derrière une courte nacelle emmenant l'équipage, à la pointe de laquelle est positionnée la mitrailleuse.

C'est le fameux Roland Garros qui définit ainsi l'avion de chasse : « Un appareil capable de rattraper en altitude et en vitesse tous les avions ennemis et de leur imposer, par une maniabilité supérieure, les manœuvres les plus propres à l'attaquer. » Il faut donc une bonne vitesse ascensionnelle pour rejoindre l'adversaire ou, mieux, disposer d'une altitude supérieure afin de fondre sur lui comme un rapace sur sa proie. Ensuite, le duel s'effectuant à bout portant, il faut pouvoir suivre l'ennemi dans ses tentatives évasives, d'où la nécessité d'une machine à la fois maniable et stable. Ces critères militent en faveur du monoplace, qui économise le

C'est avec un Voisin LA-S comme celui-ci que Frantz et Quenault ont remporté en 1914 la première victoire aérienne de l'histoire. C'est un gros biplan qui va plutôt s'illustrer dans des missions de bombardement, mû par un moteur Salmson-Canton-Unné de 140 ch en étoile, monté en propulsif sur la nacelle qui porte l'équipage. Cette disposition laisse un champ de tir très dégagé à l'avant. ▷

LES AS

△ Georges Guynemer.

Abattre un avion ennemi, même par surprise, n'est pas une mince affaire : l'esquive ou la riposte laissent toujours une chance de survie, voire de victoire. Même si le combat aérien est assez rarement un duel à égalité entre deux chevaliers du ciel, et ressemble souvent à un coup de poignard dans le dos, les armées des deux camps rendent hommage à leurs pilotes victorieux en leur donnant le titre d'As, attribué pour cinq appareils descendus. Les As, jeunes gens courageux, sont célèbres et adulés, et leurs prouesses sont montées en épingle par la presse. En France, le plus fameux est Georges Guynemer (53 victoires homologuées, c'est-à-dire vérifiées), mais l'As des As de la Grande Guerre reste René Fonck (75 victoires officielles, 126 en réalité). Tireur hors pair, il avait l'habitude de tuer le pilote adverse de quelques balles, et il a pu s'enorgueillir de n'avoir jamais encaissé le moindre projectile dans son Spad ! Deux fois, en 1918, il a remporté six victoires dans la même journée ! D'autres As sont moins connus, mais leur palmarès est étincelant, comme Charles Nungesser (43 victoires), ou Jean Navarre (12). Ils sont près de 80 à avoir détruit cinq appareils ennemis ou davantage. Les Alliés ont les leurs : l'Anglais Ball, le Canadien Bishop, l'Italien Baracca, les Belges de Meulemeester ou Olieslagers, les Américains Rickenbacker, Luftbery ou Luke, le Russe Kazakov, pour ne citer qu'eux. Et les Allemands aussi. Le plus connu est Manfred von Richthofen, dit le Baron rouge, 80 fois vainqueur. Sans oublier son frère, Lothar, mais aussi Boelcke, Immelmann, Udet, Göring…

◁ René Fonck.

Tracté par un moteur Le Rhône de 80 ch qui actionne une hélice bipale, le Nieuport XI est entièrement construit en bois sous un revêtement de toile translucide qui laisse parfois transparaître la structure. Il pèse 350 kg à vide, et 480 kg à pleine charge. Le pilote n'est protégé par aucun blindage et ne dispose pas de parachute. La première escadrille de chasse, fin 1915, est constituée par le capitaine de Rose, d'où l'insigne sur le fuselage. ▷

△ *Le Nieuport XI est un sesquiplan, c'est-à-dire un biplan dont l'aile inférieure est de dimensions et de surface nettement plus petites que l'aile supérieure. De ce fait, le champ de vision du pilote n'est pas trop réduit vers le bas, en tout cas moins que pour les biplans classiques. Cet avantage notable trouve en revanche sa contrepartie dans une certaine fragilité.*

◁ *L'armement du Nieuport XVII est amélioré par rapport à celui du Bébé : l'adoption de la synchronisation de la mitrailleuse a permis d'installer une mitrailleuse Vickers sur le capot. Cette arme de calibre 7,65 mm est alimentée par bandes de cartouches, évitant au pilote de recharger. C'est l'avion fétiche des As alliés jusqu'à l'arrivée des Spad.*

poids d'un homme, et pour la mitrailleuse, légère et précise, à grande cadence de tir.

Les Français utilisent le Morane-Saulnier type N. Ce monoplace est un lointain dérivé du type H, avec lequel Roland Garros a traversé la Méditerranée en 1913. Sa mitrailleuse Hotchkiss est placée sur le capot : elle tire à travers le disque de l'hélice, et le pilote peut viser avec précision, l'arme étant juste devant lui. La synchronisation n'est pas encore opérationnelle (voir encadré p. 27), mais Roland Garros abat un avion allemand le 1er avril 1915, son hélice étant blindée avec des prismes métalliques qui dévient les projectiles.

Nieuport : la suprématie alliée

Au cours de l'année 1915, les Allemands sont les conquérants suprêmes des airs, avec leurs Fokker dotés de mitrailleuses synchronisées. La vapeur va être renversée avec l'arrivée des Nieuport à l'automne 1915.

À la mort des frères Nieuport, avant la guerre, Gustave Delage a pris la relève. Il va développer toute une famille d'avions, dont près de 7 000 exemplaires sont fabriqués entre 1915 et 1918. Ce sont des sesquiplans, hybrides entre le biplan et le monoplan, combinant les avantages des deux formules : une moindre résistance à l'avancement conjuguée à la visibilité offerte au pilote du monoplan, une surface importante et la solidité du biplan.

Le Nieuport X est un biplace de reconnaissance, d'abord non armé, qui apparaît en 1915 avec un moteur rotatif Gnome ou Le Rhône de 80 ch. Il sert dans les forces aériennes de Belgique, de Grande-Bretagne et d'Italie. Son successeur dans cette tâche est le Nieuport XII, plus gros, et motorisé par un rotatif Clerget de 110 ou 130 ch, tandis que nombre de Nieuport X sont convertis en chasseurs monoplaces, avec une mitrailleuse Lewis de calibre 7,65 mm sur le plan supérieur. Elle est installée sur un affût Foster qui tolère son inclinaison vers le haut, pour tirer sous l'ennemi. La machine ainsi transformée est une réussite et pousse Delage à en dériver un vrai chasseur monoplace. Ainsi naît le Nieuport XI, ou Nieuport 13 mètres ; il est

. . . NIEUPORT ET SPAD : LES CHASSEURS FRANÇAIS

encore baptisé Bébé Nieuport en raison de ses dimensions compactes. Agile et rapide, il se bat sur la Somme et dans le ciel de la Meuse. Il est construit sous licence en Italie et en Russie. Les premiers As s'illustrent à son bord, dont Jean Navarre, surnommé la Sentinelle de Verdun. C'est aussi l'appareil qui permet au jeune Georges Guynemer de débuter. Si la mitrailleuse est placée pour tirer au-dessus du cercle de l'hélice, sa mise à feu s'effectue par l'intermédiaire d'un câble Bowden style frein de vélo. La Lewis a un inconvénient majeur : ses chargeurs « camembert » ne contiennent que 47 cartouches, contraignant le pilote à être parcimonieux. Le réarmement oblige à rompre le combat, et l'aviateur doit alors presque se dresser dans son habitacle ouvert afin de procéder à cette délicate opération ! Le Bébé Nieuport a parfois un armement plus sophistiqué : spécialement étudiées pour la destruction des ballons captifs d'observation servant aux réglages d'artillerie, huit fusées Le Prieur sont montées sur les mâts qui lient les ailes. Certains pilotes, comme le Belge Willy Coppens, se font une spécialité d'attaquer ces « saucisses » fortement défendues par la DCA.

Le défaut du Nieuport XI est une relative fragilité. Sans que sa conception soit changée, mais simplement adaptée, au moyen de divers renforcements de structure et autres raffinements aérodynamiques, voici le Nieuport XVII de 15 m² de surface alaire. Le moteur est un Le Rhône de 110 ch, puis un Clerget de 130 ch. Dès l'adoption de la synchronisation, il reçoit une mitrailleuse Vickers sur le capot. Rapide (plus de 170 km/h), bon grimpeur (il atteint 3 000 m en neuf minutes car il ne pèse que 375 kg à vide) et manœuvrant, il devient le fer de lance de la chasse française jusqu'à l'avènement du Spad et du Hanriot HD-1, en 1917. L'avion est présent sur tous les fronts jusqu'en Russie, et presque tous les As alliés se font un nom grâce à lui.

Son successeur, le type 28, marque le retour au biplan en 1918. Considéré comme frêle par ses pilotes, il équipe certaines formations américaines. Son Gnome Monosoupape de 160 ch le propulse à

△ La vie en escadrille : ce Spad VII est équipé d'un phare pour les missions de nuit. Ses qualités de vol font du Spad une bonne plate-forme de tir ; il est doté d'une mitrailleuse Vickers synchronisée montée sur le capot du moteur Hispano de 180 ch, devant le pilote. Envergure : 7,80 m ; longueur : 6,80 m ; 500 kg à vide ; 700 kg en charge.

◁ Le Nieuport XVII est dérivé du Nieuport XI, auquel il ressemble beaucoup. Son moteur, toujours un rotatif, est plus puissant puisqu'il donne de 110 ch (Le Rhône) à 130 ch (Clerget), et les dimensions sont augmentées (envergure : 8,90 m ; longueur : 5,95 m).

Dernier de la lignée des Nieuport, le type 28 entre en service en 1918. Il marque le retour de la firme au biplan, les ailes étant d'égale surface. Très performant, avec les 160 ch du Gnome Monosoupape, il atteint 225 km/h de vitesse horizontale. Il est armé avec un jumelage de deux mitrailleuses Vickers synchronisées. ▽

△ L'As français le plus célèbre, Georges Guynemer, a utilisé plusieurs Spad VII, tous baptisés Vieux Charles. C'est avec l'un d'entre eux qu'il a été abattu au-dessus du village belge de Poelcapelle, en septembre 1917. La petite histoire veut que son vainqueur ait été descendu par Fonck quelques jours après. L'un des avions de Guynemer a été pieusement conservé dans son état de l'époque.

△ Un authentique Spad XIII a été remis en état de vol par une équipe de passionnés de l'association française Memorial Flight. Il vole très peu, guère plus de deux heures par an, mais sa valeur en tant que pièce de collection est inestimable. Il est équipé d'un V8 Hispano de 220 ch, et sa vitesse maximale est de 225 km/h.

◁ △ Ce Spad XIII, conservé au musée de l'Air et de l'Espace, au Bourget, est aux couleurs de celui de René Fonck à la fin de la Grande Guerre. Ce pilote exceptionnel a obtenu 75 victoires aériennes homologuées en combat aérien. Le Spad fut l'avion des As, tel l'Américain Eddie Rickenbacker, photographié devant son avion, bien longtemps après la Première Guerre mondiale…

225 km/h, et son armement est de deux mitrailleuses Vickers.

Spad : le grand vainqueur

Le 11 septembre 1917, la France pleure la disparition de Guynemer, « tombé en plein ciel de gloire » avec son Vieux Charles, un Spad VII, le meilleur chasseur du moment.

Avant la Grande Guerre, la société Deperdussin a dû fermer ses portes, mais Louis Blériot la reprend en 1914 sous le sigle SPAD (d'abord Société pour les avions Deperdussin, puis Société pour l'aviation et ses dérivés). L'ingénieur Béchereau est confirmé à la tête du bureau d'études. Le Spad VII effectue son vol inaugural en juillet 1916, tracté par un V8 Hispano-Suiza de 150 ch. En cours de production, la puissance passe à 180 ch. Solide (de technologie tout bois sous un revêtement de toile, il peut piquer sur sa cible plein moteur et reprendre de l'altitude par une ressource brutale), fiable, doué d'une bonne vitesse ascensionnelle, il est en dotation de l'escadrille des Cigognes (que commandait Guynemer) dès l'automne 1916. Maître du ciel, il est adopté par les Anglais, qui en utilisent 400. Plus de 5 000 Spad VII sortent des chaînes de montage…

Guynemer et Fonck, les pilotes les plus titrés, croient au Spad XII, un VII renforcé pour accepter un canon de 37 mm qui tire dans le moyeu de l'hélice. La surface des ailes est augmentée pour faire face à l'accroissement de la masse. Mais la faible cadence de tir, le recul de la pièce, l'émanation de fumées dans le poste de pilotage conduisent à son abandon. Le Spad XIII est un XII revu avec un armement conventionnel (deux Vickers) et un moteur Hispano 8B de 220 ch. Le prototype prend son envol le 4 avril 1917, et les unités commencent à le recevoir en août. Pour ainsi dire, toutes les escadrilles de chasse françaises vont voler sur Spad XIII (8 440 avions sont produits avant l'Armistice), qui se révèle comme le meilleur chasseur allié en 1918. Monture favorite des pilotes du corps expéditionnaire américain, le Spad est exporté dans une quinzaine de pays pendant et après la Grande Guerre…

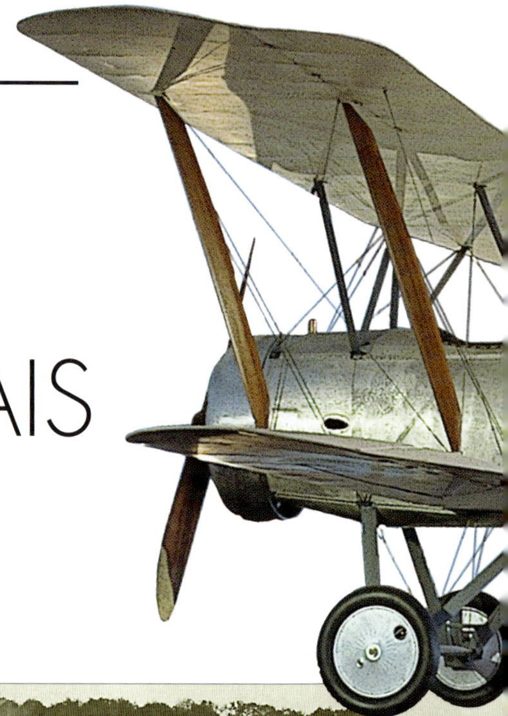

SE-5A ET CAMEL : LES CHASSEURS ANGLAIS

Si les Britanniques ont adopté les avions de chasse français lors de la Première Guerre mondiale, ils ont néanmoins produit d'excellents appareils, capables de rivaliser avec ceux de l'ennemi.

Alors que le Spad prend la relève des Nieuport, en 1917, les Britanniques s'équipent, certes, de Spad VII, mais surtout de matériels étudiés et fabriqués par leurs constructeurs. Ces appareils continuent toutefois à utiliser des moteurs français, réputés pour leur robustesse.

Le SE-5A : l'élégance efficace

Le premier chasseur anglais de nouvelle génération est le Royal Aircraft Factory SE-5, qui est affecté au Squadron 56 (escadrille) le 13 mars 1917. Jusqu'alors, l'établissement national RAF s'était plutôt rendu célèbre par ses biplans de reconnaissance et d'observation BE-2 et RE-8, et par ses chasseurs FE-2 et FE-8, ces deux derniers étant des biplans à moteur propulsif. La production du SE-5 commence en 1916. Cette machine est animée par le même moteur que les Spad, l'Hispano-Suiza de 150 ch (SE-5), le 200, 220, voire 240 ch pour le SE-5A. Cette variante reçoit également le 200 ch Wolseley Viper, construction sous licence de l'Hispano. L'avion, en bois entoilé, fait appel à quelques pièces métalliques, comme le longeron de la partie centrale de l'aile supérieure ou les capots. L'armement est composite, puisque l'on retrouve la mitrailleuse Lewis tirant au-dessus de l'hélice, complétée par une Vickers synchronisée devant le pilote. Les premières patrouilles opérationnelles se déroulent le 23 avril 1917, et le SE-5 se révèle aussitôt à la hauteur des Albatros allemands. Le biplan anglais est stable et agréable à piloter, quoique légèrement moins manœuvrant que le Camel. Pour ces raisons, il devient le préféré des As comme Bishop, Mannock ou McCudden. Le SE-5, construit à près de 3 000 exemplaires avant la fin des hostilités, est également en service sur les fronts orientaux, au Proche-Orient et en Macédoine, à plus de 200 unités.

France, 1918 : les avions du Squadron 85 alignés comme à la parade. Sur cet autre cliché, pilotes et mécaniciens de SE-5A posent pour la photo de famille. Les appareils étaient revêtus d'une peinture de camouflage vert foncé. ▽ ▷

L'armement du SE-5A comprend deux mitrailleuses de type différent ; une Vickers synchronisée sur le capot, devant le pilote, et une Lewis à chargeur circulaire sur le plan supérieur. La position de l'aile, plus basse que sur les premiers Nieuport, permet au pilote de recharger relativement plus facilement… ▽

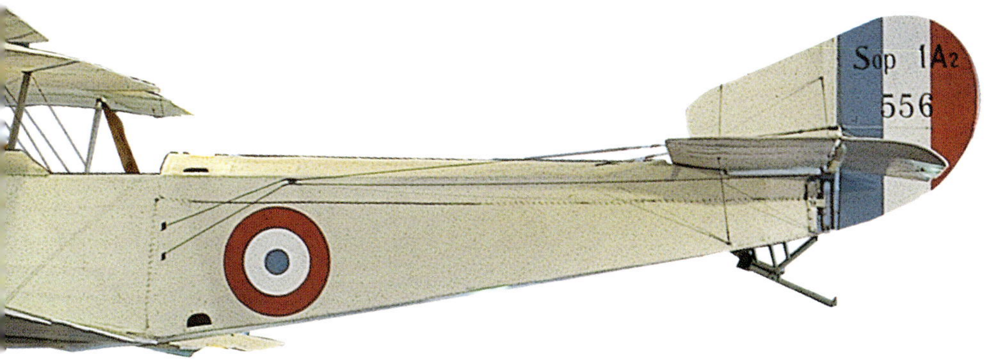

△ *L'un des ancêtres du Camel : le Sopwith 1 1/2 Strutter est un biplace de reconnaissance motorisé par un rotatif Clerget de 130 ch, que la France a utilisé sous l'appellation de Sopwith 1 A2. Il est équipé de volets de courbure, qui, en creusant le profil de l'aile, la rendent plus porteuse et permettent à l'avion de voler à de faibles vitesses en sécurité.*

◁ *Des répliques de SE-5A volent de nos jours, construites à partir d'un biplan Stampe modifié plus récent (1946). Assez fidèles à l'original, mus par un moteur moderne Lycoming de 180 ch, ces appareils utilisés pour le cinéma affichent néanmoins une différence visible : la voilure supérieure du vrai SE-5A n'a pas de flèche positive (angle vers l'arrière).*

▷ *L'apparence plus massive du Sopwith Camel contraste avec l'élégance du SE-5A. Le Camel est presque l'antithèse du SE-5A ! Malgré tout, l'aérodynamique n'est pas absente, le fuselage se réduisant au minimum derrière le gros moteur en étoile rotatif Le Rhône, Clerget ou Bentley refroidi par air.*

◁ *Le Camel est compact (envergure 9,50 m, 9,15 m pour le 2F1 à moteur Bentley, longueur 6,35 m), léger par rapport au SE-5A (de 420 à 450 kg selon les versions) et performant, puisque sa version la plus puissante atteint 195 km/h. Il excelle dans le combat tournoyant, grâce à son extrême agilité qui lui vient d'une instabilité naturelle…*

Le Camel : une bête de guerre

Le Sopwith F1 Camel fait ses débuts juste après l'offensive d'Ypres, en juillet 1917, au Squadron 70. C'est le dernier-né d'une famille de biplans en bois et toile à moteur rotatif conçue par MM. Sopwith et Sigrist, dont l'ancêtre, le Tabloid, a décollé en 1913. Suivent l'hydravion Baby de 1915, et le Sopwith 1 1/2 Strutter, biplace de reconnaissance armé d'une mitrailleuse synchronisée tirant en chasse, et d'une autre, servie par l'observateur. Intrapolation en monoplace, voici le chasseur Pup, fin 1916, puis le Triplane, triplan, équipé d'un moteur de 130 ch Clerget, qui va inspirer Fokker pour étudier son Dr-1. S'il fait des ravages dans les rangs ennemis – on lui attribue 1 281 victoires, soit le record pour un type donné d'appareil allié –, son instabilité chronique et sa vivacité ne pardonnent pas les fautes de pilotage, et le taux de pertes par accident est considérable ! Sa voilure à quatre ailerons et sa compacité font du Camel un avion très (trop) vif et maniable. Petit fuselage derrière un moteur Le Rhône 110 ch ou un Clerget 130 ch (voire un Bentley rotatif de 150 ch ou 230 ch pour la variante 2F1) qui actionne une grande hélice bipale, le Sopwith a un couple moteur important – conséquence de l'effet gyroscopique de la rotation de l'hélice – que les bons pilotes mettent à profit pour virer très serré. Bref, doué pour les acrobaties, le Camel a une forte personnalité, renforcée par les deux Vickers de capot. Leurs culasses forment une bosse devant l'habitacle, d'où le surnom de l'appareil (chameau).

À l'actif du Camel, la première victoire aérienne remportée de nuit, aux dépens d'un bimoteur Gotha abattu au-dessus de Londres le 25 janvier 1918, ou bien encore la destruction du Zeppelin L-53 par le lieutenant Culley, à 6 400 m, le 10 août suivant. Outre ses qualités de chasseur, le Camel, sous ses différentes versions, fait aussi merveille à basse altitude, pour le mitraillage du champ de bataille, avec un jumelage de mitrailleuses obliques installées sous le fuselage. L'Armistice met un terme à la carrière du Camel (dont près de 4 200 sont entrés en service).

ALBATROS ET FOKKER : LES CHASSEURS ALLEMANDS

Tout au long de la Grande Guerre, les avions de chasse allemands furent de redoutables adversaires pour les Alliés. Leurs appareils n'avaient rien à envier à leurs homologues français et anglais.

Au début de la Première Guerre mondiale, le duel entre avions est anecdotique. Pourtant, les pilotes alliés attaquent de plus en plus fréquemment les Aviatik ou Albatros avec leurs armes individuelles. Les Voisin de bombardement, dotés d'une mitrailleuse Hotchkiss, ne rechignent pas à s'en prendre aux appareils à croix noires en ce début 1915. Pis, des Morane-Saulnier ont une mitrailleuse sur le capot qui tire à travers l'hélice, comme par magie ! La nouvelle génération d'avions de renseignements allemands est équipée d'un « dard dans la queue », autrement dit d'une Parabellum de 7,92 mm montée en tourelle, servie par l'observateur. Oswald Boelcke se sert d'ailleurs d'un biplace Albatros C-I pour mettre au point ses tactiques de chasseur.

Mais après avoir abattu plusieurs avions, Roland Garros est descendu à son tour, à la mi-avril 1915 : les Allemands percent son secret et le perfectionnent, inventant la synchronisation. Antony Fokker adapte aussitôt son système sur son monoplan M-5 : le fléau Fokker va frapper, et son règne sans partage va durer jusqu'à ce que le Bébé Nieuport s'impose.

Le monoplan Fokker a donné aux Allemands la maîtrise absolue du ciel en 1915, d'où son surnom de fléau Fokker. Cet avion de 11,15 m d'envergure et de 7,30 m de long est équipé d'une, puis de deux mitrailleuses Spandau synchronisées. Les victoires des As à son bord ont fait naître une véritable psychose chez les Alliés… ▷

La firme Halberstadt, moins connue que Fokker ou Albatros, a fabriqué un nombre important de chasseurs monoplaces D-II en 1916, remplacés par le D-VI en 1917, qui sont moins populaires parmi les pilotes que l'Albatros D-I. Elle a également développé des biplaces de chasse et d'attaque au sol, comme ce CL-II. ▷

À la fin de la Grande Guerre, les tactiques du combat aérien ont évolué. Les pilotes allemands, qui préféraient chasser en solitaire en 1915, volent désormais en formations qui atteignent quelquefois plusieurs dizaines d'appareils. Mais les Alliés disposent en 1918 d'une flotte largement supérieure en nombre à celle des Allemands. ▽

Le fléau Fokker domine le ciel

Fokker est un jeune constructeur d'avions hollandais ambitieux et peu scrupuleux. Avant la guerre, ses réalisations ne brillent pas vraiment, à tel point qu'il en vient à racheter l'épave d'un Morane-Saulnier H pour s'en inspirer. Max Immelmann remporte sa première victoire avec un Fokker E-I (appellation militaire du M-5K, E signifiant Eindekker, c'est-à-dire monoplan) le 1er août 1915, et Oswald Boelcke une quinzaine de jours après. À la fin octobre, le score d'Immelmann est de cinq, et celui de Boelcke de six… Le Fokker E-I (80 ch Oberursel, mitrailleuse Parabellum) pré-

△ *Le Fokker D-VII dispute le ciel de l'été 1918 aux SE-5A et aux Camel britanniques, ainsi qu'aux Spad XIII français. C'est un adversaire coriace, à tel point que le traité de Versailles, après l'Armistice du 11 novembre 1918, stipule expressément que tous les avions de ce type doivent être livrés aux Alliés !*

Les chasseurs Albatros ont obtenu des succès considérables à partir de septembre 1916. Le D-Va, ci-contre, est le dernier modèle fabriqué, en 1918. Le fuselage, de forme très aérodynamique, est de construction monocoque, en bois moulé. Le moteur 200 ch Benz propulse cet avion de 8,95 m d'envergure et d'une longueur de 7,30 m à plus de 210 km/h. ▷

sente une innovation : son fuselage est une charpente en tubes d'acier soudés sous un revêtement de toile, les ailes étant en bois. Le E-II prend la relève en juin 1916 (Oberursel 100 ch et une mitrailleuse Spandau, vitesse 140 km/h), et le E-III (110 ch, 150 km/h) en septembre. Ce modèle est redoutable, car il bénéficie d'un jumelage de Spandau. Le E-IV est une machine expérimentale réalisée sur les injonctions d'Immelmann, qui veut trois mitrailleuses ! Le supplément de poids est compensé par l'installation d'un moteur Le Rhône 160 ch capturé sur un avion français... L'As n'en profitera pas, d'ailleurs, puisqu'il disparaît le 16 juillet 1916.

Les ravages du Fokker E, à une époque où les pilotes allemands sont des prédateurs solitaires, jettent le trouble dans les états-majors alliés. Rien ne semble lui résister. Pourtant, il est souvent victime de ses propres mitrailleuses, à cause du dérèglement de la synchronisation !

Les Nieuport, plus souples (ils disposent d'ailerons pour virer, alors que le monoplan Fokker en est encore au stade du gauchissement, avec déformation de l'aile tout entière), sonnent heureusement le glas du E-III. Boelcke lui-même réclame l'étude d'un nouveau chasseur, biplan de préférence.

Albatros : l'influence Nieuport

Et il l'obtient. Sa Jasta (pour Jagdstaffel, escadrille de chasse) reçoit le 3 septembre 1916 ses Albatros D-I. Une dizaine d'appareils à cocardes tombent sous le feu de ses Spandau en deux semaines ! L'Albatros est un bel avion. Son fuselage en bois moulé, à la façon du Deperdussin Monocoque, est profilé. Avec son 6-cylindres en ligne Mercedes (D-I) ou Benz (D-II) à refroidissement par eau de 160 ch, il dépasse 175 km/h. Au printemps 1917, place à l'Albatros D-III. Le fuselage est identique, mais la voilure se rapproche de celle du sesquiplan, avec une aile inférieure plus petite.

LE TIR À TRAVERS L'HÉLICE

Le pilote de chasse, qui fait corps avec son avion, s'est vite aperçu qu'il lui est plus aisé de disposer d'armes axiales. Une telle configuration simplifie les problèmes de parallaxe et de corrections de tir. L'idéal est donc de placer la ou les mitrailleuses sur le capot, devant les yeux de l'aviateur. Le premier à se pencher sur le problème est l'ingénieur français Raymond Saulnier, en mai 1914 : il planche sur la synchronisation avec l'hélice du tir de la mitrailleuse, mais sa proposition, jugée comme une complication inutile, n'est pas retenue en haut lieu. Fin octobre 1914, la guerre battant son plein, le célèbre Roland Garros (certaines sources parlent de son collègue d'escadrille Eugène Gilbert) reprend l'idée en la simplifiant. Avec son mécanicien, il installe des blindages sur l'hélice, en forme de prismes, qui dévient les balles. La durée de vie et le rendement des hélices sont réduits, mais les résultats sont là, puisque Roland Garros abat rapidement trois appareils allemands.
Mais il est abattu à son tour à la mi-avril 1915, et son Morane, qu'il n'a pas eu le temps d'incendier, est examiné en détail par ses vainqueurs.
L'inventif Antony Fokker, qui n'a pourtant jamais approché une mitrailleuse de sa vie, est convoqué, et, en quarante-huit heures, il trouve un système de synchronisation ! Une simple came, solidaire de l'arbre de l'hélice, est reliée par une bielle à la détente de l'arme : lorsqu'une pale passe dans la ligne de mire, le contact de la mise à feu de la mitrailleuse est interrompu.
En 1916, le dispositif français est mis au point par le sergent Alkan, et l'anglais par le Roumain Constantinesco : l'équilibre des armes est rétabli.

. . . ALBATROS ET FOKKER : LES CHASSEURS ALLEMANDS

La motorisation, 175 ch Mercedes ou 200 ch Austro-Daimler, l'emmène à près de 200 km/h. Conséquence dramatique : Bloody April (avril sanglant) pour les Britanniques, qui perdent 368 appareils au-dessus d'Arras en ce tragique mois de 1917. Le successeur, le D-V n'est pas aussi réussi, il a même tendance à se casser en vol lors de ressources brutales, et les pilotes lui préfèrent le triplan Fokker, moins rapide, mais plus agile.

Le Triplan, monture du Baron rouge

Le Fokker Dr-1 (Dr : Dreidekker, triplan), dû à Rheinhold Platz (entré comme simple chaudronnier chez Fokker !), arrive en août 1917 : Werner Voss obtient 22 victoires en vingt jours, ce qui incite Manfred von Richthofen, d'abord réticent, à abandonner son Albatros.

Son Triplan rouge va se faire douloureusement connaître sur le front à partir de septembre 1917. La vitesse en palier a été volontairement sacrifiée au profit du taux de montée et de la maniabilité, qualités que les pilotes du Cirque Richthofen mettent à profit en combat tournoyant. Il faut dire qu'il n'est motorisé que par l'Oberursel de 110 ch, copie germanique du rotatif Le Rhône.

Contrairement à ses congénères, dont les voilures sont encombrées de multiples croisillonnages de cordes à piano qui les rigidifient, le Fokker Triplan fait appel à des ailes dites cantilever, en porte à faux, qui se passent de haubans.

Pourtant cet engin étrange n'est pas infaillible, et des accidents démontrent une faiblesse structurale (l'aile supérieure a tendance à perdre son entoilage lors des piqués accentués) qui mène à son retrait de première ligne fin 1917.

Le Baron rouge demeure toutefois fidèle au Dr-1, avec lequel il cumule les succès, jusqu'à sa mort, en avril 1918. Les Jasta réceptionnent le Fokker D-VII en mai 1918. Œuvre du même concepteur, avec une

▷ *Les pilotes allemands préfèrent le Fokker Triplan aux versions tardives de l'Albatros. Le Dr-1 est plus manœuvrant, mais moins rapide. Son moteur, copie du rotatif français Le Rhône de 110 ch, entraîne une hélice de 2,60 m de diamètre, et l'emmène tout de même à 195 km/h. C'est une machine compacte : 7,20 m d'envergure pour une longueur de 5,80 m.*

La relève du Triplan apparaît en mai 1918 et marque le retour au biplan de Fokker. Le D-VII fait appel au même procédé de fabrication que celui de son prédécesseur, mais sa cellule génère moins de traînée aérodynamique : son look est plus moderne, et ses qualités de vol sont excellentes. ▷

▽ *Le Dr-1 a une étrange apparence de store vénitien. Pourtant, l'avion est très moderne pour l'époque, avec son fuselage en tubes d'acier soudés et ses ailes dépourvues de haubanage. Une petite aile supplémentaire relie les deux roues du train d'atterrissage. La traînée aérodynamique de cette formule est cependant considérable…*

Ce Triplan est une reproduction exacte de l'original, qui utilise un moteur d'époque. Les rares instruments de bord qui l'équipent sont également d'époque. On peut dire que ce Dr-1 construit par des membres de l'association Memorial Flight est le dernier de la série, puisqu'il vole encore de nos jours… ▷

△ *Le Fokker Triplan (en l'occurrence, une réplique récente destinée au cinéma) fut la monture préférée du Baron rouge Manfred von Richthofen, qui sut en tirer la quintessence, et continua à piloter cette étrange machine plusieurs mois après qu'elle fut retirée du service en première ligne.*

technologie identique à celle du Triplan, le Fokker D-VII marque le retour au biplan, vif et robuste, et au moteur en ligne. C'est un véritable aboutissement, qui joue à armes égales avec les chasseurs alliés. Il inscrit 565 victoires à son palmarès en août 1918, alors que les Albatros, les Halberstadt et les Dr-1 n'en avaient obtenu que 217 au mois d'avril précédent. Le D-VII met à ce point en péril la supériorité aérienne chèrement acquise par les Alliés que le traité de Versailles stipule, dans l'une de ses clauses, que tous les Fokker D-VII doivent être donnés aux vainqueurs !

D'autres machines émergent, en trop petite quantité cependant pour avoir un rôle significatif dans les derniers mois de la guerre. Certaines sont classiques, tels les biplans Pfalz D-XII et Siemens-Schukert D-IV (dont l'inspiration remonte au Nieuport XI !). D'autres font preuve d'une grande audace technologique, comme le Fokker D-VIII ou le Junkers J-9/D-1.

Le premier est un monoplan « parasol » qui fait appel au fuselage et au moteur du Triplan. Son aile à profil épais ne nécessite aucun haubanage autre que les mâts qui la lient au fuselage, d'où une grande « propreté » aérodynamique : 36 seront livrés avant le 11 novembre.

Le second est un monoplan à aile basse totalement révolutionnaire, tant il a une génération d'avance sur ses contemporains. Il est totalement métallique et son revêtement est en tôle ondulée, comme le Junkers CL-1, virtuellement semblable, mais biplace pour l'attaque au sol.

Ce Pfalz D-XII entre en service au début de 1918. S'il ressemble légèrement au Fokker D-VII, il est cependant entièrement en bois, le fuselage étant de construction monocoque, comme les Albatros. Il se révèle plus rapide que le Fokker en palier (200 km/h), mais grimpe moins bien. Ses qualités de vol ne sont pas appréciées des pilotes. ▽

De nombreuses décorations plus ou moins agressives sont adoptées par les pilotes du Fokker Triplan. Il est vrai que les combats aériens se passent à bout portant, et que tous les arguments sont bons pour épouvanter l'adversaire ! ▷

Le Junkers D-1 représente l'ultime aboutissement de la construction aéronautique en 1918. Sa configuration est en avance sur son temps de plusieurs années, et son procédé de fabrication – il est entièrement en alliages légers sous un revêtement de tôle ondulée – sera le signe de reconnaissance des Junkers jusqu'en 1935. ▷

VIMY ET GOTHA

Le désir de mener une offensive stratégique sur le potentiel industriel ou de miner le moral des populations civiles conduit les belligérants à concevoir les premiers bombardiers lourds.

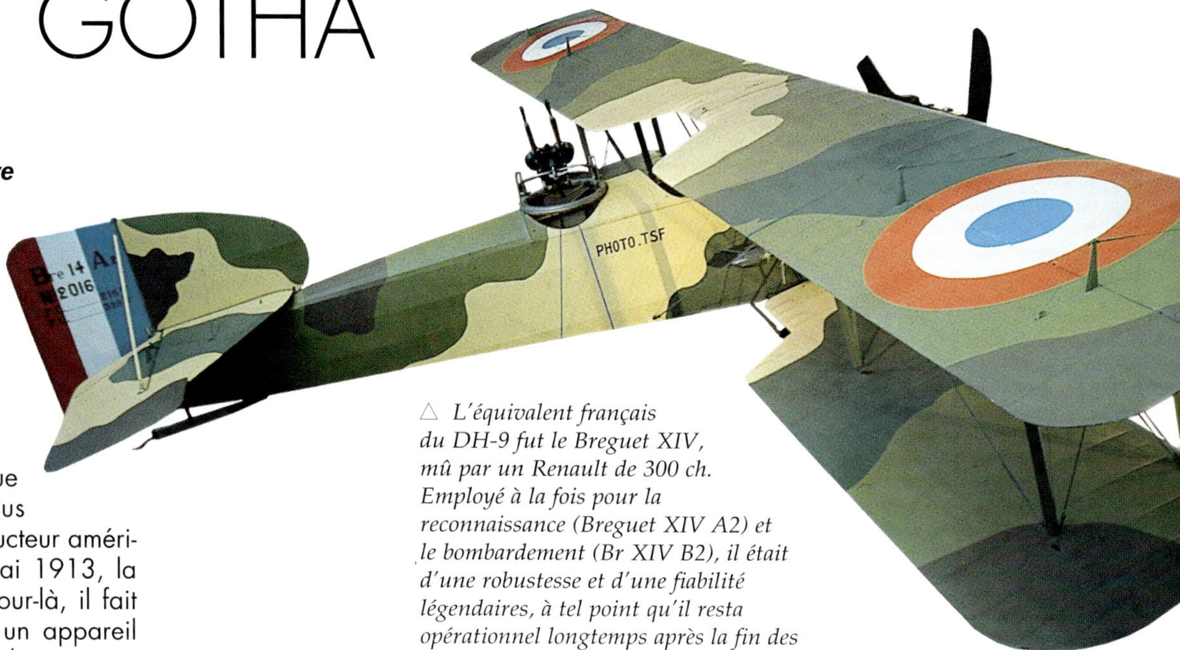

△ *L'équivalent français du DH-9 fut le Breguet XIV, mû par un Renault de 300 ch. Employé à la fois pour la reconnaissance (Breguet XIV A2) et le bombardement (Br XIV B2), il était d'une robustesse et d'une fiabilité légendaires, à tel point qu'il resta opérationnel longtemps après la fin des hostilités et qu'il participa au développement de l'aviation civile. Sa charge de bombes était de 320 kg.*

C'est Igor Sikorsky (que nous retrouverons plus tard en tant que constructeur américain), qui trace, dès le 13 mai 1913, la voie des avions géants : ce jour-là, il fait voler un quadrimoteur. C'est un appareil de transport de passagers à long rayon d'action, mais des essais de bombardements ont lieu dès juillet 1914. La Grande Guerre déclenchée, les Allemands, avec leurs Zeppelin, provoquent une prise de conscience douloureuse : les capitales peuvent être menacées par l'arme aérienne, alors que les avions de bombardement ont des capacités qui les limitent à des interventions aux abords des lignes.

Chargement de bombes d'un Gotha G-V avant une mission contre l'Angleterre. La masse transportée s'établit aux alentours de 500 kg et l'autonomie est de quatre heures de vol. La construction de ces grands bimoteurs utilisait une charpente en bois sous un revêtement de toile peinte. Plusieurs tourelles dorsales assuraient la défense, de même qu'une mitrailleuse ventrale tirant vers l'arrière. ▷

Handley-Page et Vimy à cocardes

Sir Frederic Handley-Page croit aux multimoteurs, et c'est à l'Amirauté qu'il transmet le dossier du 0/100, qui va voler le 17 décembre 1915. Ce grand biplan livré au Royal Naval Air Service décroche quelques succès, notamment lorsque trois 0/100 attaquent, le 23 avril 1916, une flotte de navires allemands, lui causant dommages.

La version 0/400 diffère essentiellement par ses moteurs Rolls-Royce Eagle de 320 ch. Elle débute sa carrière en avril 1917. Son autonomie de huit heures lui permet de longues patrouilles, pour contrer l'incursion de sous-marins. Ce n'est pas avant septembre que le Royal Flying Corps l'utilise, cette fois contre des objectifs terrestres et de nuit. Car l'appareil est vulnérable parce que volumineux et peu rapide (130 km/h). Il participe à de nombreux raids, déversant ses 900 kg de bombes sur la Ruhr. Son dérivé, le quadrimoteur V/1500, destiné à attaquer Berlin, n'a pas le temps d'être opérationnel avant l'Armistice, mais il le restera longtemps après dans l'Empire britannique.

Le 30 novembre 1917, le Vickers Vimy effectue son premier vol. La production est

Rarissimes sont les photos d'époque de Handley-Page 0/400 en opérations. Les personnages donnent l'échelle des avions, qui sont gigantesques pour l'époque : envergure 30,50 m, longueur 19,15 m, hauteur 6,70 m, plus de 7 tonnes en charge. Plus de 400 exemplaires ont été fabriqués et l'avion intervint sur le front européen mais également au Moyen-Orient, en Égypte et en Palestine. ▽

△ *Les Français mirent en service un grand nombre de Caudron G-IV, lequel est un dérivé bimoteur (2 x 80 ch Le Rhône) du Caudron G-III d'observation. Le G-IV fut employé massivement pour la reconnaissance et le bombardement des lignes allemandes en 1916 et au début de 1917.*

△ *À bord du Caudron G-IV, l'homme d'équipage qui assure les fonctions d'observateur et de bombardier est dans la pointe avant du fuselage, devant le pilote. Il assure également la défense de ce secteur avec une mitrailleuse Lewis, alors que l'appareil n'est pas protégé par l'arrière.*
En 1919, un bimoteur de ce type a joint Paris à Rangoon par étapes, piloté par Poulet et Benoist.

lancée avec des moteurs Fiat A-12 de 300 ch, puis des Eagle en mars 1918. Le Vimy n'a pas le loisir de faire la guerre, mais reste en première ligne jusqu'en 1924, et comme avion d'entraînement jusqu'en 1930. La machine va devenir célèbre, étant la première à franchir l'Atlantique, de Terre-Neuve à l'Irlande, avec John Alcock et Arthur Whitten-Brown, le 18 avril 1919, en étant également la première à joindre Londres à Darwin (Australie) du 12 novembre au 10 décembre 1919, avec Ross et Keith Smith, exploit renouvelé par une réplique de Vickers Vimy en 1994 !

Le bombardier De Havilland DH-4 et son dérivé DH-9 (charge utile : 210 kg de bombes), que l'on voit ici, fut le bombardier standard de l'armée anglaise. Plusieurs milliers d'appareils de ces deux versions furent employés massivement, de jour lors d'offensives de bombardement stratégiques, la nuit étant plutôt réservée aux gros bimoteurs Handley-Page. ▷

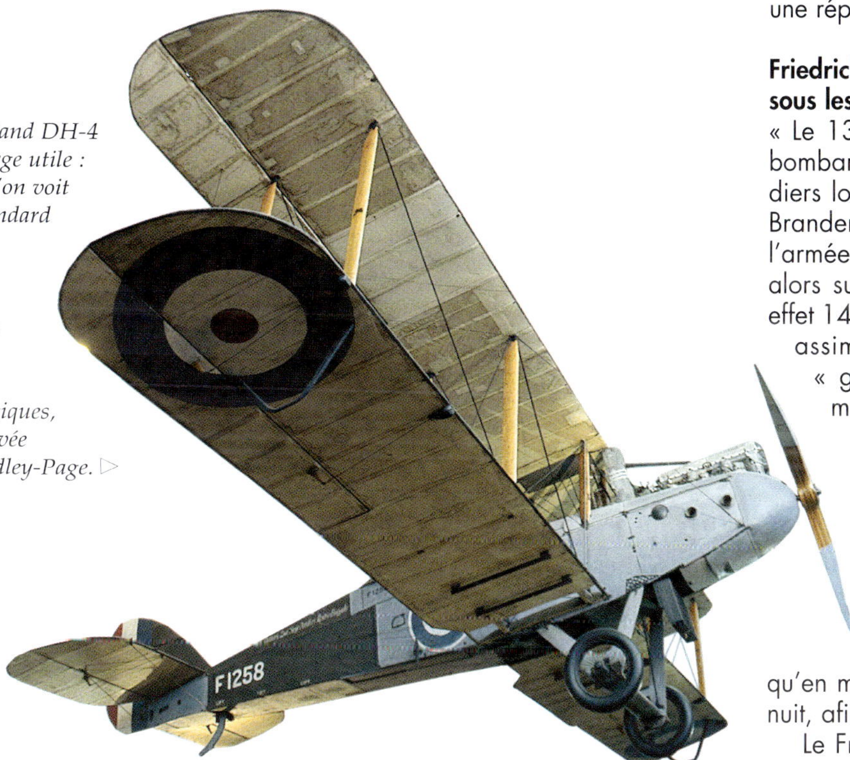

Ce Friedrichshafen G-III fut contraint de se poser derrière les lignes alliées et fut capturé le 8 avril 1917. Cet exemplaire était mû par des moteurs Austro-Daimler de 260 ch entraînant des hélices bipales propulsives. Il pouvait larguer 600 kg de projectiles contenus à l'intérieur du fuselage et sous les ailes inférieures. Ces appareils attaquèrent Paris plusieurs fois. ▽

◁ *Un Gotha G-V en route pour bombarder Londres. L'altitude de ses attaques variait de 3 000 à 5 000 m. Ces raids partaient de terrains d'aviation situés en Belgique et l'équipage était composé de trois personnes : un pilote, un navigateur-bombardier-mitrailleur dans le nez de l'appareil, et un mitrailleur arrière servant à la fois les mitrailleuses dorsales et ventrales.*

Friedrichshafen et Gotha sous les croix noires

« Le 13 juin 1917, à 13 h, Londres était bombardée par une escadrille de bombardiers lourds sous la conduite du capitaine Brandenburg. » Tel fut le communiqué de l'armée allemande. Le nom de Gotha est alors sur toutes les lèvres, car ce sont en effet 14 Gotha qui ont opéré ce jour-là. Par assimilation, tous les bombardiers « géants » allemands seront surnommés Gotha.

Le Gotha est produit fin 1916, quand les limites des dirigeables apparaissent aux stratèges. Les G-IV et G-V sont motorisés par des Benz ou Mercedes de 260 ch et embarquent près de 600 kg de bombes. Les Gotha conduisent des assauts sur l'Angleterre, jusqu'en mai 1918, d'abord de jour, puis de nuit, afin de minimiser les pertes.

Le Friedrichshafen ressemble au Gotha (24 m d'envergure). Il fait ses débuts en Macédoine, et Paris recevra sa sinistre visite en 1917-1918.

Zeppelin ne pratique pas la démesure qu'avec ses dirigeables puisque l'envergure du R-VI flirte avec les 42 m ! Quatre moteurs de 260 ch pour le R-VI, qui pèse plus de 11 tonnes et transporte 1 800 kg d'explosifs, cinq, voire six moteurs pour les variantes suivantes. Ces « jumbos » des temps héroïques participent à des raids sur Londres au milieu des Gotha.

Les Français ne viennent que tardivement aux bimoteurs de bombardement, avec l'apparition des Letord. Mais ils misent sur le Breguet XIV, monomoteur plus léger et plus performant que ces monstres du ciel.

L'ÉPOPÉE DES ZEPPELIN

De la fin du XIXe siècle jusqu'à l'aube de la Seconde Guerre mondiale, les grands dirigeables allemands du comte von Zeppelin ont été les instruments du prestige de l'Allemagne.

△ *C'est un peu par inadvertance que les Français ont découvert les Zeppelin. Ainsi, le LZ-16, victime d'incidents techniques, fut-il contraint de se poser en campagne non loin de Lunéville, le 3 avril 1913. Pendant la Première Guerre mondiale, nombre de Zeppelin furent détruits, par la DCA, par l'aviation de chasse, mais aussi par les intempéries.*

△ *Cette vue du LZ-127 Graf Zeppelin met bien en évidence la structure de ce monstre d'une contenance de 105 000 m^3 d'hydrogène. Le gaz, hautement inflammable, comme allait le démontrer la catastrophe de l'Hindenburg, était contenu dans d'immenses réservoirs entre lesquels l'équipage pouvait circuler en empruntant des coursives.*

Le Graf Zeppelin conçu par l'équipe d'Hugo Eckener fut ainsi surnommé en l'honneur du comte von Zeppelin. Apparu en 1928, et financé par une souscription nationale, cet aérostat connut une carrière sans catastrophe, contrairement à la plupart de ses congénères, jusqu'au déclenchement de la Seconde Guerre mondiale. ▽

Le premier dirigeable fonctionnel est français : le 9 août 1884, le dirigeable souple La France est le premier à revenir à son point de départ. Le projet du comte Ferdinand von Zeppelin (1838-1917) est refusé par une commission technique dix ans plus tard. Cette fois, c'est un dirigeable rigide (son enveloppe ne se dégonfle pas totalement, les réservoirs d'hydrogène sont inclus dans une structure indéformable faite de poutrelles en Duralumin). Nullement découragé, Zeppelin fait voler son LZ-1 (Luftschiff-Zeppelin n° 1) le 2 juillet 1900 à proximité du lac de Constance. Malheureusement, ce long cigare est perdu l'année suivante. Malchance également pour le LZ-2, détruit lors de son second vol, en 1905.

Le LZ-3 décolle en 1906 et tient l'air pendant huit heures, ce qui impressionne l'armée, qui envisage de commander des Zeppelin si ceux-ci parviennent à franchir près de 1 500 km. Le LZ-3 en est encore incapable, aussi le LZ-4 est-il achevé en 1908, mais détruit par une tempête au cours de ses essais : la fragilité de ces monstres, due à leur prise au vent, est leur principal défaut… Les LZ-5 et LZ-6 sont toutefois achetés par les militaires.

Redoutables armes de guerre

Zeppelin voit cependant dans son dirigeable un concurrent au paquebot. La preuve, le LZ-10 Schawlen de 1911 réussit, en onze mois d'exploitation, à transporter 1 533 passagers en 218 vols, avant d'être détruit par un incendie. Trois autres sont acquis par un transporteur civil, et ils participent d'ailleurs à la formation des équipages de la marine de guerre, car ces géants ont beaucoup de points communs avec les navires. L'armée de terre en utilisera aussi. Au cours de la Première Guerre mondiale, plus de 90 Zeppelin sont construits. Ils participent à plus de 700 raids sur la mer du Nord et la Baltique, et sur Londres dès le 18 janvier 1915. Mais les pertes sont lourdes. Car les Zeppelin sont

△ *Le comte Ferdinand von Zeppelin fut l'incontestable pionnier des grands dirigeables. Ceux-ci sont des ballons profilés et mus par des moteurs et, à l'origine, la forme de leur enveloppe était donnée par le gonflement. L'ingénieur allemand imagina une structure rigide et profilée, à base d'un enchevêtrement de poutrelles d'alliages d'aluminium.*

◁ *Le LZ-1 fut assemblé dans un hangar flottant spécialement construit pour lui sur les rives du lac de Constance. Il effectua son premier vol le 2 juillet 1900, inaugurant ainsi la première étape de l'épopée des dirigeables rigides de Zeppelin. Après le LZ-1, plus d'une centaine de ces monstres plus légers que l'air allaient suivre.*

△ *Le Graf Zeppelin effectua un grand nombre de traversées de l'Atlantique, à une époque où l'avion ne pouvait rivaliser avec lui. Certes, dans les années 1930, l'aviation fit d'importants progrès, mais encore insuffisants pour emmener une charge utile importante en toute sécurité sur de grandes distances.*

▽ *Les Zeppelin avaient la forme d'un immense cigare, forme dictée par une recherche de la meilleure aérodynamique et dans le dessein de résister aux tempêtes. Dans les années 1930, ils concurrençaient véritablement les paquebots, effectuant le même trajet dans des conditions de luxe et de raffinement semblables, mais beaucoup plus vite.*

Certains bureaux d'études continuent à croire aux dirigeables à l'aube du XXIe siècle. On peut les utiliser comme « grue volante », pour soulever des charges lourdes et volumineuses, ou bien pour le transport de passagers, comme le dernier-né de la firme Zeppelin, le NT. La forme peut paraître archaïque, mais sa construction fait pourtant appel aux matériaux les plus modernes. ▽

des machines énormes et vulnérables : ainsi le LZ-60 mesure 129 m de long pour un diamètre maximal de 24 m. Propulsé par six moteurs Maybach de 240 ch, il peut théoriquement voler pendant cent dix heures à une vitesse de 110 km/h avec une charge utile de 35 à 40 tonnes, dont 3 000 kg de bombes et 22 hommes d'équipage ! Le LZ-102 entreprend un voyage de plus de 2 600 km du Danemark à l'Afrique, dans le dessein de décourager les Américains d'entrer dans le conflit… Et le LZ-113 est prévu pour attaquer New York !

Une vie civile mouvementée

À la mort de Zeppelin, ses travaux sont poursuivis dans une optique commerciale par le Dr Hugo Eckener. Néanmoins, conséquence de l'Armistice de 1918, cinq dirigeables sont saisis : deux sont affectés à la France et deviennent les Dixmude et Méditerranée ; l'un va en Italie, et deux en Grande-Bretagne. Le LZ-126 est livré aux États-Unis le 16 octobre 1924 et devient le Los Angeles.

Le LZ-127 Graf Zeppelin est fabriqué en 1928 grâce à une souscription nationale ; il effectue sa première traversée de l'Atlantique en octobre de cette année-là. Du 24 au 30 juillet 1931, l'engin part pour une grande croisière de 12 000 km dans l'Arctique, survolant des régions encore inconnues à l'époque. Le Graf Zeppelin est démantelé sur l'ordre d'Hitler en 1940.

Le plus fameux Zeppelin est sans doute le LZ-129 Hindenburg, et le plus gros des dirigeables allemands : 247 m de long, 41 m de diamètre et 190 000 m^3 ! Il s'envole le 4 mars 1936. Le 6 mai 1937, à son arrivée à Lakehurst (New York) après un vol transatlantique, le dirigeable s'enflamme, ensevelissant 39 passagers sous ses énormes décombres. Son « sistership » le Graf Zeppelin II vole le 14 septembre 1938, mais est ferraillé en 1940.

Pourtant, les Zeppelin ne sont pas morts. La firme de Friedrichshafen existe toujours et a révélé en 1997 le Zeppelin NT. Il est nettement plus minuscule que ses aînés (75 m de long et 8 200 m^3), sa charpente n'est plus en aluminium mais en carbone, sous un revêtement en Tedlar. Il est désormais gonflé à l'hélium et ses trois Lycoming de 200 ch emmèneront les douze passagers ainsi que deux pilotes à 140 km/h pour des promenades aériennes…

Farman F-120 Jabiru : à une époque où l'aérodynamique n'a pas encore livré tous ses secrets…

1919-1938

L'essor de l'entre-deux-guerres

Au sortir de la Première Guerre mondiale, l'aviation a fait d'énormes progrès. Plus de 50 000 avions ont été construits par les belligérants, et 16 000 pilotes ont été formés, qui ne demandent qu'à poursuivre de manière plus pacifique leur combat dans le ciel. Les pilotes de tous les pays vont alors se lancer à la conquête de records dans tous les domaines – vitesse, distance, altitude – et mener des raids de plus en plus lointains, heureusement à l'aide d'avions de plus en plus perfectionnés et fiables. Suivront ceux qui exploiteront au mieux ces avancées, en se fixant pour mission de développer l'aéronautique véritablement commerciale avec l'instauration des premières compagnies aériennes, exploitant des lignes, au début avec le courrier de la poste, puis avec des passagers.

L'Atlantique est vaincu dès 1919, avec escales, d'abord (les Açores, Lisbonne et Plymouth), par l'Américain Read. Sans escales, ensuite, par les Anglais Alcock et Brown sur Vimy. Ce sont des pionniers qui partent encore pour l'aventure, telle Adrienne Bolland, qui traverse les Andes seule à bord de son Caudron G-III le 1er avril 1921. Français et Américains se battent pour les records de vitesse et on frôle les 400 km/h en 1922. Les 11 000 m d'altitude sont dépassés par le Français Sadi Lecointe en 1923. Les raids se succèdent, les Français disposant de la lignée des biplans Breguet, qui s'illustrent avec la traversée de l'Atlantique Sud par Costes et Le Brix le 15 octobre 1927. Charles Lindbergh les a précédés dans l'exploit, traversant l'Atlantique Nord d'ouest en est en solitaire avec son Spirit of Saint Louis le 21 mai 1927. Les Français Assolant, Lefèvre et Loti lui emboîtent le pas en effectuant le même parcours en 1929, avant que Costes et Bellonte ne franchissent l'Océan d'est en ouest (un parcours plus difficile en raison des vents dominants) du 1er au 3 septembre 1930. Ce ne sont que des exemples, car les exploits se multiplient. De nombreuses courses permettent un bond spectaculaire de la vitesse : les coupes Deutsch de la Meurthe ou Schneider pour les hydravions attirent les foules. En 1934, l'Italien Agello dépasse les 700 km/h à bord d'un hydravion Macchi-72, record inégalé à ce jour.

L'Europe est sillonnée de quelque 30 lignes aériennes en 1923. Les lignes Farman exploitent Paris-Londres en bimoteur Goliath dès le 8 février 1919. Et, le 1er septembre suivant, les lignes Latécoère apparaissent – elles deviendront la célèbre compagnie Aéropostale, au sein de laquelle s'illustreront tant de héros comme Mermoz, Guillaumet ou Saint-Exupéry – et parviendront, au bout de plusieurs années d'efforts, à relier Toulouse à Santiago du Chili. Alors que l'avion, timidement, se démocratise, s'ouvre le temps des meetings ou spectacles aériens qui attirent les foules : les Barnstormers américains marchent sur les ailes des avions en plein vol, tandis que les as de la voltige se livrent à des acrobaties lors de matchs serrés. Le planeur fait son apparition, de même que la construction amateur : on peut construire soi-même son avion !

Alors que la Seconde Guerre mondiale se profile à l'horizon, l'aviation n'a plus la même physionomie que vingt ans auparavant. Les avions militaires sont désormais pour la plupart métalliques, leur train d'atterrissage est rétractable, leurs hélices sont à pas variable, et ils disposent de volets de courbure pour augmenter la portance de leur voilure à faible vitesse. Les instruments se sont également perfectionnés. Les biplans ont fait place aux fins monoplans, plus aérodynamiques. Autant de progrès techniques qui ont fait plus que multiplier par deux les performances.

BREGUET, FARMAN ET JUNKERS : LA NAISSANCE DU TRANSPORT AÉRIEN

Au lendemain de la Grande Guerre, les pilotes partent défricher des routes aériennes. Rapidement, les lignes régulières vont se développer, utilisant pour la plupart des bombardiers déclassés.

La paix revenue, le monde reste à découvrir, et l'aviation se présente comme un moyen de communication moderne et rapide, même s'il n'est pas encore totalement sûr. Les Français inaugurent les premiers grands voyages : Roger joint Paris à Rome, en Breguet XIV, le 3 avril 1919, à la vitesse moyenne de 115 km/h. Les Allemands inaugurent le premier transport aérien régulier civil le 5 février 1919, et, quelques jours plus tard, les lignes Farman joignent Paris à Londres et Paris à Bruxelles en Farman Goliath.

Breguet XIV et Goliath : des bombardiers civilisés

Le Breguet XIV est l'un des avions français les plus prestigieux, qui a connu une carrière militaire et civile extraordinaire. Louis Breguet est un authentique précurseur de l'aéronautique, et plus particulièrement de l'hélicoptère, avec le Gyroplane apparu en 1906. L'ingénieur poursuit dans cette voie jusqu'en 1909, date à laquelle il passe à l'aéroplane plus conventionnel. Un Breguet participe aux manœuvres militaires en 1910, et la société Breguet, une fois la Grande Guerre déclenchée, répond aux demandes des militaires : c'est le BU-3, produit par Michelin.

Le 21 novembre 1916, un gros biplan monomoteur prend son envol. Cet appareil biplace est gréé d'un moteur Renault de 250 ch, et pour la série, ce groupe sera remplacé par un autre plus puissant de 300 ch. Sa structure est métallique, en tubes de dural maintenus par des goussets et des croisillons pour ce qui est du fuselage, les

△ *Le biplan bimoteur Farman Goliath est un gros avion (envergure 26,50 m, longueur 14,33 m, hauteur 4,91 m, près de 5 tonnes en charge). Il est vrai que cette photo du constructeur est particulièrement mise en scène, car il domine ici un petit monoplace de sport de la même firme, qui aurait pu s'appeler David – mais c'est un Farman Moustique !*

Superbe vue d'époque (probablement de l'entre-deux-guerres) d'un Breguet 14 B2. Assemblé en deux versions principales, A2 pour la reconnaissance, et B2 pour le bombardement (2 correspondant au nombre de personnes à bord), le Breguet 14 est resté en service jusqu'en 1932, date à laquelle il fut remplacé en première ligne par le Breguet 19. ▽

◁ *Cette réplique du Breguet XIV vole en 1998 et appartient à la société Michelin. Cet avion spectaculaire peut s'apercevoir lors de meetings aériens en France. Sa construction n'est toutefois pas totalement fidèle à l'original, les ailes n'ont pas le même profil aérodynamique, et le moteur est plus puissant, pour des raisons de sécurité.*

longerons d'ailes sont également en métal, seules les nervures étant en bois. Le Breguet XIV est un succès : le prototype emporte une charge de 750 kg, grimpe à 6 500 m et atteint 175 km/h. En janvier 1917, ses essais sont terminés et la production est lancée. Elle ne va cesser qu'en 1927, après une série de quelque 8 000 exemplaires ! Déjà 5 300 machines sont sorties des chaînes avant décembre 1918, en deux versions principales, le Breguet XIV A2 pour la reconnaissance (avec un appareil photographique et une radio sans fil), et le B2 pour le bombardement. L'armement consiste en une mitrailleuse Vickers synchronisée tirant en chasse et un jumelage de deux Lewis montées en tourelle et actionnées par l'observateur photographe. La charge de bombes, importante pour l'époque, est de 300 kg, et les Breguet XIV B2 effectuent des raids massifs, de jour, à l'intérieur des lignes allemandes.

La paix revenue en Europe, cet avion équipe les forces aériennes de nombreux pays : Belgique, Brésil, Danemark, Espagne, Grèce, Pologne, Siam, Tchécoslovaquie, Yougoslavie... Il prend une part active dans le conflit du Rif, au Maroc. Les militaires ne le retirent du service qu'en 1932, et beaucoup de variantes ont été produites dans des quantités moindres (Breguet 16 – les chiffres romains ne sont plus utilisés après 1918 –, Breguet 17 et 18, etc.).

Au lendemain de la guerre, le robuste Breguet est disponible en nombre. Sa réputation de fiabilité n'est plus à faire et lorsqu'en 1919 Louis Breguet fonde la Compagnie des messageries aériennes (CMA), c'est tout naturellement qu'il choisit le Breguet 14. Il débute le transport du courrier entre Paris, Londres et Bruxelles, et fait équiper ses avions de containers profilés sous les ailes inférieures, pour loger les sacs postaux. Les Breguet 14 T et T*bis* peuvent emmener deux, puis quatre passagers en plus du pilote.

La compagnie créée par Pierre-Georges Latécoère, qui d'abord porte son nom, avant de s'appeler Aéropostale quelques années plus tard, débute également ses vols avec des Breguet 14, notamment des Br14 T*bis*, qui sillonnent

◁ Breguet 14 A2 des Lignes aériennes Latécoère. Les personnages rassemblés autour de l'avion donnent l'échelle, l'avion est grand : envergure 15,85 m, longueur 8,85 m, pour un poids à vide dépassant légèrement 1 tonne. Sur cet avion, n° 129 de série, on aperçoit bien les containers du courrier sous les ailes, en lieu et place des bombes.

△ Le Farman Goliath a permis le développement et l'exploitation des premières lignes aériennes avec passagers, alors que le Breguet 14, du fait de ses dimensions plus réduites, s'est trouvé plutôt cantonné dans le transport du courrier et les raids à longue distance. On voit ici l'embarquement des passagers sur un appareil des lignes Farman.

Breguet 14 Tbis, de la compagnie Latécoère. La modification du fuselage de cette version exclusivement civile est très visible : le poste de pilotage a été reculé pour faire place à une cabine fermée capable d'accueillir de deux à quatre passagers. Cette machine est équipée de réservoirs supplémentaires sous les ailes supérieures. ▽

Le Breguet XIV a marqué son époque par sa robustesse et sa fiabilité. Sa production a duré dix ans et a fait appel à de nombreux constructeurs, dont Michelin, pendant la Première Guerre mondiale. Le fabricant de pneumatiques de Clermont-Ferrand a assemblé plusieurs centaines de biplans Breguet jusqu'à la fin du conflit. ▽

. . . BREGUET, FARMAN ET JUNKERS : LA NAISSANCE DU TRANSPORT AÉRIEN

l'itinéraire Toulouse-Dakar : elle en exploitera plus d'une centaine ! Le Farman Goliath est la réponse française à l'avènement des bombardiers lourds bimoteurs mis en ligne par les Britanniques. Le Farman F-60 est étudié en 1918, en vue d'être employé conjointement avec les Handley-Page et autres Vimy en 1919. À la fin des combats, seuls deux prototypes ont été réalisés : ils sont alors immédiatement modifiés pour un usage civil, avec deux cabines totalisant douze personnes. Le F-60, surnommé Goliath en raison de sa taille impressionnante pour l'époque, est fabriqué alors que son frère militaire n'est encore qu'en essais, et réalise moult raids, dont une liaison Paris-Casablanca en août 1919.

Le Goliath relie alors régulièrement Paris à Londres, sous les couleurs de plusieurs compagnies, Bruxelles, puis Amsterdam, avant de poursuivre jusqu'à Berlin fin 1921 (lignes Farman). La Compagnie des grands express aériens (CGEA) réussit même à effectuer l'aller et retour Paris-Londres de nuit, le 7 juin 1922, tandis que la Franco-Roumaine, elle aussi équipée de Goliath, joint Paris à Istanbul le 3 octobre de la même année. Le Farman F-60 sera exporté dans de multiples pays, et doté de plusieurs types de moteurs. Le F-169, modèle tardif, est en dotation des lignes Farman en 1929.

Longue carrière également sous les cocardes : six escadrilles reçoivent le Goliath à partir de 1922. Produit pour l'armée de l'air et la marine française (il y a eu des Goliath sur flotteurs), il équipe aussi la Pologne, l'Italie et le Japon, et sert au bombardement (1 040 kg de bombes), au torpillage, puis à l'entraînement.

Junkers : en avance sur son temps

Le Junkers J-10, version civilisée du biplace CL-1 militaire, est probablement le premier avion monoplan entièrement métallique à effectuer un service aérien régulier, entre Dessau et Weimar, à partir de mars 1919. Dès l'Armistice, Hugo Junkers, pionnier de la technologie « tout métal » et de la construction cantilever (ailes en porte-à-faux, sans mâts ni haubans, assurant leur propre rigidité), charge son bureau

Dernière évolution de la série des Goliath, le F-169 est apparu en 1929, pour équiper les lignes aériennes Farman. Il ne différait toutefois de son aîné que par des améliorations non fondamentales, particulièrement celle du train d'atterrissage. Tout au long de sa carrière, le Goliath fut doté de nombreux types de moteurs. ▷

△ *Le prototype du Junkers F-13, juste à sa sortie d'usine, avant même qu'il ne reçoive sa peinture. La pureté des lignes et sa modernité contrastaient étonnamment avec les Breguet 14 ou Farman Goliath, dont il était le quasi contemporain. Gréé avec un Mercedes D-III de 160 ch, il embarquait pourtant deux pilotes et quatre passagers.*

C'est encore le même avion, mais cette fois immatriculé et aux couleurs de la compagnie allemande Deutsche Luft Hansa, ancêtre de la Lufthansa d'aujourd'hui. Cet avion vola pendant plus de vingt ans, terminant sa carrière en faisant des baptêmes de l'air à l'aube de la Seconde Guerre mondiale. Une preuve de la réussite de l'appareil. ▽

△ *L'ambiance des aéroports des années 1920, aux antipodes des grandes aérogares ultramodernes d'aujourd'hui. L'endroit, pourtant, est toujours un aéroport pour l'aviation d'affaires, il s'agit du Bourget. L'aérogare du Bourget abrite les collections du musée de l'Air et de l'Espace, qui expose justement un fuselage de Farman Goliath.*

△ *Autre vue d'ambiance au Bourget. Deux Goliath voisinent un Farman Jabiru monomoteur. Pas de pistes à l'époque : les aérodromes étaient plutôt de vastes champs d'aviation à partir desquels les appareils décollaient dans toutes les directions, mais face au vent. Les zones goudronnées étaient réservées à l'embarquement.*

d'études de penser un avion de transport à cabine fermée pour quatre passagers. Et le Junkers F-13 s'élance dans l'azur le 25 juin 1919. Une semaine après son vol inaugural, le prototype quitte Dessau pour Berlin, Warnemünde et Stockholm avec un équipage de deux pilotes et quatre voyageurs... Pour l'anecdote, vingt ans plus tard l'appareil vole encore ! Initialement, le succès de cet avion ultramoderne est contrecarré par le nombre d'appareils disponibles aux surplus militaires, et les Alliés voient d'un mauvais œil le développement d'une machine aussi révolutionnaire. Mais l'Autriche, la Pologne, puis les États-Unis en achètent dès 1919. La production du Junkers F-13 ne va s'interrompre qu'en 1932, après qu'une quantité de 322 avions ont été sortis d'usine. Son utilisation est vaste jusqu'à l'orée de la Seconde Guerre mondiale, sur tous les continents. Son train d'atterrissage emploie indifféremment des roues, des skis ou des flotteurs.

L'ÉPOPÉE DE L'AÉROPOSTALE

L'ambition de Pierre-Georges Latécoère est de relier la France à l'Amérique du Sud, à partir d'un premier tronçon, Toulouse-Casablanca (1 845 km en survolant les Pyrénées). Le pilote Didier Daurat réussit ainsi la première liaison postale France-Maroc le 1er septembre 1919, sur Breguet 14. Didier Daurat sera vite retenu au sol, ses qualités indéniables de meneur d'hommes lui faisant jouer un grand rôle en tant que directeur. En 1925, la ligne se poursuit jusqu'à Dakar, face à l'Atlantique Sud, couvrant désormais une distance de 4 695 km. Daurat a constitué une équipe d'hommes ayant une trempe extraordinaire, comme Guillaumet, Mermoz ou Saint-Exupéry (qui sera même chef d'escale à Cap-Juby, un poste où il fait merveille), mais aussi Dabry, Gimié, etc. Sur ce trajet, qui passe au-dessus de larges zones désertiques, les dangers sont nombreux, et toute panne met le pilote en danger, même si les liaisons se font à deux avions. Il arrive que des bandes de pillards prennent les pilotes en otages.
1927 voit l'entrée dans le capital du financier Bouilloux-Lafont : les lignes Latécoère s'appellent désormais Compagnie générale Aéropostale. Pour joindre l'Amérique du Sud, il faut franchir l'Océan, et les appareils n'étant pas encore suffisamment sûrs, c'est provisoirement un service maritime qui est ouvert avec de rapides avisos des surplus de la guerre.
En Amérique du Sud, la ligne fonctionne déjà, joignant la côte atlantique au Pacifique, jusqu'à Santiago du Chili, avec son lot d'exploits : c'est Mermoz, posé dans la cordillère des Andes, qui parvient à redécoller ; c'est Guillaumet, dont le Potez 25 l'abandonne dans les montagnes enneigées, et qui parvient à s'en tirer en marchant et en rampant dans les solitudes glacées pendant près d'une semaine en juin 1930. Rescapé, il prononce cette phrase fameuse : « Ce que j'ai fait, aucune bête au monde ne l'aurait fait. » Mermoz est l'homme de la bataille de l'Atlantique Sud que l'Aéropostale a engagée face aux Zeppelin : les premières traversées se font en hydravion à flotteurs Latécoère 28 (le 12 mai 1930, Mermoz vole de Saint-Louis du Sénégal à Natal), puis, à partir de 1934, en trimoteur Couzinet Arc-en-Ciel. Mais une page est déjà tournée et l'Aéropostale a fait partie, l'année précédente, du groupe de sociétés privées réunies pour former la compagnie nationale que l'on connaît aujourd'hui : Air France.

◁ *Henri Guillaumet, rescapé des Andes, a poursuivi sa carrière de pilote de ligne jusqu'en 1940, date à laquelle son avion-ambulance fut abattu par un chasseur italien...*

LE RÈGNE DE L'HYDRAVION

Entre les deux guerres mondiales, le transport aérien connaît un fort développement qui s'appuie en grande partie sur l'hydravion, jugé plus sûr que les appareils terrestres.

C'est Henri Fabre qui a « inventé » l'hydro-aéroplane, en décollant de l'étang de Berre le 28 mars 1910, et l'Américain Glenn Curtiss qui l'a perfectionné en 1911 : l'amphibie est né. Grâce à ses trois roues rétractables montées sur des flotteurs, le Pusher se pose à la fois sur la terre et sur l'eau. En 1912, le Français François Denhaut concocte l'hydravion à coque. Ce n'est plus un avion juché sur des flotteurs, mais une coque de navire équipée d'ailes... Les deux types, chacun avec leur utilité propre, coexistent toujours.

Lors de la Première Guerre mondiale, l'hydravion n'est pas un parent pauvre de son aîné à roulettes. Des meetings, dès 1912, les premières coupes Schneider, en 1913 et en 1914, lui ont fait faire des progrès réguliers. Aussi l'hydravion fait-il la guerre, remplissant une multitude de missions, de la reconnaissance, mais aussi de l'attaque de bâtiments de surface et de sous-marins, voire de chasse, aux couleurs de l'ensemble des forces en présence.

C'est entre 1919 et 1939 que l'hydravion va connaître son âge d'or, démontrant immédiatement quelles sont ses possibilités, au cours de la traversée de l'Atlantique avec escales de l'Américain Read, sur Curtiss NC-4, en mai 1919. En réalité, quatre hydravions sont partis pour ce périple New York-Plymouth, mais un seul parviendra aux Açores. Aucune perte humaine, cependant, car les appareils victimes de pannes ont à chaque fois pu amerrir, prouvant, à une époque où la mécanique est encore traîtresse, la supériorité de l'hydravion pour les grands raids.

L'hydravion, moyen d'exploration

Le 6 novembre 1922, le prototype du Dornier Wal (baleine) effectue son premier vol. L'élégance et la modernité de cet hydravion à coque bimoteur contrastent avec celles des réalisations contemporaines.

Entièrement métallique, des nageoires, sortes de grosses ailettes, sont placées de

△ *Splendide photo d'un Dornier Wal en train de déjauger d'un lac dans l'Allemagne d'après 1936. La pureté aérodynamique de la cellule est ici particulièrement visible. Diverses variantes de Wal ont été équipées d'un poste de pilotage entièrement fermé, et certaines unités militaires en étaient encore dotées en 1939.*

Le Dornier Wal revêt une importance particulière dans l'histoire de l'aviation. Sa conception très moderne pour l'époque va lui permettre de connaître une carrière d'une exceptionnelle longévité, jusqu'à l'aube de la Seconde Guerre mondiale, bien que les années 1930 aient été synonymes de progrès techniques importants. ▽

Au terme de la première partie de son périple, le prototype du Dornier X parvint à New York le 27 août 1931. Le voyage fut très long, et les ennuis techniques s'accumulèrent. À pleine charge, l'avion avait beaucoup de mal à décoller et à prendre de l'altitude. Son plafond était de l'ordre de 500 m seulement... ▽

△ *L'hydravion Dornier Wal n'a été produit que tardivement en Allemagne, où sa construction avait été interdite par la Commission interalliée. Sa fabrication a débuté en Italie, mais le Wal a également été assemblé en Espagne et en Hollande. On voit ici un appareil militaire néerlandais au cours d'un vol de patrouille.*

Le Dornier Wal a connu plusieurs versions au cours de sa longue carrière, mais la configuration générale est restée figée. Celui-ci est un Super Wal, apte au transport d'une dizaine de passagers. Les deux moteurs sont invariablement montés en tandem au-dessus de l'aile, pour éviter les projections d'eau. ▷

△ *Le monstre Do-X s'élance sur les eaux calmes du lac de Constance. Déjà les moteurs en étoile Siemens ont été remplacés par des Curtiss. S'il porte les couleurs de la Compagnie nationale germanique Lufthansa, celle-ci ne l'a pourtant jamais exploité en service régulier, l'engin manquant de performance.*

chaque côté du fuselage, remplaçant les flotteurs d'équilibrage.

L'ingénieur allemand Claudius Dornier a débuté sa carrière chez Zeppelin, et le Wal est issu de ses G-I et G-II. Les Alliés sont choqués par l'avance technologique de la machine et en interdisent la fabrication. Qu'à cela ne tienne, le Wal sort des chaînes d'une filiale en Italie dès 1923, et la production transalpine s'établira à 150 exemplaires. Les Espagnols en fabriquent 40 en 1928, et les Néerlandais autant de 1927 à 1931. Il semble que la série ait dépassé les 300 modèles, pour ne cesser qu'en 1936, après fourniture d'une commande de la Luftwaffe renaissante.

Le premier client, pour six Wal, est l'Espagne, et l'un d'entre eux, baptisé Plus Ultra, parcourt 10 072 km, reliant la péninsule Ibérique à Buenos Aires en 59 h 35 min et sept étapes, en janvier-février 1926, piloté par Ramon Franco. Le Wal est apte au transport de passagers (entre huit et dix), et de nombreuses compagnies aériennes l'emploient au Brésil, en Colombie, en Allemagne et en Italie. La version japonaise, construite sous licence par Kawasaki, relie le Japon à Shanghai. Deux Dornier Wal accompagnent les expéditions de l'explorateur norvégien Roald Amundsen dans sa tentative pour parvenir au pôle Nord, en 1925. L'un des deux appareils est perdu, mais l'autre s'illustre, du 18 au 22 août 1930, par un vol de la Baltique à Chicago passant par l'Islande et New York, aux mains de Wolfgang von Gronau. En novembre 1932, le même pilote boucle le tour du globe, en parcourant 44 400 km en 270 heures de vol.

En 1932, Dornier peut enfin assembler son Wal en Allemagne, et ses avions, livrés à la Deutsche Luft Hansa, mènent la vie dure à l'Aéropostale pour l'acheminement du courrier vers l'Amérique du Sud.

Lors de sa sortie des ateliers de la filiale suisse, le Dornier X est la plus grande machine volante du monde : 48 m d'envergure, 40 m de long, 10 m de haut ; le poids à vide est de 28 tonnes, et il peut peser, en charge, jusqu'à 52 tonnes.

... LE RÈGNE DE L'HYDRAVION

Douze moteurs Siemens Jupiter de 525 ch sont montés par paires au-dessus de la voilure. Le premier vol a lieu le 25 juillet 1929 avec 25 passagers. Le 21 octobre, il décolle avec 159 passagers (dont neuf clandestins !) et dix membres d'équipage, établissant un record qui tient pendant près de quinze ans. L'appareil, remotorisé avec des Curtiss Conqueror de 610 ch, part le 5 novembre 1930 pour joindre les Amériques par l'Atlantique Sud. Les difficultés s'amoncellent, et ce n'est que le 27 août 1931 qu'il parvient à New York, où il prend ses quartiers d'hiver. Il repart le 19 mai 1932, pour ne réintégrer le lac de Constance que le 14 novembre 1933.

Deux autres de ces géants voient le jour, acquis par l'Italie, dont les militaires se servent pour des vols de prestige. Les Dornier X n'ont jamais connu de service régulier et se sont révélés sous-motorisés.

Le Savoia-Marchetti S-55 déjauge en août 1924. Cet engin bicoque bimoteur sort en Italie à raison de 200 exemplaires. Il intéresse à la fois les civils et les militaires, car le jeune général ministre de l'Air Italo Balbo va s'en servir comme flambeau des ailes italiennes. Déjà le 13 février 1927, le marquis de Pinedo part de Sardaigne et atteint Rio le 27. En 1928, soixante et un S-55 couvrent 3 000 km en Méditerranée et trente-cinq parcourent 3 500 km jusqu'à la mer Noire. Sous les ordres de Balbo, douze appareils quittent l'Italie en décembre 1930 pour joindre la Guinée portugaise. Dix d'entre eux parviendront à Natal, au Brésil. Du 1er au 15 juillet 1933, vingt-quatre S-55X effectuent en formation le trajet Rome-Chicago. Ils reviennent *via* les Açores, le 12 août, moyennant la perte d'un des leurs. La preuve est faite dans les années 1930 que l'hydravion peut réaliser des vols transocéaniques. La France n'est pas en reste. Sous l'impulsion de Marcel Bouilloux-Lafont, qui dirige l'Aéropostale, il faut franchir par la voie des airs la distance Dakar-Natal, soit 3 175 km d'une traite. Le Latécoère 28 paraît faire l'affaire, aussi la version Laté 28-3 munie de flotteurs et d'un moteur V12 Hispano-Suiza de 600 ch est-

△ Les traversées régulières de la poste ne purent intervenir qu'à partir de 1934, date de la mise en service des grands quadrimoteurs Latécoère 300 et dérivés, ou Blériot. Le plus célèbre d'entre eux était le Laté 300 Croix-du-Sud, à bord duquel disparurent Mermoz et son équipage fin 1936. La France avait perdu un héros.

Jean Mermoz, dit l'Archange, sportif, pilote accompli et héros de l'aviation. ▷

Le Latécoère 28 fut à l'origine un avion terrestre sorti en 1929 pour embarquer une huitaine de passagers. Sept exemplaires sont connus pour avoir été transformés en hydravions. Le plus célèbre, baptisé Comte de la Vaux, a réalisé la première traversée commerciale de l'Atlantique Sud, en transportant du courrier, en mai 1930, avec Mermoz aux commandes. ▽

Pour gagner en distance franchissable, la compagnie aérienne britannique Imperial Airways imagina cet étonnant attelage de deux quadrimoteurs, un Short Mercury surplombant un S-21. Le système fonctionna en 1938, mais son exploitation, jugée trop onéreuse, et la charge transportée, trop minime, firent renoncer à cette initiative moins d'un an plus tard. ▷

◁ *La firme française Latécoère a poursuivi jusqu'à la Seconde Guerre mondiale l'étude et la réalisation d'hydravions. L'un des plus fameux fut sans doute le Laté 521 Lieutenant de Vaisseau Paris. Fin 1937, cette imposante machine s'octroya nombre de records, dont celui de distance pour hydravions, joignant le Maroc au Brésil, soit une distance de 5 771 km.*

◁ *L'hydravion bimoteur italien S-55 avait une architecture bien particulière, qui n'a été reprise par aucun autre appareil. Pourtant, il fut d'une grande efficacité. Les deux coques sont reliées entre elles par la voilure, qui dispose d'un profil aérodynamique très épais, et dans laquelle prennent place les deux pilotes, sous les moteurs.*

▽ *Le Sikorsky S-42 est un grand hydravion de la famille des Clippers. Le premier d'entre eux (seule une petite série fut produite) établit une série de dix records du monde entre le 30 mars 1934, date de son vol inaugural, et le 5 juin, date de livraison à la Pan American Airways, qui l'utilisera sur ses lignes des Caraïbes.*

Le Boeing 314 fut, en 1939, le plus gros appareil commercial à entrer en service. Il croisait à 295 km/h avec une charge marchande de 4 530 kg. Sa vitesse maximale était de 335 km/h, grâce à ses quatre moteurs Pratt & Whitney de 1 200 ch entraînant des hélices à pas variable. La Seconde Guerre mondiale a cisaillé sa carrière… ▽

elle sélectionnée. Avec lui, le Lieutenant de Vaisseau Paris pulvérise pas moins de neuf records du monde de vitesse et de durée avec diverses charges. Le 12 mars 1930, Mermoz, Dabry et Gimié traversent l'Océan en 21 h 24 min avec du courrier. Mais l'hydro coule au retour. Ce n'est qu'en 1934, quand Air France utilise des hydravions quadrimoteurs Laté 300 et dérivés, que les trajets peuvent se faire par la voie des airs sans trop de problèmes. Encore que… « Coupons moteur arrière droit », telle est la dernière parole de Jean Mermoz, qui disparaît avec le Croix-du-Sud le 7 décembre 1936. Latécoère va aussi sortir de grands hydravions, comme le 521, dont l'envergure dépasse celle du Do-X, qui vole en 1935, et le 631, tous deux à six moteurs, le dernier n'émergeant que sous l'Occupation.

L'hydraviation atteint sa maturité

La Grande-Bretagne est peut-être le pays qui a le plus besoin de moyens de communication rapides pour relier les coins de son immense empire. Le grand constructeur d'hydravions se nomme Short, et Imperial Airways lui commande des S-23 en 1934. Ce sont des quadrimoteurs qui transportent une vingtaine de passagers. Pour rallonger leur rayon d'action, R-H. Mayo, responsable technique de la compagnie, décide d'accoupler un S-23 modifié avec un S-20 Mercury sur son dos : le 6 février 1938, la séparation en vol est une réussite ! Le coût d'exploitation conduit à l'abandon de ce curieux composite au début de 1939.

À la veille de la Seconde Guerre mondiale, les États-Unis jouent avec leurs Clippers. Le premier est le quadrimoteur amphibie Sikorsky S-40, qui entre en service fin 1931 sur les Caraïbes. Le S-42 s'envole le 30 mars 1934. Sept appareils sont assemblés et volent (240 km/h en croisière) jusqu'en 1946. Son concurrent, le Martin 130 China Clipper est, à ses débuts, le plus grand avion américain. Ses quatre Pratt & Whitney de 800 ch l'emmènent à 260 km/h en croisière. Trois seulement voient le jour. La palme revient au Boeing 314 : le plus gros aéronef commercial de son temps entre en service le 29 mars 1939 et, le 20 mai suivant, le Yankee Clipper débarque 22 personnes à Marseille. L'avion de ligne est désormais adulte. Mais la guerre va lui rogner les ailes…

LES GRANDS RAIDS

Entre les deux guerres, les raids aériens se succèdent à une telle cadence qu'il est difficile de suivre toutes les aventures. Les pilotes défricheurs de lignes vont permettre la mise en place de liaisons commerciales…

△ Le Bréguet 19 de Dieudonné Costes et Joseph Le Brix, baptisé Nungesser et Coli après la disparition de cet équipage sur l'Atlantique Nord, va réaliser en 1927 un grand périple vers le Japon et l'Indochine avec plus de 57 000 km. Sur les flancs de l'appareil, on note les précédents vols effectués sans escale.

△ L'As Nungesser, associé à Coli, fut le premier à tenter la traversée est-ouest de l'Atlantique Nord. On ne retrouvera jamais l'équipage ni l'appareil. Seul le train d'atterrissage, largué après le décollage, est conservé au musée de l'Air et de l'Espace au Bourget, d'où a décollé le Levasseur PL-8.

△ Aujourd'hui conservé au musée de l'Air du Bourget, le Bréguet Point d'interrogation a relié Paris à New York pour la première fois en 1930. À son bord, le pilote Costes et le navigateur Bellonte.

◁ Juste avant guerre, la Croisière noire de l'armée de l'air française sera une démonstration de savoir-faire aéronautique. Sur ce Potez 25, on distingue le fameux emblème de la cocotte en papier. L'appareil était largement surclassé par les Savoia-Marchetti S-55 de Balbo…

Malgré la faible fiabilité des moteurs, les aviateurs du début du siècle sont très attirés par les grandes distances. Dès 1910, il est déjà question de grandes courses d'aéroplanes, avec notamment un Paris-Madrid, remporté par le Français Védrines en mai 1911, sans oublier les Paris-Rome, le tour de l'Angleterre, ou la traversée des États-Unis effectuée pour la première fois par Rodgers en novembre 1911. Roland Garros traverse la Méditerranée en 1913, entre Saint-Raphaël et Bizerte, et relie déjà deux continents.

Le goût pour les grands raids reprend après la guerre et, l'aviation se tournant progressivement vers une utilisation commerciale (courrier, passagers), les pilotes de grands raids vont défricher les futures lignes, notamment sur l'Atlantique Nord et Sud, vers l'Orient, l'Afrique et le Pacifique. En avril 1919, le Français Roget réalise un Paris-Rome non-stop (1 100 km) à bord de son Breguet XIV. Quelques mois plus tard, un équipage relie Paris à Casablanca (2 000 km). Les Anglais Ross et Keith Smith, fin 1919, relient Londres à Port-Darwin, en Australie, parcourant 16 500 km en quelque 140 heures de vol. Aux États-Unis, en septembre 1922, James Doolitle relie New York (côte Est) à San Diego (côte Ouest) en 21 heures en ne faisant qu'une seule étape. Deux ans plus tard, quatre Douglas DT-2 de l'armée américaine décollent pour un tour du monde de près de 50 000 km qui leur prendra plusieurs semaines.

La grande traversée…

En deux étapes *via* les Açores, l'Atlantique Nord a été franchi dès 1919 par un hydravion Curtiss NC-4 piloté par l'Américain Read, suivi quelques semaines plus tard par Alcock et Brown, sur leur Vickers Vimy, entre Terre-Neuve et l'Irlande. Mais, après ces deux traversées, toutes les autres tentatives seront des échecs, dont le plus connu

△ *L'Italien Balbo effectuera des vols de groupe avec des hydravions Savoia-Marchetti S-55 pour montrer la force de la puissance italienne quelques années avant la Seconde Guerre mondiale.*

Le Breguet Point d'interrogation vient de décoller du Bourget, en direction de la Manche puis de l'Atlantique Nord. Près de 40 heures de vol attendent l'équipage. ▷

reste la disparition de l'équipage Nungesser et Coli et de leur Oiseau blanc. Ils étaient partis de Paris pour rejoindre New York et ne reparurent jamais. La fausse annonce de leur arrivée aux États-Unis, publiée par le journal *La Presse* ne tiendra que quelques heures. Leur appareil, un Levasseur PL-8 à moteur Lorraine de 450 ch, alourdi par 5 000 litres de carburant mais pouvant se poser en mer, ne sera jamais retrouvé. Tout avait été sacrifié à l'emport de carburant : pas de radio et un train d'atterrissage largué après le décollage.

Les 20 et 21 mai 1927, Charles Lindbergh réussit l'exploit de relier New York à Paris en 33 h 30 min à bord de son Ryan Spirit of Saint Louis, spécialement conçu pour ce vol. Son arrivée de nuit, au Bourget, en présence d'une foule en délire, lui offre une gloire mondiale. Le grand public prend conscience de l'avion en tant que moyen de transport. Plusieurs équipages réussiront cette grande traversée, notamment le Bernard Oiseau Canari piloté par Assolant, Lefèvre et Lotti, sans oublier un passager clandestin… Ce n'est qu'en septembre 1930 que Costes et Bellonte réussiront la traversée de l'Atlantique Nord dans l'autre sens, d'est en ouest – une traversée beaucoup plus pénalisante du fait des vents dominants. Ils relient Paris à New York sur le Breguet Point d'interrogation. Les deux hommes, comme Charles Lindbergh, ont minutieusement préparé leur vol avec une patiente et longue mise au point de leur appareil. Là où Charles Lindbergh a mis 33 h 30 min, ils mettront 37 h 20 min avant de connaître le triomphe. En 1932, l'Américaine Amelia Earhart sera la première femme à relier l'Amérique au Vieux Continent, mais elle disparaîtra dans le Pacifique, en 1937, lors d'un tour du monde.

L'Atlantique Sud a déjà été vaincue par les Portugais Cabral et Coutinho en 1922, avant que les Italiens Ferrarin et Del Prete n'établissent le record du monde en reliant Rome au Brésil en 51 heures de vol. La pre-

FEMMES PILOTES

Si Amelia Earhart, première femme à traverser l'Atlantique Nord, seule à bord de son Lockheed Vega les 20 et 21 mai 1931 (soit exactement 5 ans après l'exploit de Charles Lindbergh), a eu les honneurs de la presse, elle ne fut pas la seule. Lady Heath a déjà relié Le Cap à Londres en 1928. La Française Maryse Bastié s'est également attaquée à plusieurs records de distance, dont une traversée de l'Atlantique Sud de Dakar à Natal sur un Caudron Simoun. Il en est de même pour Maryse Hilsz, qui effectue notamment un Paris-Saigon en 1930 et bat le record féminin de distance avec 2 975 km entre Paris et Uring, en URSS.
Amy Johnson relie l'Angleterre à l'Australie en mai 1930 à bord d'un De Havilland Moth en 3 jours. L'Allemande Elli Beinhorn réalise en 1931 un tour du monde sur son Klemm. Quant à la Néo-Zélandaise Jean Batten, elle réussit un raid Angleterre-Australie à bord d'un Moth en mai 1934.

Amelia Earhart fera plusieurs raids aériens avant de disparaître mystérieusement dans le Pacifique lors d'un tour du monde. Elle sera baptisée Miss Lindy, pour faire un parallèle avec Charles Lindbergh. ▷

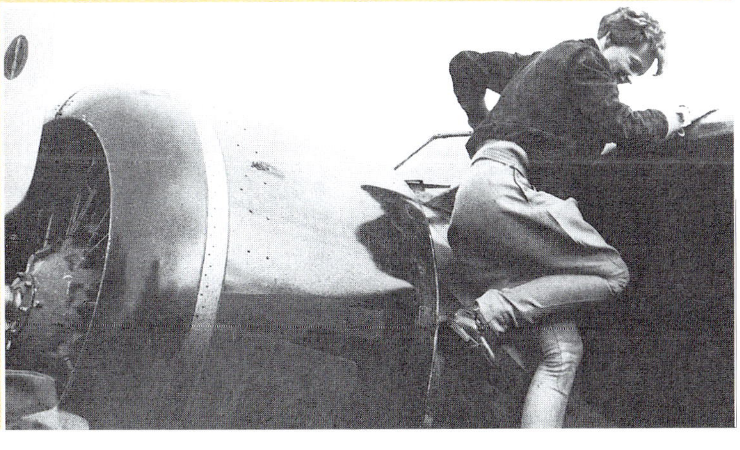

mière liaison postale entre la France et l'Amérique du Sud sera effectuée le 12 mai 1930 par l'équipage Mermoz, Dabry et Gimié à bord du Laté 28 Comte de la Vaulx. Jean Mermoz relie par la suite Saint-Louis du Sénégal à Natal en Couzinet Arc-en-Ciel. Vers l'Amérique du Sud, *via* l'Afrique, les pilotes de l'Aéropostale vont mettre en place un réseau de lignes, sous la direction de Didier Daurat et de Pierre Latécoère. La Ligne est née avec l'aide de pilotes comme Henri Guillaumet et Antoine de Saint-Exupéry.

Plus de 10 000 km non stop

L'Afrique attire également les pilotes, avec notamment les liaisons Londres-Le Cap ou Paris-Madagascar. Vers l'Extrême-Orient, dès 1920, l'Italien Ferrarin relie Rome à Tokyo, tandis qu'en 1924, le Français Pelletier-Doisy atteint la Chine après avoir parcouru 20 000 km en moins de 50 jours et poursuivi son vol... sur un Breguet XIV prêté par le gouvernement chinois après la casse de son Breguet 19 à Shanghai. René Lefèvre, sur un monomoteur de 45 ch, relie Paris à Saigon du 18 au 28 décembre 1932. Quant à la première traversée de l'océan Pacifique, elle revient à l'Australien Kingsford Smith, avec trois étapes et la plus grande distance maritime parcourue en avion entre San Francisco et Brisbane.

Il faut citer également la conquête des pôles par la voie des airs, au cours de laquelle s'illustrèrent les pionniers que furent Amundsen et Byrd, avec le survol du pôle Nord le 9 mai 1926 et celui du pôle Sud le 28 novembre 1928.

Ainsi, de 1927 à 1937, les distances parcourues sont passées de 5 800 km (Charles Lindbergh) à plus de 10 000 km

Les pilotes de raids, quand ils rencontraient le succès, connaissaient rapidement la gloire. Costes et Bellonte ont droit à une « ticker parade », à New York, après leur traversée de septembre 1930. ▷

△ *Dieudonné Costes est l'un des pilotes spécialisés dans les raids. Le flanc du Breguet affiche toutes les étapes déjà effectuées et les records établis...*

Le trajet effectué par le Point d'interrogation en septembre 1930. En dépit de prévisions météorologiques déjà fiables à cette époque, de tels vols étaient cependant soumis à de nombreuses incertitudes... ▽

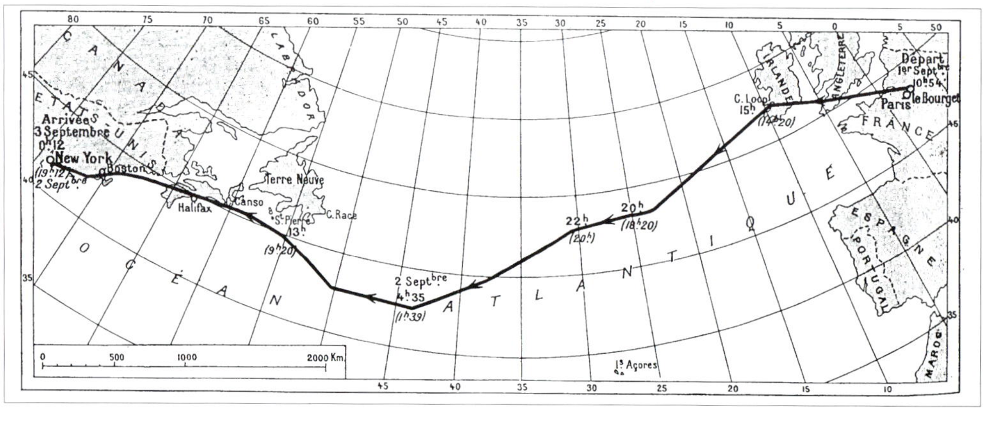

△ *Le Spirit of Saint Louis, immatriculé NYP pour rappeler son itinéraire (New York-Paris), a permis à Charles Lindbergh de relier l'Amérique à l'Europe en 33 h 30 min avec un moteur de 220 ch. L'appareil, remis par le pilote lui-même, fait désormais partie des collections du NASM à Washington.*

◁ *Vingt ans séparent le Spirit of Saint Louis (moins de 200 km/h en croisière) du Bell X-1 (premier passage du mur du son).*

△ *La visibilité vers l'avant était plus que réduite sur le Ryan, avec un petit périscope au-dessus du fuselage pour voir devant…*

L'une des deux ou trois répliques du Spirit of Saint-Louis volant dans le monde. Seule concession, une roulette arrière en place de la béquille pour faciliter les déplacements au sol sur les terrains désormais en béton… ▽

pour des vols non-stop. Les grands raids en tous genres et les tours du monde vont se succéder. En 1930, Italo Balbo, avec une escadrille d'une dizaine d'hydravions Savoia-Marchetti S-55, relie la Guinée portugaise au Brésil. Par la suite, 25 appareils quittent Rome pour New York, en vol de groupe, pour effectuer une démonstration aux États-Unis avant de retourner en Italie. Il s'agit avant tout d'affirmer la puissance aérienne de l'Italie mussolinienne. Pour l'Allemagne, la démonstration de puissance viendra des grands dirigeables lancés sur l'Atlantique Nord. Pour la France, ce sera une croisière de 22 000 km parcourus à travers l'Afrique par trente Potez 25.

En 1931, Wiley Post réalise un tour du monde en un peu plus de 8 jours, à bord de son Lockheed baptisé Winnie Mae. Il sera suivi par Howard Hughes, à bord d'un Lockheed 12 dont les ailes ont été bourrées de balles de plastique pour assurer la flottabilité du bimoteur au cas où…

La même année, les Français Doret et Le Brix battent le record de distance en circuit fermé à Istres, avec 10 370 km parcourus en 3 jours à bord du Dewoitine D-33 Trait d'union.

Les dizaines de raids effectués chaque année sur les différents continents, par des pilotes de toutes les nationalités, vont peu à peu banaliser ces épopées. En 1934, il y aura même une course Londres-Melbourne remportée par le bimoteur De Havilland DH-88 Comet, de Scott et Campbell Black, lesquels parcourent les 18 200 km en moins de trois jours. Ils devancent pas moins de dix-neuf concurrents, dont l'équipage hollandais Parmentier-Moll, qui vole à bord d'un Douglas DC-2, l'ancêtre du DC-3. À leur arrivée, l'équipage du DC-2, en uniforme blanc irréprochable, fera sensation. Les grands raids pouvaient alors prendre fin, l'aviation commerciale venait de naître. Une page allait être tournée. En 1937, un équipage soviétique, à bord d'un Ant-25, franchit 10 200 km en 62 heures de vol, entre Moscou et Los Angeles. Les vols de plus de 10 000 km se multiplient. Mais il faudra cependant attendre décembre 1986 pour voir le premier tour du monde sans ravitaillement et sans escale, réalisé par le bimoteur Voyager de Dick Rutan et Jeana Yeager. Plus de 40 000 km parcourus en moins de 10 jours non-stop !

LES GRANDES COURSES

Dans les années 1930, essentiellement aux États-Unis, en Grande-Bretagne et en France, les progrès dans le domaine de l'aviation ont été favorisés par l'organisation de courses de vitesse, notamment en circuit fermé…

◁ Après avoir remporté le trophée Schneider en 1926 avec un Macchi M-39, l'Italien de Bernardi atteint les 513 km/h sur un Macchi M-52 en 1928. Son hydravion utilise un moteur Fiat AS-3 de 970 ch.

Lors du trophée Schneider de 1927, trois Macchi M-52 furent engagés par les Italiens Arturo Ferrarin, Mario de Berbardi et Feder Guazetti, tous trois de la Regia Aeronautica, l'armée de l'Air italienne. ▽

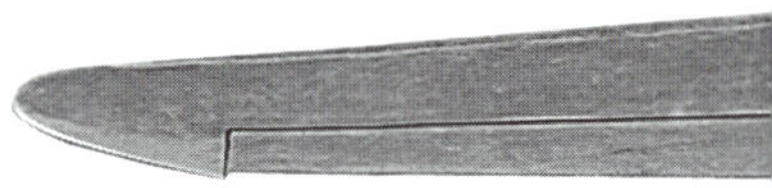

Dès que l'homme a quitté la terre à bord d'un plus-lourd-que-l'air, il a cherché à aller de plus en plus vite. À peine Louis Blériot eut-il traversé la Manche, en juillet 1909, que, un mois plus tard, lors de la Grande Semaine d'aviation à Reims, plusieurs coupes sont organisées, dont celle de James Gordon Bennett, qui récompense de 25 000 francs le pilote le plus rapide sur un circuit de 10 km. L'Américain Curtiss l'emporte avec 69,8 km/h. Quatre ans plus tard, le Français Maurice Prévost dépasse les 200 km/h à bord de son Deperdussin monocoque. Après la Première Guerre mondiale, la course aux records se poursuit, une compétition où s'affrontent pilotes anglais, français, italiens et américains. En octobre 1920, Sadi-Lecointe dépasse les 300 km/h et atteint 341 km/h en septembre 1922.

△ ▷ La société Supermarine se fera connaître par sa série d'hydravions S-4, S-5, S-6 et S-6B, motorisés par des moteurs Vickers. Le S-6B (Rolls Royce de 2 300 ch) permettra à l'Angleterre de remporter définitivement le trophée Schneider après trois victoires consécutives. Pour financer ces courses, le gouvernement britannique s'étant retiré en 1931, c'est la mécène lady Houston qui prendra la suite…

Des enjeux nationaux

Ces rivalités entre pays, concepteurs et pilotes entraînent un rapide accroissement des performances, avec plus de 400 km/h dès 1923. Différents concepts s'opposent (monoplans contre biplans) et la science de l'aérodynamique progresse en créant de nouveaux profils d'aile et en diminuant la traînée aérodynamique. À la fin des années 1920 et au début des années 1930, tout cela va donner naissance à l'organisation de courses aériennes, les avions s'affrontant sur des circuits délimités par des pylônes. Comme plus tard pour la course à l'espace, les enjeux sont nationaux – il s'agit de détenir le plus longemps possible le record du monde de vitesse pour montrer son avancée technique. Les pilotes sont des vedettes adulées par le public comme les pilotes de formule 1 aujourd'hui. En 1924, le Français Bonnet atteint les 448 km/h et conserve le titre pendant 8 ans avant d'être détrôné par l'Américain James Doolittle avec 473 km/h sur un GeeBee de 800 ch. En 1934, la barre des 500 km/h est franchie.

△ *Le Caudron C-362, piloté par le chef pilote des Avions Caudron, Raymond Delmotte, utilise un train fixe mais bien caréné. Son moteur Renault bengali ne développe que 140 ch…*

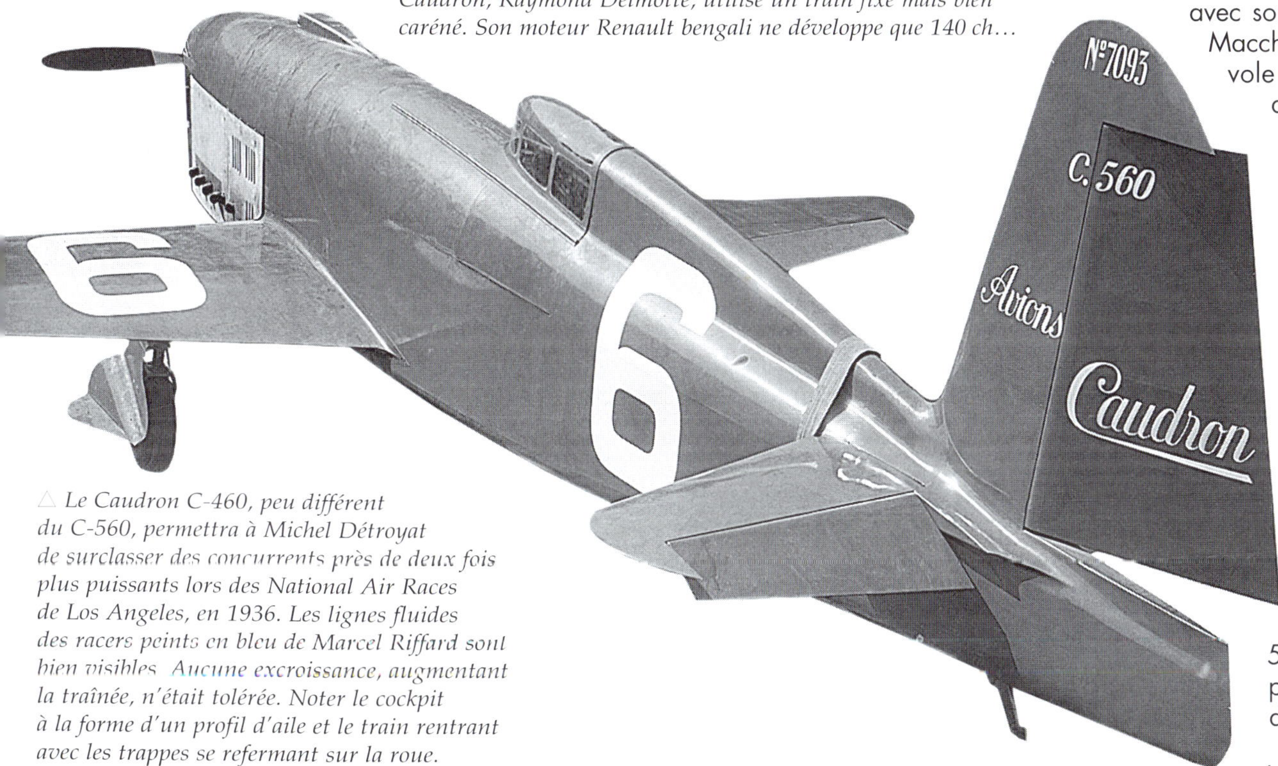

△ *Le Caudron C-460, peu différent du C-560, permettra à Michel Détroyat de surclasser des concurrents près de deux fois plus puissants lors des National Air Races de Los Angeles, en 1936. Les lignes fluides des racers peints en bleu de Marcel Riffard sont bien visibles. Aucune excroissance, augmentant la traînée, n'était tolérée. Noter le cockpit à la forme d'un profil d'aile et le train rentrant avec les trappes se refermant sur la roue.*

Les hydravions les plus rapides

Mais les hydravions ont déjà fait mieux en raison du développement rapide des hydravions de course, sous l'influence de la coupe d'aviation maritime Jacques Schneider, plus connue sous le nom de coupe Schneider. L'Italien de Bernardi a atteint les 513 km/h sur son Macchi M-52 dès 1928, dépassé en septembre 1931 par l'Anglais Stainforth sur Supermarine S-6B avec 655 km/h. Le recordman du monde restera jusqu'en 1938 Francesco Agello, avec son hydravion à flotteurs Macchi-Castoldi MC-72, qui vole à 682 km/h en avril 1933 avant d'atteindre 709 km/h en 1934. Il utilise deux moteurs Fiat montés en tandem entraînant deux hélices contrarotatives. Mais la coupe Schneider sera finalement remportée par les Anglais avec leurs Supermarine S-6 et S-6B, ancêtres du Spitfire. De 1918 à 1931, la coupe Schneider aura ainsi permis de passer de 70 à 550 km/h, avec des puissances augmentant de 160 à 2 800 ch.

Au même moment, les courses d'avions terrestres connaissent un engouement aux États-Unis avec les National Air Races et les trophées Pulitzer, Thomson (vitesse en circuit fermé) et Bendix (vitesse sur la traversée du continent américain). Des pilotes comme Roscoe Turner, James Doolittle, Jimmy Wedell s'affrontent sur des appareils spécialement conçus, de plus en plus motorisés, souvent difficiles à piloter – ce qui entraîne de nombreux accidents –, comme les racers Travel Air, Wedell-Williams ou la série des GeeBee dessinés par les frères Granville. Il est possible, pour des pilotes fortunés, de se faire construire un appareil pouvant battre le record du monde de vitesse et laisser sur place les chasseurs opérationnels de l'époque. Ce sera le cas du milliardaire

◁ *Côte à côte, le M-39 vainqueur du trophée Schneider en 1926 (à droite) et le MC-72 détenteur du record du monde de vitesse en 1934 avec 709 km/h. Le premier, atteignant 416 km/h, est motorisé par un Fiat AS-2 de 800 ch contre 2 800 ch pour l'AS-6 du MC-72.*

Sur ce Caudron C-450, Raymond Delmotte atteint les 345 km/h de vitesse moyenne sur circuit de 100 km, avec un moteur de 180 ch et une hélice à pas variable Ratier. ▽

... LES GRANDES COURSES

Howard Hughes qui, le 13 septembre 1935, établit le record à 567 km/h à bord de son Hughes Special 1B, avant d'effectuer une traversée du continent américain à 526 km/h de moyenne. En France, la coupe Deutsch de la Meurthe, qui s'était tenue de 1912 à 1919, reprend du service en 1920-1921, puis de 1933 à 1936. Pour remporter cette coupe, il faut parcourir 2 000 km en circuit avec des avions à moteur de cylindrée inférieure à 8 litres. Les vedettes de l'époque sont les pilotes Casale, Sadi-Lecointe, de Romanet. En ce qui concerne les machines, c'est la suprématie de la série des racers Caudron, dits « type coupe Deutsch de la Meurthe », conçus par l'équipe de Marcel Riffard – de véritables sculptures avec leurs fuselages élancés et leurs courtes ailes. Il y aura ainsi le C-460, avec son moteur Renault de

△ *Pour le C-461, la chasse à la traînée est allée jusqu'à intégrer le cockpit à la ligne générale du fuselage. Tout avait donc été sacrifié à la vitesse pure mais, avec un aussi long capot, la visibilité à l'atterrissage était loin d'être parfaite pour le pilote…*

Roscoe Turner devant son Wedell-Williams en 1933. ▽

TRAIN RENTRANT, VOLETS ET PAS VARIABLE

La recherche de la plus grande vitesse a permis le rapide développement de l'aérodynamique avec, notamment en soufflerie, l'étude des écoulements de l'air autour d'un mobile en déplacement. Les enjeux sont importants car si la vitesse d'un avion double, sa traînée aérodynamique est multipliée par deux (fonction carré) mais sa puissance doit être triplée (fonction cube). Ainsi, l'on arrive vite sur un mur car pour battre un précédent record de quelques dizaines de kilomètres heure, il faut augmenter démesurément la puissance…
Pour limiter la surface du maître couple (surface perpendiculaire au vent relatif) et donc la traînée aérodynamique, les ingénieurs ont ainsi retenu un système de rétraction du train d'atterrissage – évalué dès 1920 sur le Dayton-Wright RB. Au niveau des motorisations, l'hélice à pas variable a été mise au point, permettant d'optimiser le calage des pales de l'hélice en fonction de la vitesse d'avancement.
Lors du décollage, l'appareil avance peu et il faut donc un petit pas - comparable à la première vitesse pour le démarrage d'une voiture. Une fois en l'air, l'appareil accélère et doit modifier le pas de l'hélice – d'où le nom d'hélice à pas variable – pour passer au grand pas. Au début, la commande de pas n'est réglable en cabine qu'une seule fois, permettant de passer au grand pas (croisière) après le décollage au petit pas, sans pouvoir revenir au petit pas pour l'atterrissage. Ces premiers systèmes sont en effet pneumatiques et les mécaniciens gonflent le mécanisme avant la mise en route - d'où le surnom alors donné aux pilotes de gonfleurs d'hélices ! Pour absorber une puissance de plus en plus élevée, les hélices voient le nombre de leurs pales augmenter.
Des moteurs utilisent des doublets d'hélices contrarotatives – l'une tourne dans un sens, l'autre en sens opposé, afin de diminuer le couple et donc rendre l'appareil plus facilement pilotable lors des phases de décollage et d'atterrissage.
Enfin, les voilures devenant de plus en plus réduites pour atteindre des grandes vitesses en croisière, il a fallu imaginer des moyens d'augmenter la portance à basse vitesse, pour permettre des atterrissages à faible vitesse. Ainsi, des volets de plus en plus efficaces sont apparus au bord de fuite des ailes. Leur braquage (augmentation de la courbure du profil donc de la portance), associé ou non à un recul (augmentation de la surface) permet de diminuer la vitesse d'approche.

△ *Aucun GeeBee existant n'est en état de voler mais plusieurs répliques ont vu le jour ces dernières années aux États-Unis…*

△ *Le GeeBee Z SuperSporster fait partie de la série de racers conçus par les frères Granville, rendus célèbres par leurs nombreuses victoires en course.*

◁ *Roland Payen a conçu le Pa-350 Fléchair, avec une aile delta, un plan canard et un moteur Régnier de 400 ch. La Seconde Guerre mondiale ne lui permettra pas de valider le concept.*

400 ch, qui atteint 505 km/h en décembre 1934 à Istres. Michel Détroyat le fera concourir aux National Air Races de Los Angeles en septembre 1936. Avec une puissance moindre de moitié comparée à ses adversaires, l'appareil remporte plusieurs courses, prouvant qu'il ne suffit pas d'utiliser des moteurs hyperpuissants pour gagner… En France, si l'année 1933 a vu un Potez remporter la coupe Deutsch de la Meurthe, en 1934, 1935 et 1936, ce sont les racers Caudron qui l'emportent avec, la dernière année, 389 km/h de moyenne. La série des Caudron se poursuit avec notamment les C-710 et 712 Cyclone. Le dernier de la série, le C-714R, est destiné à battre le record du monde de vitesse, sa désignation faisant croire qu'il s'agit d'un chasseur C-714 simplement modifié. Mais il ne volera jamais, la Seconde Guerre mondiale venant mettre un terme à ces courses… Le record du monde de vitesse servant de propagande aux futurs belligérants, c'est un Heinkel He-112 qui atteint les 746 km/h en mars 1939 avec Hans Dieterle aux commandes. Le 26 avril 1939, Fritz Wendel repousse la barre à 755 km/h sur un Me-109R qui n'a rien à voir avec le Me-109 de la Luftwaffe…

Toujours d'actualité

Après guerre, l'engouement pour les courses sera moindre. La propulsion à réaction est arrivée, les vitesses sont devenues trop importantes pour les avions à hélice, qui butent sur le mur de la compressibilité et du rendement de l'hélice. Malgré cela, des courses sont toujours organisées, avec des racers F1 en France (monoplace de 100 ch croisant à 400 km/h) et surtout aux États-Unis. Chaque année, en septembre, le désert du Nevada voit ainsi se dérouler les Air Races de Reno. Plusieurs catégories s'y disputent, des racers F-1 aux biplans en passant par les Unlimited. Cette dernière catégorie est la plus spectaculaire, avec la participation de chasseurs de la Dernière Guerre mondiale, abondamment trafiqués : moteurs surpuissants, voilures raccourcies au minimum, utilisation de carburants spéciaux, etc. C'est avec de tels racers que le record du monde de vitesse sur avion à hélice a été progressivement repoussé à plus de 850 km/h – l'esprit des grandes courses des années 1930 est toujours vivant…

L'ESSOR DE L'AVIATION LÉGÈRE

C'est entre les deux guerres que l'aviation est devenue un sport, pratiqué par des personnes fortunées ou soutenues par des constructeurs. Les meetings aériens vont attirer des foules considérables !

L'Armistice conclu, des milliers de pilotes se retrouvent sans emploi. L'armée en conserve évidemment, les compagnies aériennes qui se créent en embauchent, d'autres se lancent dans des raids pour y gagner la célébrité. Mais bien d'autres n'ont pas ces opportunités, et, le virus de l'aviation étant contracté, cherchent à voler par tous les moyens. La guerre terminée, les populations en mal d'exploits se passionnent pour ces aviateurs. Ainsi les compétitions de vitesse reprennent-elles dès le 11 septembre 1919 avec la coupe Schneider. Dès les années 1920, des particuliers voyagent en avion : en 1926, Lester Gardner, directeur d'un journal américain, n'utilise pas moins de 70 avions et un dirigeable pour effectuer un périple de plus de 30 000 km en Europe, en Afrique et en Asie.

◁ Henri Mignet, le « saint patron », à bord de son HM-14 Pou du Ciel en 1934. L'avion est censé permettre à tout un chacun un tant soit peu consciencieux de voler en toute liberté. Son livre le Sport de l'air, *que l'on s'est arraché lorsqu'il est sorti, donnait certes le manuel de construction, mais aussi des cours pour apprendre à piloter tout seul…*

Meeting aérien d'Orly en 1934 : le petit appareil d'Henri Mignet déclenche l'engouement de la foule, presque autant que les stars de la voltige. Une envergure de 6 m, un moteur Aubier-Dunne de 20 ch récupéré sur une moto : le public découvre que voler n'est pas réservé à une certaine élite : il suffit de savoir « planter un clou » ! ▷

La grande époque des meetings

Dès les balbutiements, les foules se sont précipitées pour admirer les prouesses des fous volants. Aussi, au lendemain du conflit, le Français Charles Robin fonde-t-il la SPA, la Société de propagande aéronautique, qui organise plusieurs spectacles aériens, des meetings, comme l'on dit alors.

Des avions légers font leur apparition pour remplacer les surplus militaires, tel le Farman Moustique : le public s'enthousiasme pour ces avionnettes. Ces machines sont construites par les industriels Farman et Dewoitine, afin de préserver leur potentiel de production après la guerre. Et bientôt, dans les années 1930, le Pou du Ciel va susciter un immense engouement. Son concepteur, le Français Henri Mignet, l'a déclaré : « Si vous savez planter un clou, vous pouvez construire un Pou du Ciel ! » Mignet, qui ne va pas tarder à être surnommé le saint patron par ses disciples, rêve d'une sorte de « motocyclette de l'air », et il y parvient en 1934 avec son HM-14, tellement minuscule qu'il le baptise Pou du Ciel. Son ouvrage, *le Sport de l'air*,

◁ Avant que la prime gouvernementale à l'achat d'avions de tourisme par les aéro-clubs n'intervienne en 1931, divers constructeurs ont mis sur le marché des avionnettes, petits avions souvent monoplaces, permettant le vol économique. Ce modèle est un Caudron C-109, vu ici au Bourget en 1927 aux mains du pilote Thoret.

Le Caudron Aiglon était un avion biplace en tandem (les aviateurs ne sont protégés que par de simples pare-brise). C'est une authentique machine de sport, rapide (220 km/h au maximum avec un moteur 100 ch) construite en bois. De nombreux propriétaires le transformèrent en monoplace, remplaçant une personne par un réservoir supplémentaire. ▷

△ *Dans les Amériques des années 1920 et 1930, l'une des attractions qui fascinent le public des meetings aériens est celle des Barnstormers, qui marchent sur les frêles voilures des biplans de l'époque. Ce numéro s'est perpétué jusqu'à nos jours, puisque l'on peut admirer parfois une jeune fille sur l'aile de ce Boeing Stearman !*

est plus qu'un manuel pour se faire soi-même un Pou, c'est l'exposé d'une véritable philosophie de la vie, fondée sur la liberté de voler : Henri Mignet est l'incontestable père de la « construction amateur » dans le monde. Des nuées de Poux envahissent les cieux par-delà les frontières.

Malheureusement, l'engin n'est pas parfait, et dans certaines configurations de vol, il tue ses pilotes en herbe. La parade ne sera trouvée qu'en 1936, et il se construit toujours des Mignet à la veille de l'an 2000…

Avec les années 1930, les avionnettes ont tendance à céder la place à des avions plus confortables, emmenant pilotes et passagers dans une cabine fermée. Il faut dire que, depuis 1931, le gouvernement français a mis en place une politique d'aide à l'achat d'avions légers par les aéro-clubs.

▷ *Une quantité infime de Caudron Luciole a survécu à la Seconde Guerre mondiale. L'un est visible parmi les collections du musée de l'Air du Bourget, et trois autres volent de temps en temps. Celui-ci, un C-275 à moteur Renault Bengali de 100 ch, a été restauré par une équipe de bénévoles de l'association Ailes anciennes de La Baule.*

De l'avènement des avions de tourisme à l'aviation populaire

Chez Caudron, Paul Deville conçoit des appareils spécifiquement étudiés pour un usage de loisirs. À partir du C-230, il sort le C-270 Luciole, un robuste biplan biplace entraîné par un moteur Renault Bengali de 4 cylindres en ligne de 100 ch, qui décolle en 1931. Ses performances sont modestes (il croise à 135 km/h et peut franchir 500 km), mais se révèlent suffisantes pour un avion-école, apte à former les pilotes en sécurité.

En mars 1932, Raymond Delmotte, chef-pilote de Caudron, fait voler le prototype du C-480 Phalène. À l'origine, c'est un triplace (deux sièges à l'avant, un à l'arrière) à cabine fermée, tiré par un moteur Gipsy de 120 ch. Assemblés en plusieurs versions à quelque 140 exemplaires, certains C-480 s'illustrent dans des raids. Son dérivé direct, le C-510 Pelican, est un avion sanitaire pouvant emporter un blessé couché, ou un pilote et trois passagers en tourisme.

Le Caudron C-600 Aiglon (203 avions construits), œuvre de Marcel Riffard, est reconnaissable à sa grande pureté aérodynamique. Il vole en mars 1935. Biplace en tandem avec cockpits à l'air libre, c'est une machine de sport, une « GT » en quelque sorte, qui va rapidement se distinguer : André Japy va de Paris à Saïgon entre le 12 et le 16 décembre, couvrant les

Comme le Luciole, l'Aiglon n'a presque pas survécu à la débâcle de 1940 et à l'Occupation. Deux ou trois appareils seulement existent encore, et un seul est maintenu en état de vol par son propriétaire privé, dans la région bordelaise. Il est toujours équipé de son 4-cylindres en ligne Renault 4P Bengali d'origine. ▷

12 000 km en 86 h 52 min, et établit de nombreux autres records.

Mais le plus fameux des Caudron de tourisme, également dû au crayon de Riffard, est le C-630 Simoun, qui est révélé au Salon de l'aéronautique en 1934, au Grand Palais, à Paris. Il est profilé, et donc rapide, comparativement à sa puissance (180 ou 220 ch) ; sa série atteint les 500 exemplaires.

Une douzaine de Simoun sont mis en ligne par Air Bleu pour l'acheminement de nuit du courrier en France : l'exploitation cesse en 1939, après une régularité de 95 % ! Raids aussi : France-Madagascar par Génin et Robert (57 h 36 min) en décembre 1935. Et c'est également l'avion préféré des femmes, qui pulvérisent nombre de records à son bord. Marcel Doret et Antoine de Saint-Exupéry, en tentative de jonction Paris-Tokyo pour le premier, New York-Terre de Feu pour le second, sont toutefois trahis par la mécanique.

Le Potez 36 naît fin 1929. C'est un biplace côte à côte dont la voilure est repliable. Elle est de plus dotée d'un dispositif dit hypersustentateur, qui lui permet de reculer les limites de la perte de vitesse. Son moteur Salmson de 5 cylindres en étoile donne 60 ch et 160 km/h « plein gaz ». Il rencontre un grand succès auprès des aéro-clubs et de la clientèle privée ! Les Potez 43 et 58, qui atteignent 160 km/h avec un moteur 130 ch, prennent la relève : de forme semblable, ils embarquent trois personnes dans une cabine plus généreusement vitrée.

Le Potez 60 est plus rustique, ses occupants volent en « torpédo », protégés par de simples pare-brise. Le tricylindres Potez-Anzani développe une puissance de 60 ch qui entraîne cette sauterelle : l'avion est surnommé ainsi en raison des grandes pattes de son train d'atterrissage, à 145 km/h à plein régime.

Avec le Salmson Cricri, le Potez 60 fait l'objet d'importantes commandes pour doter les sections d'aviation populaire des aéro-clubs.

L'Aviation populaire est la réponse du gouvernement du Front populaire à l'Allemagne, qui réarme et forme des pilotes par l'intermédiaire du vol à voile. Ce système a permis de former des pilotes qui,

◁ *Typique du tout début des années 1930, le biplace côte à côte Potez 36, mû par un moteur Salmson en étoile, fut l'un des premiers avions de tourisme. Cet engin sûr se révéla un succès commercial, et 300 exemplaires furent vendus dans le civil. L'armée en commanda également pour assurer des missions de liaison.*

▷ *La compagnie Air Bleu utilisa une douzaine de Caudron Simoun pour l'acheminement du courrier de nuit, de 1935 à la veille de la Seconde Guerre mondiale. L'avion excella dans cette tâche, atteignant une régularité de 95 % et terminant son exploitation avec plus de 45 millions de lettres transportées, jusqu'à Madagascar.*

Marcel Doret fume une cigarette devant son Dewoitine D-27 personnel. Il l'utilisa de nouveau au lendemain de la Seconde Guerre mondiale. Tout comme Détroyat, Doret était un As ! ▽

△ *Dans les années 1930, des matches de voltige opposèrent les virtuoses de l'acrobatie aérienne. L'Allemand Gerhard Fieseler volait à bord de son F-2 Tiger contre le Français Michel Détroyat, que l'on voit ici posant devant son Morane-Saulnier MS-225 spécial.*

△ *Le Potez 58 est un dérivé lointain du modèle 36, né en 1934. Gréé d'un moteur plus puissant (Potez de 130 ch en étoile), c'était un triplace à cabine entièrement fermée, mais généreusement vitrée. Comme son prédécesseur, il était équipé de « fentes de bord d'attaque » sur les ailes, qui permettaient de retarder l'apparition du phénomène de décrochage.*

◁ *Le Potez 60 fut surnommé sauterelle en raison de son apparence fragile. Perché sur les grandes pattes de son train d'atterrissage, c'est un monoplan « parasol », avec une seule aile au-dessus du fuselage, doté d'un moteur Potez-Anzani de 3 cylindres en étoile. Il fut produit en grand nombre pour équiper les sections d'Aviation populaire.*

Le Caudron Simoun fut l'une des plus belles réalisations du talentueux ingénieur Marcel Riffard en dehors des célèbres avions de course de la Coupe Deutsch de la Meurthe. Cette vue permet de bien se rendre compte de la pureté aérodynamique de l'avion, construit entièrement en bois sous un revêtement de contreplaqué et d'alliage léger. ▽

autrement, n'auraient pas eu les moyens de financer leurs heures de vol.

La voltige : des matches au sommet

L'attraction vedette des meetings aériens est la séance de voltige que se livrent des virtuoses de l'acrobatie, comme Cavalli, Fronval, Malinvaud, Doret, Détroyat et d'autres encore. Les manifestations les plus importantes ont la chance de proposer de véritables matches, qui opposent les champions.

Quatre d'entre eux se retrouvent souvent pour se mesurer : les Français Michel Détroyat (pilote chez Morane-Saulnier) et Marcel Doret (pilote chez Dewoitine), et les Allemands Ernst Udet (As de la Grande Guerre pilotant son Flamingo) et Gerhard Fieseler (lui aussi sur un avion de son cru, le Tiger ; Fieseler deviendra un constructeur d'avions majeur pendant la Seconde Guerre mondiale). Ainsi Fieseler et Détroyat s'opposent-ils le 8 octobre 1933. Le programme prévoit l'échange des appareils après la première manche. Résultat : Détroyat 371 points, Fieseler 362. Détroyat l'emporte encore d'un cheveu devant Doret l'année suivante !

Michel Détroyat a pour monture un chasseur Morane spécialement modifié avec un moteur Gnome-et-Rhône de 600 ch. C'est un « parasol », où l'aile domine le fuselage, auquel elle n'est raccordée que par des mâts. Morane 225 et sa version d'entraînement 230 sortent en série pour l'armée de l'air ; ils sont en dotation de la célèbre Patrouille d'Étampes, ancêtre de la Patrouille de France, dont les pilotes font de la voltige en formation serrée.

Marcel Doret a un Dewoitine 530, modèle « préparé » du chasseur D-27, un « parasol » également, de la même classe que le MS-225, tracté par un moteur V12 Hispano-Suiza de 500 ch. L'As de la voltige aérienne va présenter son show avec cet avion jusqu'en 1953, et s'amusera à passer sous des ponts, etc. : l'aviation est synonyme de liberté !

LES ARC-EN-CIEL DE RENÉ COUZINET

Avec une série de multimoteurs terrestres, l'ingénieur René Couzinet a ouvert la voie, démontrant la supériorité des avions terrestres sur les hydravions géants.

Ingénieur des Arts et Métiers, René Couzinet est sûr d'un fait : les hydravions transatlantiques sont appelés à disparaître. Lui croit aux appareils terrestres, multimoteurs, plus performants et reliant de nombreux aérodromes. Il se lance donc dans la réalisation d'avions. Le premier sera le Couzinet 10, baptisé Arc-en-Ciel, pour reprendre les initiales de la société des Avions René Couzinet (ARC), créée en juillet 1927. L'appareil effectue son premier vol le 7 mai 1928.

Détrôner les hydravions

Entièrement conçu en bois, cet appareil a une belle silhouette, très élégante. Il s'agit d'un monoplan à aile basse cantilever, « sans ficelles », la ligne racée tranchant avec les biplans. L'appareil attire vite l'attention. Avec 6 300 litres de carburant, il doit traverser l'Atlantique, et son aile épaisse permet au mécanicien d'avoir accès aux moteurs… en vol. Mais trois mois plus tard, le pilote maison se tue à son bord. La décision de réaliser un autre appareil est prise : ce sera un trimoteur équipé de moteurs Hispano-Suiza de 180 ch. Le sort semble s'acharner car en février 1930 le Couzinet 28GR Arc-en-Ciel II est détruit lors de l'incendie de l'usine.

L'année suivante, le Couzinet 33 Biarritz prend son envol avant d'entamer un tour du monde, mais ce petit trimoteur devra s'arrêter à Nouméa, après un accident. Mais le véritable Arc-en-Ciel reste le modèle 70. C'est le plus grand, avec 30 m d'envergure, le plus puissant, avec trois fois 650 ch, le plus performant, avec 6 800 km de distance franchissable et 600 kg de charge utile. Il prend l'air le 11 février 1932. Si l'avion est beau, son pilotage n'est pas aussi évident que le prétend le concepteur, selon des pilotes des services officiels qui lui reprochent une instabilité latérale et un comportement

La motorisation est due à trois Hispano-Suiza 12Nb de 650 ch de puissance maximale, des moteurs de 12 cylindres en V. Après les essais d'hélices bipales, René Couzinet avait retenu des tripales. ▷

△ *Le cockpit du Couzinet 70 était également moderne pour l'époque, avec un agencement étudié de la planche de vol. Mais le pilotage de l'appareil allait se révéler plutôt délicat et fatigant à cause, entre autres, d'une instabilité latérale venant de son empennage vertical de surface trop réduite. On notera que l'appareil ne dispose que de commandes de vol à droite, imposant un pilotage constant de la part du pilote.*

△ *À l'atterrissage, le Couzinet 70 montre son épaisseur d'aile imposante. Avec ses trois moteurs, l'appareil pouvait atteindre 7 000 km de distance franchissable. Au sol, les biplans et monoplans « parasol » d'entraînement militaire dénotent par leur architecture devenue désuète…*

△ *Apparaissant à la porte arrière de l'Arc-en-Ciel, René Couzinet est satisfait des vols réussis par son appareil, mais le succès économique ne sera pas au rendez-vous.*

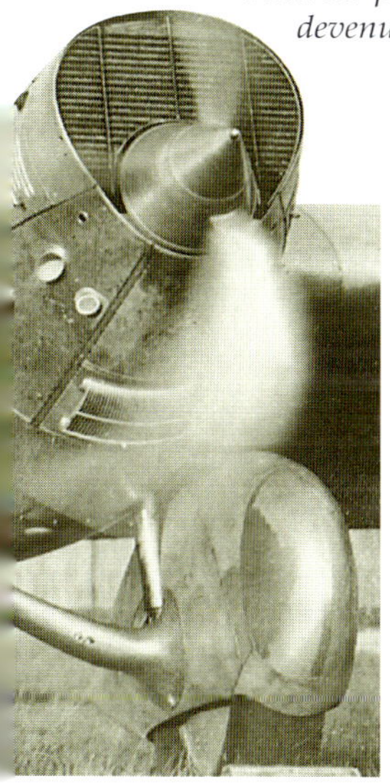

◁ *Sur cette photo prise dans l'étroit fuselage, on note la forme ovoïde de la cellule. Au plancher, la trappe est l'un des accès à bord. Avant l'échelle, à droite, se trouve le poste du radio, derrière le cockpit, dont on devine le tableau de bord.*

Lors de sa tournée en Amérique du Sud, faisant suite à la première traversée de l'Atlantique Sud par l'Arc-en-Ciel, réussie en 1933, l'appareil révolutionnaire attira une foule enthousiaste à chacune des escales. La présence du public donne une échelle, montrant un appareil imposant avec ses 30 m d'envergure, chaque carénage de roue faisant près de 1,80 m de hauteur. ▷

◁ *Avec son empennage vertical noyé progressivement dans le fuselage, la silhouette de l'Arc-en-Ciel de René Couzinet – ici, le modèle 70 – était très moderne à l'époque. Par rapport aux autres biplans, l'appareil disposait d'une bonne finesse aérodynamique avec des capots moteurs et des carénages de roues propres, mais avec une aile d'épaisseur relative trop importante imposée par l'absence de haubans.*

bizarre aux basses vitesses. L'ingénieur conserve son objectif, sans commande de l'État.

Pari gagné…

Cela n'empêche pas la suite du programme. L'Aéropostale accepte d'acheter l'appareil si le prototype réussit un aller et retour Paris-Buenos Aires, avec un pilote de la compagnie, Jean Mermoz. Ce dernier est convaincu de la supériorité des avions terrestres. L'appareil décolle de Paris pour rejoindre Saint-Louis du Sénégal. À son bord, six personnes, dont le concepteur. Le 16 janvier 1933, il quitte l'Afrique pour atterrir le jour même à Natal, réalisant ainsi la première de huit traversées de l'Atlantique Sud. Ce vol de 14 h 27 min a été effectué à la moyenne de 230 km/h. À son arrivée et à chaque étape d'une tournée en Amérique du Sud, cet avion révolutionnaire reçoit un accueil triomphal. À 28 ans, René Couzinet a réussi son pari, mais l'aventure n'est pas gagnée.

Si avion et équipage sont accueillis en héros à leur retour au Bourget, le 21 mai, les pouvoirs politiques sont lents à vouloir prendre une décision, à tel point que Jean Mermoz doit prendre la défense de l'appareil face à son employeur, la compagnie Air France, récemment créée. Malgré les améliorations apportées pour concevoir le modèle 71, la commande de trois Arc-en-Ciel n'est pas confirmée et la société ARC doit suspendre son activité en août 1934. René Couzinet viendra défendre sa cause au Sénat, mais aucune commande ne sera signée.

Au même moment, l'Arc-en-Ciel poursuit ses allers et retours sur l'Atlantique Sud. En 1937, René Couzinet doit racheter son appareil afin d'éviter à ce dernier d'être livré au ferrailleur. Ses usines seront transférées à La Roche-sur-Yon en 1939, en raison des hostilités. En 1940, préférant l'exil à l'Occupation, René Couzinet rejoint le Brésil. Après la guerre, les performances des Arc-en-Ciel se trouveront dépassées. René Couzinet se suicidera en décembre 1956. L'Arc-en-Ciel a ouvert la voie des propliners…

DOUGLAS DC-3

Toujours opérationnel sous tous les cieux, dans le domaine civil comme militaire, le troisième modèle commercial de la société Douglas connaît une carrière inégalée, après avoir révolutionné le monde du transport aérien.

Dans les années 1930, avec son Boeing 247 réservé à son associée, la compagnie aérienne United Airlines, Boeing a raté son entrée dans le domaine du transport. Depuis, le géant de Seattle s'est rattrapé, devenant le premier constructeur d'avions de ligne du monde. Soixante ans séparent ces deux appareils employés par la même compagnie. ▷

C'est le 17 décembre 1935 que le prototype dénommé DST-114 RHD décolle du terrain californien de Clover Field, non loin de Santa Monica, où se trouve le siège de la société Douglas. Immatriculé X14988, X rappelant le côté expérimental de ce prototype, l'appareil se pose sans problème après 1 h 40 min d'un vol qualifié de routine par l'équipage d'essai constitué de Carl Cover, Fred Stineman et Franck Collbohm – à tel point qu'aucune photo ne figure dans les archives de la société.

Le troisième d'une longue série

Cet appareil, qui portera le nom de DC-3 (DC pour Douglas Commercial), est le troisième d'une série d'avions commerciaux. Le DC-1, unique, donnera naissance au DC-2 qui, dès 1934, effectue aux couleurs de la TWA la traversée des États-Unis en une quinzaine d'heures, dans des conditions de confort inégalées pour l'époque. Devant l'engouement du public, de nombreuses compagnies aériennes prennent la décision de renouveler leur flotte en remplaçant leurs modèles d'avions peu rapides, peu confortables, et d'une technologie ancienne, comme les trimoteurs Fokker VII, abondamment répandus. Dès 1932, John Frye, le patron de la TWA, s'est ainsi tourné vers William Boeing, qui a déjà confirmé son succès à la suite de la réalisation de machines modernes, reprenant les avancées technologiques du Monomail, monomoteur postal. Mais le géant de Seattle a déjà signé un contrat avec sa filiale, la United Airlines, pour les 60 premiers exemplaires de son futur Boeing 247, qui doit révolutionner le transport aérien avec son aile cantilever et ses dix passagers. Le prototype a volé en février 1933 pour rejoindre un mois plus tard la United Airlines.

John Frye ne peut attendre. Parmi les autres constructeurs contactés, Douglas répond qu'il peut fournir un prototype au

◁ *À la fin des années 1930, le DC-3 a permis la rentabilité du transport aérien de passagers, devançant son concurrent, le Boeing B-247, moins performant et à la capacité plus faible. Le DC-3 a été utilisé par toutes les grandes compagnies aériennes américaines (TWA, Pan Am, Eastern Airlines, etc.) et européennes. Les deux appareils figurent désormais en bonne place dans le National Air & Space Museum à Washington.*

Le DC-3 a largement contribué au succès du jour J, remorquant des planeurs et larguant des milliers de parachutistes sur les côtes normandes en juin 1944. ▷

◁ *La motorisation du DC-3 est due au Pratt & Whitney de 1 200 ch. Les ingénieurs de Douglas ont fait partie des premiers à retenir des capots étudiés par la Naca (future Nasa), caractérisés par un meilleur refroidissement et une diminution de la traînée aérodynamique.*

LES CONCURRENTS AMÉRICAINS

Avec un premier vol effectué le 8 février 1933, le Boeing 247 devait révolutionner le transport aérien grâce à sa structure entièrement métallique et à son aile basse (équipée d'un système de dégivrage pneumatique) recevant les deux Pratt & Whitney Wasp de 550 ch, le propulsant à 250 km/h. Ce premier bimoteur de transport « moderne », de 5 700 kg au décollage, entre en service le 30 mars 1933 au sein de la United Airlines, filiale du géant de Seattle. Il ne ressemble alors à aucun autre appareil. Les coûts d'exploitation trop élevés (dix passagers contre vingt et un pour le DC-3) engendreront l'échec commercial du modèle 247, supplanté par le DC-3.

Ce sera également le prix payé par Boeing pour son intransigeance, ayant voulu limiter son usage à la United Airlines, au grand mécontentement des autres compagnies.
La société Curtiss Wright est également sur les rangs, avec son Curtiss C-46, dont le projet remonte à 1936 pour un premier vol effectué le 26 mars 1940.
Destiné aux marchés civils avec 36 places, il va se voir imposer au cours de la guerre un rôle militaire sous le nom de Commando. Il va servir l'USAAF et l'US Navy lors de missions de ravitaillement et d'évacuation de blessés.
Il sera célèbre en Extrême-Orient grâce à ses vols effectués 24 heures sur 24, au-dessus de la chaîne de l'Himalaya (le Hump, la bosse) pour maintenir ouvertes les voies d'approvisionnement entre la Birmanie et la Chine.
Avec une cabine plus volumineuse, des performances accrues grâce à ses deux moteurs Wright 586 Cyclone de 1 700 ch, une distance franchissable de 3 200 km, ce bimoteur de 20 tonnes arrivera cependant trop tard pour rivaliser avec le DC-3.

Malgré ses bonnes performances et une charge utile importante, le Douglas C-46 Commando n'a pourtant pas connu le succès du DC-3. Cela est sans doute dû à une arrivée plus tardive (premier vol du prototype le 26 mars 1940), l'appareil bénéficiant moins de l'effort de guerre. ▽

prix de 125 000 dollars, le prix étant ensuite de 58 000 dollars par appareil de série. C'est ainsi que la famille des DC va prendre naissance. Pour le DC-3, le coup de pouce du destin viendra d'une demande de Cyrus Smith, le PDG d'American Airlines, qui veut assurer des vols de nuit entre Dallas et Los Angeles. Douglas va répondre *via* le modèle DST (Douglas Sleeping Transport), un avion équipé de quatorze couchettes. C'est de ce modèle spécifique que va dériver une version plus classique, avec vingt et un sièges, qui sera officiellement dénommée DC-3, le Douglas Commercial Model 3.

Innovations technologiques

Cet appareil va innover dans de nombreux domaines, retenant nombre de nouveautés : une structure entièrement métallique à revêtement « travaillant » (plus légère et plus résistante ; on fera même passer un rouleau compresseur sur les ailes pour rassurer les futurs passagers…), un train escamotable pour une utilisation à partir de pistes encore mal préparées, une voilure basse cantilever (c'est-à-dire sans haubans) avec des moteurs facilement accessibles pour la maintenance, de nouveaux capots issus des recherches de la Naca (future Nasa), le dernier cri en matière d'instrumentation, avec notamment l'un des premiers pilotes automatiques, que les équipages baptiseront affectueusement George. L'étude aérodynamique (notamment les raccords Karman faisant la jonction aile-fuselage) permet d'atteindre de bonnes performances avec les deux moteurs Pratt & Whitney R1830 Twin Wasp de 1 200 ch. Le DC-3 vole plus haut, plus vite, et plus loin que les avions de la concurrence, pour un coût d'exploitation plus compétitif que celui du Boeing 247 (vingt et un passagers au lieu de dix, une charge utile triple). Ainsi, le DC-3 rend le transport aérien rentable. Le carnet de commandes gonfle rapidement, avec des demandes venant du monde entier. Au début de 1940, le constructeur californien détient 90 % du marché des avions de transport civil mondial, trois vols commerciaux sur quatre étant assurés par des DC-3 aux États-Unis.

L'avion du débarquement

La Seconde Guerre mondiale ne va pas suspendre cette carrière. Le DC-3 va en effet être produit en de multiples versions

. . . DOUGLAS DC-3

militaires, du C-47 SkyTrain au C-53 SkyTrooper, sans oublier la version en prêt-bail destinée à la Royal Air Force, à partir de 1941, sous le nom de Dakota ou Dak (Dakota pour Douglas Aircraft Corporation Transport Aircraft)... En 1944, au summum de l'effort industriel américain, deux DC-3 sortent chaque heure des trois usines situées à Santa Monica, Long Beach et Tulsa.

Utilisé comme avion de transport et de parachutage, mais également remorqueur de planeurs, le Dak va connaître son heure de gloire le 6 juin 1944, lors du débarquement de Normandie. La balise radioélectrique implantée de nuit sur le sol français pour guider les appareils de l'opération Overlord sera mise en place par des parachutistes largués d'un C-53, le seul avion de transport de troupes de l'USAAF avec le C-47 sur ce théâtre d'opérations. À l'aube du jour J, près d'un millier de Dakota ayant reçu les bandes d'invasion fraîchement peintes sur leurs ailes vont se succéder, déversant 17 000 combattants aéroportés et tractant une centaine de planeurs Waco CG-4A.

Une version non motorisée sera même conçue en 1944 et testée en vol sous le nom de XCG-17 Skyglide, un planeur de transport de troupes devant être remorqué par... un DC-3. La fin du conflit suspendra ce projet.

Le DC-3 est alors présent sur tous les fronts, y compris à l'Est, où 700 appareils ont été fournis à l'URSS, avant de donner lieu à une version soviétique sous le nom de Lisunov Li-2, produite à près de 2 000 unités. Sa facilité d'exploitation se confirmera souvent.

Ainsi, en 1941, un DC-3 chinois a vu son aile droite détruite lors d'un bombardement. Pour le convoyage le ramenant en réparation, un autre DC-3 lui livre, attachée sous son fuselage, une aile... de DC-2, seule voilure disponible. Malgré les dimensions différentes, ce DC-2/3 revient à Hong Kong sans problème !

Le plus bel hommage rendu au Dakota pour ses services durant le deuxième conflit mondial viendra du général Dwight Eisenhower, commandant en chef des forces alliées en Europe : « Quatre équipements ont activement participé à la victoire en Afrique et en Europe : le bulldozer, la jeep, le camion GMC et le C-47. »

△ *Le DC-3 fait partie des stars dans les meetings aériens de par le monde, quand il ne participe pas à la réalisation de films historiques. Lorsque les chaînes de production seront arrêtées en 1947, tous modèles confondus, c'est plus de 13 641 appareils qui auront pris l'air. La construction de l'avion nécessite près de 700 000 pièces, assemblées par un total de 500 000 rivets.*

LES CONCURRENTS EUROPÉENS

En Europe, à la même époque, l'Allemagne produit le Junkers Ju-52/3m, un trimoteur dont le premier vol remonte à avril 1932. Un mois plus tard, le Ju-52 assure la ligne Berlin-Rome, au-dessus des Alpes. Son train d'atterrissage fixe, le procédé de construction cher à Junkers (revêtement en tôle ondulée, légère, résistante) sont peu compatibles avec l'aérodynamique. Avec une capacité de 30 passagers, l'appareil de 11 tonnes plafonne à une vitesse de 200 km/h, près de 100 km/h de moins que le DC-3. Ses trois moteurs BMW 132T de 830 ch le propulsent sur 1 300 km. Il sera surtout utilisé par la Luftwaffe pour des opérations aéroportées.

En France, Marcel Bloch (futur Marcel Dassault), qui produit des avions militaires depuis le début des années 1930, décide de s'attaquer au marché civil. La réponse sera le MB-220, issu du bombardier MB-210. Avec seize passagers disposés dans deux cabines insonorisées comprenant un bar, l'appareil croise à 280 km/h. Commandé à seize exemplaires par Air France en 1937, le MB-220 assure les liaisons européennes et symbolise le transport français d'avant-guerre.

△ *Un peu plus ancien que le DC-3, le Junkers Ju-52 dénote une technologie dépassée avec son revêtement en tôle ondulée et son train d'atterrissage fixe. Malgré un troisième moteur, il est moins performant et donc moins rentable à utiliser que le DC-3.*

Un Junkers Ju-52 en livrée militaire, la Tante Ju pour ses pilotes... ▷

Comparable en formes au Fokker VII concurrent, le Ford Trimotor constitue le standard de l'avion de ligne aux États-Unis au début des années 1930, avant l'arrivée du DC-3 reléguant à la casse des trimoteurs de technologie ancienne, moins confortables et moins performants. ▷

△ *Vu le nombre d'appareils encore en utilisation dans le monde, certaines sociétés se sont spécialisées dans la maintenance et la fourniture de pièces détachées spécifiques au DC-3. Le type n'est donc pas prêt d'être bloqué au sol.*

Avec 28,96 m d'envergure pour 19,65 m de long, le DC-3 pèse 13 340 kg à la masse maximale autorisée. À raison de 320 litres de consommation horaire moyenne, ses réservoirs lui permettent de franchir une distance de 2 400 km. ▽

Irremplaçable DC-3...

Même si les chaînes de production suspendent leur activité en 1947, pour produire les successeurs DC-4 et DC-6, le DC-3 va poursuivre sa carrière, aux couleurs de nombreuses compagnies aériennes. Air France en utilise plusieurs dizaines pour le transport de passagers et pour la Postale, et ce jusqu'aux années 1970. En 1948, avec d'autres appareils, le DC-3 assure le pont aérien de Berlin face au blocus soviétique. En 1949, une version plus puissante arrive, avec deux fois 1 475 ch, le Super DC-3, mais sans suite, car trop chère par rapport à la multitude de DC-3 disponibles sur le marché – ce qui créera l'adage suivant : « La seule machine capable de faire mieux qu'un DC-3 est un autre DC-3. »

L'appareil mérite la confiance qu'on lui accorde au fil du temps, dans de nombreux pays, sur roues, sur skis ou sur flotteurs, pour le transport de passagers ou de fret, au cours d'opérations militaires... Ainsi le DC-3 (alias la Grand Old Lady, Gooney Bird, Spooky ou Dizzy Three, selon les surnoms dont les pilotes l'affublent) va reprendre du service au Viêt Nam, comme avion antiguérilla. On le retrouve également dans la lutte antifeu, ou encore aujourd'hui en Floride pour la lutte antimoustiques, ou en Grande-Bretagne pour traiter les pollutions maritimes. Certains DC-3 recevront des turbines pour des usages spécifiques, comme lors d'une mission au pôle Nord. De nos jours, si le DC-3 a rejoint des collections d'avions anciens, nombreux sont encore les appareils qui assurent le transport de passagers ou de fret, notamment en Amérique du Sud, ou qui figurent toujours dans plusieurs armées de l'air. Le DC-3 est l'un des rares avions à avoir survécu plus de soixante ans après son premier vol, et à être toujours opérationnel. C'est certainement l'avion du siècle...

◁ *Le plus grand nombre d'exemplaires concerne le modèle militaire C-47A, produit à plus de 5 200 appareils, soit environ la moitié de tous les DC-3 sortis de chaîne.*

Le C-47 a connu une version amphibie, sous la dénomination XC-47C DL. Bien que muni d'imposants flotteurs conçus par la firme Edo, équipés de roues rétractables, l'appareil ne vit pas ses qualités de vol fortement altérées. Après des essais menés par l'USAAF, une petite série fut réalisée, les commandes suivantes n'étant pas confirmées (l'appareil est peu aisé à charger avec une porte-cargo difficile d'accès, car trop haute...). ▷

La puissance américaine : des centaines de Boeing B-17 Flying Fortress ont été employés dans des raids massifs pour détruire le potentiel militaire de l'Allemagne.

1939-1945

L'aviation domine la guerre

La Seconde Guerre mondiale s'est jouée dès le milieu des années 30, dans un contexte géopolitique lourd : l'Allemagne réarme et entreprend ses annexions, le Japon envahit la Chine. Ainsi décollent le Messerschmitt 109 et ses opposants, Hurricane et Spitfire, le B-17, qui deviendra la Flying Fortress (forteresse volante) ou bien encore le DC-3, pour ne citer qu'eux.

Les moteurs, désormais, qu'ils soient en ligne refroidis par eau (des 12-cylindres en *V* pour la plupart) ou en étoile refroidis par air, sont de la gamme des 1 000 chevaux. Ils entraînent des hélices à vitesse constante qui ont permis des gains de vitesse spectaculaires ; les cellules se sont affinées, les trains d'atterrissage sont dorénavant rétractables, offrant une plus grande pureté aérodynamique : tous ces ingrédients sont réunis dans le Messerschmitt 209, avec lequel l'Allemand Fritz Wendel bat le record du monde de vitesse le 26 avril 1939, avec 755,138 km/h. Le record d'altitude de l'Italien Mario Pezzi, sur Caproni 161 *bis* à cabine pressurisée, est de 17 083 m depuis le 22 octobre 1938. Les Italiens détiennent aussi celui de distance en circuit fermé, avec 12 935,77 km du 30 juillet au 1er août 1939. Quant aux lignes aériennes, la Lufthansa transporte 177 000 personnes en 1939 et le quadrimoteur Focke-Wulf Condor a effectué, du 10 au 14 août 1938, la double traversée de l'Atlantique, avec, au retour, une moyenne de 320 km/h.

La guerre sino-japonaise, à partir de 1931, et celle d'Espagne, surtout, de 1936 à 1939, démontrent avec une sinistre acuité quel degré d'efficacité a atteint l'arme aérienne. Ainsi, les opérations de la légion Condor, ce corps expéditionnaire aérien envoyé par les Allemands et les Italiens pour soutenir les nationalistes, se révèlent-elles pleines d'enseignements pour les militaires.

C'est tardivement que les pays européens prennent conscience de l'importance de la puissance aérienne de l'Axe, et du Reich allemand en particulier. En 1939, l'Allemagne se croit prête à faire la guerre.

En réalité, elle l'est pour une guerre éclair (Blitzkrieg), et le sera moins dans la durée. La Grande-Bretagne a réarmé et s'est dotée de stations de détection radar. La Royal Air Force est équipée d'avions modernes. Mais la France n'est pas préparée. Le chef d'état-major de l'armée de l'air, le général Vuillemin, n'a-t-il pas déclaré, à la suite d'une visite en Allemagne en 1938 : « Hélas ! S'il y avait la guerre… » ? La plus grande puissance militaire de 1918 a vu son aviation nationalisée en 1936 par le gouvernement du Front populaire, qui regroupe en six grandes entités (les fameuses SNCA, les sociétés nationales de constructions aéronautiques du Nord, du Sud-Est, etc.) les nombreux constructeurs d'avions français. La production industrielle augmente pourtant, et la France a de bons avions. Mais le commandement est en retard d'une guerre… Même les États-Unis, neutres à l'époque, s'inquiètent de la situation en Europe et lancent des programmes de modernisation.

En 1945, le monde a changé de visage. Un bombardier quadrimoteur pressurisé a lancé deux fois une bombe atomique. Des vagues de bombardiers lourds, américaines le jour, anglaises la nuit, ont écrasé l'Allemagne, sans cependant anéantir complètement son potentiel. Celle-ci a été la première à mettre en service opérationnel des chasseurs à réaction, des fusées, des missiles de tous types. Les succès militaires de l'Axe, comme la campagne de France ou Pearl Harbor, ont joué sur l'audace, l'effet de surprise et les moyens adaptés. Mais la guerre a été gagnée par le nombre, sur terre, sur mer et dans les airs.

STUKA ! LA TERREUR VIENT DU CIEL

Le 1er septembre 1939, les Allemands attaquent la Pologne. La campagne est foudroyante, et victorieuse en un mois. Le bombardier en piqué y fait ses preuves : le Stuka est une arme redoutable.

Le mythe du Stuka est né lors de l'invasion de la Pologne. Un point de résistance bloque les troupes au sol, et les Stuka fondent du haut des cieux et déversent leur charge mortelle avec une précision diabolique. Le même scénario se reproduit lors de la conquête du Danemark et de la Norvège en avril 1940. Et 350 appareils, sous les ordres du général Fedlmarshall Wolfram von Richthofen, qui a auparavant commandé la légion Condor durant la guerre d'Espagne, déferlent sur les Pays-Bas, la Belgique et la France. La bataille de France, d'abord, puis celle d'Angleterre, exclusivement aérienne, ensuite, vont cependant révéler les faiblesses du Stuka : trop lent, l'engin excelle tant qu'il n'y a pas de chasse adverse. Ses contemporains, le japonais Aichi Val et l'américain Douglas Dauntless, souffrent du même mal.

Un look d'enfer

En Allemagne, c'est un As de la Grande Guerre qui, dans les années 1930, découvre les « vertus » du bombardement en piqué, essentiellement la précision : en piquant quasi à la verticale, le pilote vise avec son avion. Ernst Udet parvient à décider la Luftwaffe de passer un contrat d'études d'un bombardier en piqué monomoteur le 27 septembre 1933. Par la suite, l'armée allemande sera tellement convaincue par ce genre de machine que les bombardiers stratégiques à long rayon d'action seront négligés et feront cruellement défaut à la Luftwaffe…

Le prototype du Junkers 87 décolle au printemps 1935. Le second participe à des tests comparatifs face à ses concurrents (Arado 81, Blohm & Voss Ha 137 et Heinkel 118) en mars 1936 et est choisi par l'état-major. Deux ans après le premier vol, les premiers appareils de série Ju 87 A-1 sont en dotation d'une unité chargée d'établir les tactiques opérationnelles, qui est envoyée faire la guerre en Espagne, avec succès. En 1938, le Stuka (abréviation de

△ Stuka au décollage. Cet avion est un Junkers 87 A d'avant-guerre. On remarque les principales caractéristiques de la silhouette sinistre de l'avion : voilure en W aplati et train d'atterrissage fixe. La grosse bombe ventrale est ici bien visible. Elle est montée sur un système de parallélogramme qui l'éloigne du disque de l'hélice lors du largage en piqué.

Cette photo de Ju 87 B date d'avant-guerre et montre l'un des appareils de présérie, dont dix furent fabriqués en 1938. L'avion est imposant (envergure 13,80 m, longueur 11 m, masse à vide de plus de 2,7 tonnes). On distingue parfaitement sous l'aile l'aérofrein déployé, qui permet au Stuka de ne pas trop accélérer en piqué. ▽

Le Stuka se révéla vulnérable aux attaques de la chasse adverse, bien que protégé par une mitrailleuse en tourelle, à l'arrière du cockpit. L'avion est plutôt lent et son rayon d'action n'est que de 600 km. Devant les pertes subies lors de la bataille d'Angleterre, en août-septembre 1940, la Luftwaffe dut renoncer au Stuka. ▽

La version Ju 87 G, spécialement conçue pour la lutte antichars, a troqué ses bombes contre deux canons de 37 mm tirant des obus spéciaux avec un noyau en tungstène, afin de percer les blindages des T-34 soviétiques. Le pilote Rudel excella dans cette tâche délicate et dangereuse due aux attaques en vol rasant, et son score s'établit à quelque 500 tanks ! ▽

◁ *Vol de groupe de Stuka de retour de mission (on ne distingue aucune bombe sous le fuselage ni sous les ailes). Le Stuka fut employé en grand nombre lors des opérations de guerre éclair, jouant à plein sur l'effet de surprise. L'effet psychologique était renforcé par l'utilisation d'une sirène dont le bruit paralysait les troupes au sol.*

◁ *Le Stuka, ici des Ju 87 D, fut employé en masse lors des opérations en Russie et en Afrique, en soutien de l'Afrika Korps de Rommel en 1942 et 1943. Sa production, pourtant, n'a jamais atteint de grandes cadences. Le Stuka était considéré comme désuet à la fin du conflit et n'équipait plus que quelques escadrilles.*

△ *Le Ju 87 D, apparu en 1941-1942, est une version améliorée et plus puissante du B. Le moteur donne désormais 1 400 ch, et la charge de bombes est augmentée, pouvant atteindre près de 3 tonnes. En fait, toute une gamme d'armements pouvait être transportée. Ce Stuka est l'un des deux survivants, prise de guerre conservée en Angleterre.*

◁ *Alignement des Junkers 87 A d'une unité de la Luftwaffe, avant le déclenchement des hostilités en Europe. L'avion, à l'aspect massif et fruste, n'est entraîné que par un moteur Junkers Jumo 210 D de 680 ch. La production du Ju 87 A a cessé au début de 1938, pour être remplacée par le Ju 87 B, plus puissant (1 000 puis 1 200 ch).*

Sturzkampfflugzeug, ce qui signifie bombardier d'assaut) subit un chantier de transformation : son apparence est légèrement modifiée, le Jumo de 680 ch est remplacé par un de 1 000, puis de 1 200 ch (Jumo 211 Da), et devient le Ju 87 B, dont les premiers sont aussitôt envoyés en villégiature en Espagne.

Le Junkers 87 B (ou R s'il a des réservoirs supplémentaires) est ainsi la première version majeure du Stuka, et se caractérise par ses atterrisseurs fixes et la forme de la voilure, qui ressemble, vue de face, à un W aplati. Le Stuka est doté d'aérofreins sous les ailes, afin de ne pas trop prendre de vitesse lorsqu'il plonge presque à la verticale. L'effet psychologique au sol est important, et il est renforcé par l'installation d'une sirène qui glace d'effroi ! Le Stuka embarque 1 000 kg de bombes.

Mais cet engin de mort a révélé une certaine vulnérabilité. Assez lent (380 km/h de vitesse au maximum), il est une proie relativement facile pour les chasseurs français puis anglais. Son emploi impose donc une maîtrise de l'air par la Luftwaffe.

Le tueur de chars

Le plus célèbre pilote de Stuka, Hans-Ulrich Rudel, s'illustre le 23 septembre 1941 en envoyant par le fond d'une seule bombe de 1 000 kg le cuirassé soviétique Marat. Fin 1941 est aussi la période où le Junkers 87 D remplace le B. La configuration générale est analogue, mais le fuselage est affiné : les vitrages de l'habitacle biplace (un pilote et un mitrailleur) sont mieux profilés, et un moteur plus puissant, de 1 400 ch, prend place sous des capots redessinés. La charge offensive est augmentée : une bombe ventrale de 1 800 kg et deux de 500 kg sous les ailes.

Le théâtre d'opérations russe, de par ses grandes étendues, conduit à la guerre de mouvement et à l'emploi massif de blindés. D'où l'apparition de la variante Ju 87 G, spécialement adaptée à la lutte antichars. C'est un Ju 87 D dont l'armement est constitué de deux canons de 37 mm sous les ailes tirant des obus spéciaux. H.-U. Rudel anéantit à lui seul une colonne de douze chars T-34 le 5 juillet 1943 ! Son total personnel se situe aux alentours de 500 tanks détruits à la fin du conflit. En 1945, pourtant, le Ju 87 n'est presque plus employé.

LES BOMBARDIERS MOYENS

Le plus fameux des Mitchell fut sans doute le B-25 J, qui a récupéré le nez vitré des premières variantes plus quatre mitrailleuses lourdes à raison d'une paire située de part et d'autre du fuselage. Une poignée de B-25 sont maintenus en état de vol par des collectionneurs, et ce magnifique exemplaire vole parfois en France dans les meetings. ▷

Tous les belligérants ont utilisé des bombardiers moyens. Cette appellation prend en compte le tonnage des appareils, des bimoteurs à plus ou moins long rayon d'action.

En 1939, toutes les forces aériennes sont dotées de bombardiers moyens, des bimoteurs destinés à pratiquer le bombardement horizontal (par opposition aux bombardiers en piqué, tous monomoteurs). Les quadrimoteurs semblent, à cette époque, être cantonnés dans des missions de reconnaissance lointaine, car les missions stratégiques ne sont pas vraiment à l'ordre du jour dans des opérations de guerre éclair. La polyvalence et la versatilité des bimoteurs vont leur faire jouer un rôle très actif tout au long de la Seconde Guerre mondiale.

Les bombardiers alliés

Même la Pologne, qui est attaquée en septembre 1939, dispose de bombardiers bimoteurs modernes, avec le PZL 37 Los. Mais l'aviation polonaise est détruite au sol dès les premiers jours de la campagne. La France dispose d'une flotte hétérogène, composée de matériels anciens (Amiot 143, Bloch 210) et modernes. Le fleuron de ces derniers est le Lioré & Olivier LéO 45, qui vole le 16 janvier 1937 : dessiné par l'ingénieur Mercier, il est d'une esthétique indiscutable. L'avion de série est propulsé par deux moteurs Gnome-et-Rhône 14 N de 1 030 ch, qui lui permettent de dépasser 500 km/h en palier à 5 000 m. Le LéO 45/451 est bien armé : 2 tonnes de bombes en soutes de fuselage et dans le plan central de voilure, une mitrailleuse en gondole ventrale rétractable, et un canon de 20 mm en position dorsale pour défendre le secteur arrière. Servies par des équipages de quatre personnes, 220 machines sont en dotation en 1940, mais les pertes sont importantes, car les LéO sont envoyés en mission de jour sans bénéficier de la protection d'avions de chasse. Après la défaite de juin 1940, la production est reprise pour l'armée de l'air de Vichy et les besoins de la Luftwaffe, et plusieurs exemplaires sont encore en service après 1945. La France aligne aussi des petits bimoteurs biplaces

△ Le Vickers Wellington fut le bombardier moyen standard de la Royal Air Force. Ses débuts furent cependant dramatiques et l'avion fut cantonné aux opérations de nuit. Il connut de multiples versions et servit aussi pour la surveillance des côtes, le mouillage des mines, etc. Plus de 11 000 Wellington sortirent des chaînes jusqu'en 1945.

Le Martin B-26 Marauder mit du temps à se débarrasser d'une mauvaise réputation. Sa vitesse élevée à l'atterrissage (près de 200 km/h) l'avait fait baptiser Widow Maker (faiseur de veuves) par ses pilotes. Ce fut pourtant une machine très efficace, qui s'illustra d'abord dans le Pacifique, puis en Europe, pour la préparation du débarquement. ▽

Les Lioré & Olivier LéO 45 et LéO 451 étaient les bombardiers français les plus modernes et les plus efficaces en 1940. Malheureusement, la doctrine d'emploi et un commandement trop vite dépassé par les événements les a fait remplir des missions sans protection, au cours desquelles ils furent souvent la proie des chasseurs allemands… ▽

△ *Magnifique vue d'un B-26 C. Le Marauder était propulsé par deux moteurs de 2 000 ch et embarquait dans son fuselage, en plus des sept membres d'équipage, une charge offensive de 2 tonnes. C'était un gros avion, d'une envergure de 21,60 m, de 17,75 m de long et d'un poids en charge de près de 16 tonnes.*

△ *Ce Mitchell est un B-25 G. On aperçoit, à la base du nez, la gueule du canon de gros calibre (75 mm) dont il est équipé. Un total de 21 obus était embarqué, et la pièce d'artillerie devait être rechargée à la main, d'où une faible cadence de tir. L'effet de l'arme était dévastateur, mais les versions ainsi armées n'eurent cependant pas le succès escompté.*

Le prototype du Breguet 690, opérationnel en 1940, avec des moteurs plus puissants en tant que Br 693 et 695. Agile, ce petit biplace français était conçu pour l'attaque au sol, avec un canon de 20 mm et deux mitrailleuses tirant en chasse, une mitrailleuse arrière défensive et 400 kg de bombes. Mal utilisées, les escadrilles d'assaut furent massacrées en 1940… ▽

(deux moteurs Gnome-et-Rhône 14 M de 710 ch) prévus pour l'attaque au sol, les Breguet 693. La machine est réussie, mais les escadrilles, attaquant en vol rasant, sont décimées par une forte DCA allemande…

La Royal Air Force met en ligne des Handley-Page Hampden, des Armstrong-Whitworth Whitley et des Vickers Wellington. Le premier est rapidement retiré car vulnérable. Le suivant, qui a volé le 4 juin 1935, est mû par des V12 Rolls-Royce Merlin. Au cours du premier raid qui a lieu dans la nuit qui suit la déclaration de guerre, 13 tonnes de tracts sont largués sur la Ruhr !

Le Whitley intervient de nuit, jusqu'en 1943, date à laquelle les survivants seront convertis en remorqueurs de planeurs lourds. Le Wellington, qui s'envole en 1936, est aussi cantonné aux opérations de nuit, en raison de l'attaque désastreuse qui intervient le 18 décembre 1939. Mais ce bombardier à long rayon d'action (2 tonnes de charge sur 2 500 km) défendu par huit mitrailleuses est excellent et 11 461 appareils seront produits jusqu'en 1945.

Le North American B-25 porte le nom du général qui fut le pionnier du bombardement aux États-Unis. Le prototype s'envole en janvier 1939 et une commande de 185 exemplaires est passée fin 1939 pour une version plus lourde, avec un équipage de cinq hommes, qui sera opérationnelle en 1941. C'est au Mitchell que revient la mission de laver l'affront de Pearl Harbor, et un raid de seize B-25 mené par James Doolittle attaque la capitale japonaise le 18 avril 1942. Les lourds appareils ont décollé du porte-avions Hornet. Peu de dégâts, mais l'honneur est sauf. Les dérivés se succèdent, avec des moteurs (2 x 1 700 ch) et des armements de plus en plus puissants. Ainsi, les B-25 G et H sont armés d'un canon de 75 mm contre les navires. Le J est parfois affublé de huit mitrailleuses lourdes (12,7 mm) dans le nez. Quand la série s'arrête en 1945, près de onze mille B-25 sont sortis d'usine.

Le Martin B-26 Marauder connaît des débuts difficiles. Très puissant (2 x 2 000 ch Pratt & Whitney), il a une vitesse

... LES BOMBARDIERS MOYENS

d'atterrissage élevée, d'où un nombre important d'accidents. Une amélioration dans ce domaine lui rendra son efficacité (il croise à 340 km/h sur 1 200 km avec 2 tonnes de bombes dans le fuselage), d'abord dans le Pacifique, puis en Europe, et il participe à des attaques tactiques dans le nord de la France et en Méditerranée sur l'Italie, en préparation des divers débarquements. L'US Air Force le gardera jusqu'en 1948.

Les bombardiers de l'Axe

Si les Italiens sont partisans de la formule trimoteur, Allemands et Japonais font confiance aux bimoteurs.

L'organisation de l'armée japonaise est particulière, le Japon n'a pas d'armée de l'air à proprement parler : l'armée de terre et la marine disposent chacune d'une force aérienne et de ses propres types d'avions (sauf exceptions).

Le Mitsubishi Ki-21, surnommé Sally par les Alliés, est livré en août 1938 à l'armée et opère dans le Sud-Est asiatique jusqu'à la capitulation de l'empire du Soleil levant. Cette machine de 22,50 m d'envergure et de 16 m de long embarque 1 tonne d'explosifs sur une distance de 1 500 km et n'est défendue que par trois mitrailleuses légères, ce qui ne pose pas de difficulté tant que les opérations ont lieu en Chine, où la chasse adverse est infime. Plus de 2 000 Sally sont construits, mais ils sont une proie facile pour les chasseurs américains à la fin de la guerre.

Le Mitsubishi G4M Betty est le bombardier standard de la marine, d'où son rayon d'action important (3 700 km avec une torpille de 800 kg), avec deux moteurs de 1 500 ch. Rapide (460 km/h au maximum), il demeure fragile face aux chasseurs car il n'a aucun blindage. L'amiral Yamamoto le paye de sa vie le 18 avril 1943, quand son Betty est descendu par des P-38 Ligthning... Le Betty aura le privilège de transporter la délégation japonaise pour la signature de la capitulation du Japon.

Les Allemands, quant à eux, volent sur Dornier 17, Junkers 88 et Heinkel 111, du début à la fin de la guerre.

Le Dornier 17 émerge en 1934 en tant qu'avion de transport de courrier rapide pour la Lufthansa. Même militarisé, il ne perd pas la finesse de son fuselage, qui va

△ *Le Mitsubishi G4M, codé Betty par les Alliés, fut le bombardier standard de la marine japonaise pendant toute la durée du conflit dans le Pacifique. Rapide, ayant un long rayon d'action, il était malheureusement pauvrement armé pour sa défense. De plus, il ne disposait d'aucun blindage et se révéla donc très vulnérable...*

Le modèle le plus répandu du Dornier 17 fut le Do 17 Z de bombardement, qui participa en grand nombre à toutes les campagnes jusqu'en 1942. Il se reconnaissait facilement par son nez vitré à facettes plates, et emportait un équipage de cinq hommes. Il fut remplacé par le Dornier 217, d'apparence semblable. ▽

Un Dornier 17 M de bombardement s'apprête à partir en mission en 1939 ou 1940. Cet avion de 18 m d'envergure et de 16,10 m de long avait une vitesse maximale de 410 km/h à 4 000 m, et embarquait 1 tonne de bombes, grâce à ses deux moteurs Bramo 323 de 9 cylindres en étoile. ▽

La version la plus connue de Heinkel 111, le He 111 H, était entraînée par des Junkers Jumo 211 de 1 100 ch, au début de 1940, à 1 700 ch à la fin de 1944. C'était un bel avion, avec un fuselage en forme de cigare. Seules une tourelle dorsale et une « baignoire » ventrale venaient gâcher la forme aérodynamique. Les bombes étaient placées verticalement dans la soute du fuselage.

Vue de dessous

Le Heinkel 111 remplit toutes sortes de missions. Voici un He 111 H-6 équipé de deux torpilles placées extérieurement sous le fuselage, destinées à l'attaque de navires.

Versatile et polyvalent, le Junkers 88 fut mis à toutes les sauces ! Ce Ju 88 P-3 est une variante antichars armée de deux canons de 37 mm placés dans une gondole ventrale. Il s'agit du même armement que celui des dernières versions du Stuka.

le faire surnommer crayon volant. À tel point qu'il est impossible d'y faire rentrer des passagers ! Sa vélocité le condamne au service militaire en tant que bombardier (charge standard : 1 000 kg) et avion de reconnaissance avec plusieurs types de moteurs. Le modèle le plus répandu est le Do 17 Z, reconnaissable à son nez vitré à facettes, dont la fabrication débute fin 1938. Il en sortira 1 700 modèles. Son successeur, le Do 217, d'apparence voisine, embarque deux fois plus de bombes, sert comme chasseur de nuit, et envoie des missiles en 1944-1945.

Le Heinkel 111 est lui aussi né comme avion civil en 1934 et, comme le Dornier, il fait ses débuts guerriers en Espagne, où sa vitesse le rend invulnérable. Petit à petit, la puissance des moteurs passe des 2 x 660 ch du prototype à 2 x 1 700 ch à la fin de la Seconde Guerre mondiale, qu'il va mener sans dételer du début à la fin, d'abord de jour, puis de nuit. Les 7 000 He 111 sont mis à toutes les sauces, embarquant des bombes, des torpilles, des missiles (ils lancent, entre autres, des V1 sur l'Angleterre à la fin de 1944), effectuant des vols de transport, larguant des parachutistes et du ravitaillement…

Le Junkers 88 décolle le 21 décembre 1936. Le quatrième prototype, représentatif de la série, vole, lui, le 2 février 1938. L'équipage de quatre hommes est concentré tout à l'avant de l'appareil. Avec deux moteurs Junkers Jumo 211 B de 1 200 ch, un Ju 88 couvre un circuit de 2 000 km à la moyenne de 500 km/h en 1939. Cet avion de 20 m d'envergure et d'une longueur de 15 m sort à la cadence de 300 modèles par mois jusqu'en avril 1945, en une multitude de versions. La plus importante en termes de quantité est celle du Ju 88 A-4, qui peut emporter sous ses ailes quatre bombes de 500 kg. Vif, le bombardier joue aussi les chasseurs de nuit dès 1941 jusqu'en 1945. Transformé en biplace, il utilise un radar (Ju 88 G) et possède deux canons de 20 mm montés en oblique pour mitrailler par-dessous les quadrimoteurs britanniques. Moteurs Jumo en ligne puis BMW 801 en étoile, le Ju 88 est sur tous les coups. Il devient même missile, baptisé Mistel. Bourré d'explosifs, il est alors piloté par un chasseur Messerschmitt 109 ou Focke-Wulf 190 monté sur son dos, qui le pointe sur l'objectif avant de s'en séparer !

DEWOITINE 520, LE MEILLEUR CHASSEUR FRANÇAIS EN 1940

Lorsque les Allemands attaquent à l'Ouest, le 10 mai 1940, la Luftwaffe va se mesurer à l'armée de l'air pour s'assurer la maîtrise du ciel. Les Messerschmitt découvrent un ennemi plus efficace que les autres, le D-520.

Le Dewoitine 520, indéniablement le meilleur appareil de chasse que la France peut opposer à l'armada de la Luftwaffe, ne va pas changer le cours de la bataille de France, qui fut perdue par un état-major français en retard d'une guerre et par une chaîne de commandement désuète et inefficace. Le bel avion n'a été perçu par quelques unités qu'en avril 1940 : le 10 mai, un seul groupe de chasse, le GC I/3, se révèle opérationnel pour se mesurer aux Messerschmitt…

Lorsque les Allemands passent à l'offensive à l'Ouest, seul un groupe de chasse a son effectif complet de Dewoitine 520, le GC I/3 (un groupe de chasse compte trois escadrilles). Le GC I/3 termina la campagne avec un palmarès de 50 victoires sûres et de 18 probables. Quatre autres groupes eurent le temps d'être opérationnels avant l'armistice de juin 1940. ▷

◁ *Dans les méandres de la guerre et de la politique, le Dewoitine 520 s'est retrouvé aux prises avec ses anciens alliés, notamment lors de la campagne de Syrie, en juin 1941. Ce jour-là, l'As français Le Gloan remporta sa douzième victoire, sur D-520, contre des Hurricane britanniques… Cette photo d'un appareil du GC II/5 a été prise à Casablanca en mars 1942.*

Issu d'une grande lignée

L'ingénieur français Émile Dewoitine lance le D-1 en 1921. À l'époque, l'avion est de conception avancée, monoplan parasol de structure métallique. La société poursuit dans cette voie, et le chasseur le plus célèbre de la saga est certainement le D-27, popularisé par Marcel Doret, pilote maison qui le présente en voltige dans les meetings jusqu'au début des années 1950. L'étape suivante est franchie en 1932 avec l'apparition du fin monoplan à train fixe D-500, de construction entièrement monocoque en alliage léger. Seul le volumineux train d'atterrissage nuit quelque peu à l'esthétique raffinée de la machine. L'avion est fabriqué en série, certains sont armés d'un canon de 20 mm au centre du moteur entre le V des 12 cylindres, débouchant au centre du moyeu de l'hélice (D-501 et 510 plus puissant). Il se bat en Espagne, du côté des républicains, face à la légion Condor nationaliste…

En 1936, Émile Dewoitine, qui n'a plus qu'un petit bureau d'études avec Robert Castello et Jacques Henrat, songe à un projet de chasseur à train rétractable. Mais cette idée est rejetée par les services officiels. Les trois hommes revoient leur copie, afin de satisfaire les demandes de

Peu avant les hostilités, le célèbre aviateur américain vainqueur de l'Atlantique en 1927 Charles Lindbergh fit un voyage en Europe. Il conclut que le meilleur chasseur du monde devait être le Dewoitine 520 avec le moteur allemand Daimler-Benz du Messerschmitt 109 ! ▷

△ *Malgré la défaite, le D-520 connut une longue carrière, jusque après la fin de la Seconde Guerre mondiale. Cette vue en vol montre un chasseur aux couleurs de l'armée de l'air de la France occupée.*

◁ *Rares sont les D-520 à avoir survécu aux aléas de l'histoire. Celui-ci, propriété du musée de l'Air et de l'Espace du Bourget, fut, après une longue restauration, remis en état de vol dans les années 1980. Ce bel avion participa à quelques meetings aériens, avant d'être détruit dans un accident, tuant son pilote…*

l'armée de l'air, qui exige une vitesse de 520 km/h en palier (d'où la numérotation de l'appareil !) et Marcel Doret décolle avec le prototype le 2 octobre 1938. Ses performances sont encore insuffisantes. Le second, qui vole le 28 janvier 1939, y parvient, avec un moteur qui n'est pas le choix définitif. Une première commande de 200 exemplaires sera bientôt suivie par une demande de 510 D-520 supplémentaires, tous pourvus d'un moteur Hispano-Suiza 12 Y 45 de 935 ch surcompressé. L'armement est constitué d'un canon de 20 mm dans le nez, et de quatre mitrailleuses d'aile de calibre 7,5 mm.

Belle carrière, malgré la défaite

À la signature de l'armistice du 25 juin 1940, 437 Dewoitine 520 ont été construits, dont 153 n'ont pu, du fait de la déroute, être pris en charge par les formations de l'armée de l'air et de l'Aéronavale. Les pilotes des escadrilles qui ont eu la chance d'en utiliser ont été formés à la hâte : 26 appareils sont détruits en combat aérien, mais surtout par accidents (80). En revanche, le palmarès est impressionnant, avec 108 victoires sûres et 39 probables.

Les qualités du D-520 poussent le gouvernement de Vichy à demander – et à obtenir – à l'occupant la relance de la production de l'avion pour son armée de l'air (468 appareils). Ainsi, on va voir des D-520 se mesurer aux Alliés lors de la campagne de Syrie, par exemple, face aux Hurricane britanniques, et de l'Opération Torch du débarquement en Afrique du Nord… Les Allemands, qui ont appris à leurs dépens à respecter le D-520, en réquisitionnent un grand nombre pour leur propre usage (écoles de chasse) et pour leurs alliés. Ainsi voit-on des D-520 sous les couleurs roumaines, bulgares et italiennes… Ils ont volé aussi sous les cocardes françaises des Forces françaises libres et des Forces françaises de l'intérieur à la Libération ! Certains seront même transformés en biplaces après 1945.

LES AUTRES CHASSEURS FRANÇAIS DE 1940

Mis à part le D-520, l'avion de chasse français le plus moderne est américain. Il s'agit du Curtiss H-75, employé à plus de 200 exemplaires. Comme celui-ci, le Bloch 152 est gréé d'un moteur en étoile (Gnome-et-Rhône 14 N de 1 000 ch). C'est le mieux armé, avec deux canons de 20 mm (le Curtiss n'a que quatre ou six mitrailleuses légères), mais il est moins performant que le Dewoitine. Plus de 480 Bloch 152 (et plus de 140 Bloch 151) ont été incorporés dans l'armée de l'air.

Outre le chasseur américain Curtiss H-75, l'armée de l'air de 1940 est dotée de Bloch 152, version améliorée, plus puissante, du MB-151 représenté ici. Plus lourdement armé (deux canons d'aile de 20 mm), le Bloch 152 atteint des performances qui restent cependant inférieures à celles du Dewoitine 520. Des dérivés améliorés étaient en préparation. ▽

Le poids de la bataille repose sur le Morane-Saulnier MS-406, dont les livraisons ont débuté fin 1938. Plus d'un millier sont en service lors de l'attaque allemande. Motorisé par un Hispano-Suiza 12 Y 31 de 860 ch, il dispose presque du même armement que le D-520 (un canon, deux mitrailleuses). Nettement plus maniable que le Messerschmitt 109, il est malheureusement moins rapide et grimpe moins bien, mais les pilotes français en ont tiré le maximum. Les Allemands, après leur victoire, en affectent à la Turquie et à la Finlande.

△ *La cheville ouvrière de la chasse française de 1940 est le Morane-Saulnier MS-406 (ceci est un MS-405, mais les différences ne sont pas visibles de l'extérieur). Plus de 1 000 exemplaires ont ainsi été pris en compte avant mai 1940, et les pilotes français se sont courageusement battus à son bord, remportant nombre de succès.*

SUPERMARINE SPITFIRE

Symbolisant la victoire lors de la bataille d'Angleterre de 1940, le Spitfire est passé dans la légende, caractérisé par son aile elliptique, qui lui donne une silhouette unique.

Ce Spitfire Mk IX (matricule ML417), à ailes aux saumons « carrés » optimisés pour le combat aérien à basse altitude, appartient à The Fighter Collection, l'une des plus grandes collections d'avions anciens en Europe. La décoration est celle d'un appareil du Squadron 443 en juin 1944, avec les bandes du débarquement à l'intrados de l'aile et sous le fuselage. ▷

Quand Reginald J. Mitchell conçoit le futur chasseur de la Royal Air Force, répondant à des spécifications de l'Air Ministry à la fin des années 1930 (un chasseur avec huit mitrailleuses, un cockpit fermé et un train rétractable), il utilise le savoir-faire acquis en mettant au point des hydravions de course pour le trophée Schneider. Le dernier de la série, le S6B, a en effet remporté définitivement le trophée en 1931 avec 547 km/h. Hors les flotteurs, le dessin du nouveau chasseur s'éloigne peu de cette lignée de racers, avec son 12-cylindres en ligne refroidi par liquide, le Rolls-Royce Merlin C de 990 ch. Le projet se distingue par son hélice bipale, son train rentrant à voie étroite et surtout sa voilure à forme en plan elliptique, complexe à réaliser mais aérodynamiquement plus performante. Il est alors contemporain des Me-109 et des De-520, et d'appareils moins performants (Curtiss H-75 et MS-406).

Né en tant que Spitfire Mk IX à moteur Merlin 66, cet avion de collection a désormais reçu un Merlin 76. La puissance maximale continue atteint 1 375 ch à 13 000 pieds (4 300 m), avec une consommation horaire d'environ 600 litres. Cet appareil est historique, ayant servi au sein du Squadron 222 en 1943, dont il porte les couleurs. À son bord, un pilote a enregistré deux victoires sur des Focke-Wulf FW-190. ▽

En août 1940, Spitfire et Hurricane constituaient les escadrons de chasse de la Royal Air Force, chargés de contrer les attaques aériennes de la Luftwaffe préparant l'invasion de la Grande-Bretagne par l'Allemagne nazie. ▷

La bataille d'Angleterre

Le prototype vole le 5 mars 1936. Peu de temps après, il sera baptisé Spitfire. Sa mise au point se poursuit avec l'installation d'une roulette arrière à la place de la béquille, la pose des mitrailleuses Browning et de la radio. Après évaluation par le Royal Aircraft Establishment, des contrats sont signés en 1936-1937. Les premières livraisons interviennent en 1938.

Fin 1939, neuf groupes de chasse sont constitués, juste à temps pour la bataille d'Angleterre, qui débute le 12 août 1940. Le Spitfire I s'attaque avec succès aux Stuka, trop lents et vulnérables, aux Messerschmitt Bf-110 et surtout aux bombardiers Heinkel He-111. Il est plus rapide et plus maniable que son adversaire, le Me-109E, mais la portée de ses mitrailleuses est plus faible. Les améliorations vont se succéder : une verrière bombée Malcolm

HURRICANE, L'OUBLIÉ

Il est moins connu que le Spitfire, et pourtant il a supporté l'essentiel du poids de la bataille d'Angleterre. En août 1940, la RAF compte en effet 32 escadrons équipés de Hurricane, contre seulement 19 pour les Spitfire. Conçu par Sydney Camm en 1934, le Hurricane a également effectué son premier vol le 6 novembre 1935 avec un moteur Merlin C de 990 ch. Le premier chasseur monoplan de la RAF, et le premier à atteindre les 500 km/h en palier, est certes de conception moins sophistiquée que le Spitfire : l'arrière de son fuselage est simplement entoilé, ce sera également le cas de l'aile avant l'arrivée d'un revêtement métallique, en 1939. Bien que plus maniable, encaissant mieux les dommages sous le feu de l'ennemi, le Hurricane se révèle moins performant que le Messerschmitt 109E. Celui-ci se verra donc opposer le Spitfire, la RAF employant le Hurricane pour attaquer les bombardiers allemands visant les bases aériennes puis les grandes villes, se concentrant notamment sur Londres. Le Hurricane, construit au total à 14 233 exemplaires, aura ainsi eu sa part de gloire dans la bataille d'Angleterre, un tournant capital de la Seconde Guerre mondiale, avec le dernier bastion libre en Europe sauvé par la RAF…

◁ Avec des radiateurs placés en arrière des jambes du train principal, le Spitfire n'aime pas rester très longtemps au sol quand son Merlin a été mis en route, sous peine de voir la température d'huile atteindre son maximum autorisé. La verrière bombée vers le haut et les côtés assure une bonne visibilité au pilote, sans oublier le rétroviseur pour surveiller ses arrières.

△ Quelques rares Spitfire ont été transformés en biplaces à la fin de la guerre, voire après, pour assurer la formation de nouveaux pilotes. L'arrivée des premiers jets a marqué l'arrêt de ces modifications.

Ce Spitfire Mk II (la roulette arrière n'est pas rétractable sur ces premiers modèles de Spitfire) appartient au Battle of Britain Memorial Flight, une unité de la Royal Air Force maintenant en état de vol plusieurs Spitfire et Hurricane pour les présenter en meeting aérien. Réimmatriculé par la suite en SH-D, le UO-T est vu en patrouille avec le chasseur de la RAF des années 1990, le Tornado. Cinquante ans séparent ces deux appareils qui défendent l'espace aérien britannique… ▽

Hood pour augmenter la visibilité et surtout différentes voilures (aile A avec ses huit mitrailleuses Browning, aile B avec quatre mitrailleuses et deux canons de 20 mm, aile C dite universelle pouvant recevoir de chaque côté quatre mitrailleuses, deux canons, ou un canon et deux mitrailleuses).

Ainsi équipés, assistés par une chaîne de radars, les Spitfire aux mains de pilotes anglais et étrangers vont défendre le ciel d'Angleterre. Quelque 3 000 avions de la Luftwaffe seront abattus par 600 chasseurs, contraignant Hitler à renoncer à cette invasion.

À Göring, chef de la Luftwaffe, qui lui demande ses souhaits, l'As allemand Adolf Galland répond : « Une escadrille de Spitfire… » Bel hommage au chasseur britannique. C'est en pensant aux pilotes de la RAF que Winston Churchill énoncera plus tard que « jamais dans l'histoire des conflits humains une telle dette n'avait été contractée par autant d'hommes envers si peu ».

De 900 à 2 000 ch

La bataille d'Angleterre est gagnée, mais pas la guerre. La carrière du Spitfire va se poursuivre, sur tous les fronts. De multiples versions vont voir le jour, avec plus de puissance (du Merlin jusqu'au Griffon 65 à turbocompresseur de 2 050 ch lui permettant à la fin de la guerre d'abattre les bombes volantes V1), des modifications de la voilure (bouts pointus pour les versions de reconnaissance à haute altitude ou extrémités carrées pour les chasseurs à basse altitude), une version navalisée (le Seafire, encore en service en Corée). On comptera ainsi 22 variantes sans grande altération de la cellule de base et de la voilure. Du premier au dernier modèle, la masse augmentera de 40 %, la vitesse de 35 % et le taux de montée de 80 %, révélant l'évolution du combat aérien entre 1914 (maniabilité) et 1940 (vitesse maximale et taux de montée).

On dénombrera 20 334 Spitfire construits avant l'arrêt des chaînes de production en 1947, les derniers étant retirés de la RAF dix ans plus tard. Le Spitfire est l'un des rares chasseurs à avoir été produit avant, pendant et après le deuxième conflit mondial, un succès que ne verra pas Reginald Mitchell, emporté par un cancer dès 1937.

MESSERSCHMITT 109, L'AIGLE INFATIGABLE

De ses débuts pendant la guerre d'Espagne jusqu'à la chute du IIIe Reich, le Messerschmitt 109, l'avion le plus fabriqué de la Seconde Guerre mondiale, est resté le fer de lance de la chasse allemande.

Sans doute, le Messerschmitt 109 est l'avion allemand le plus célèbre de tous les temps. Il est aussi l'appareil le plus construit de la Seconde Guerre mondiale : les historiens estiment que quelque 35 000 Bf 109 ont été fabriqués !

Tout commence par un différend entre Willy Messerschmitt, directeur de la firme Bayerische Flugzeug Werke (d'où la dénomination Bf) et le RLM (ministère de l'Air), en 1933. Le second accuse le premier de ne concevoir des avions que pour l'exportation, le premier répliquant qu'il n'est jamais mis en concurrence sur un programme national. Conséquence, Messerschmitt reçoit un contrat pour un chasseur et le premier prototype (Bf 109 A) vole à la mi-septembre 1935, avant d'être révélé au monde entier lors des jeux Olympiques de Berlin, en 1936. Très inspiré du Bf 108 Taifun quadriplace, le monoplace est mû par un moteur anglais Rolls-Royce Kestrel de 695 ch. Dix avions de développement sont commandés, et une petite série de Bf 109 B (moteur Jumo 210) est livrée à la Luftwaffe au printemps 1937. Lors d'une confrontation internationale, à Zurich, du 23 juillet au 1er août 1937, le 109 rafle toutes les épreuves de vitesse.

Une bête de guerre

Quarante Bf 109 B conquièrent la supériorité aérienne en Espagne, et des As comme Werner Mölders en profitent pour mettre au point de nouvelles tactiques. La première version majeure est celle du Bf 109 E (Emil), fournie fin 1938, avec un moteur V12 inversé Daimler-Benz DB 601 A de 1 100 ch, un canon de 20 mm dans le moyeu de l'hélice et deux mitrailleuses d'aile. Quand l'Allemagne entre en guerre, plus d'un millier de Bf 109 équipent ses escadres de chasse. À l'ex-

△ Cette photo récente d'un vol en patrouille de deux avions préservés en Allemagne montre bien la similitude de conception qui existe entre le Messerschmitt Bf 108 Taifun, quadriplace de tourisme et de liaison rapide à moteur Argus de 240 ch, et le Messerschmitt Bf 109, ici du type G-6, opérationnel de 1942 à 1945 sur tous les fronts.

△ L'As Werner Mölders devant son Bf 109 E. Contrairement aux Alliés, qui avaient institué le concept de « tour d'opérations », le pilote étant retiré du front après un certain nombre de missions, les pilotes allemands étaient constamment opérationnels. Certains ont débuté la guerre en Espagne en 1936 et l'ont finie en 1945 avec des palmarès impressionnants.

△ Alignement de Bf 109 F. Cette variante était plus puissante et plus aérodynamique que le E, et vola en 1941. Le Bf 109 est un petit avion : envergure 9,90 m, longueur 9 m. Le Messerschmitt, toutes versions confondues, avait une excellente vitesse ascensionnelle, paramètre important pour un chasseur.

Le poste de pilotage du Bf 109 G-2 préservé en Grande-Bretagne. Le G-2 était une version non pressurisée. Le cockpit du Messerschmitt 109 était fort exigu, et la verrière blindée était très lourde, ce qui n'allait pas sans poser des problèmes pour un pilote voulant sauter en parachute après que son avion avait été touché… ▷

Ce Messerschmitt Bf 109 G-2 fut capturé presque intact en Afrique du Nord par les Anglais, qui procédèrent à de longs essais d'évaluation. Il fut minutieusement restauré par une équipe de militaires de la Royal Air Force, qui l'a remis en état de vol avec presque tous ses équipements d'origine. Accidenté dernièrement, il va être réparé. ▷

Le Messerschmitt 109 a fait la guerre sur tous les fronts, à l'Ouest contre la France et l'Angleterre, au sud de la Méditerranée, pour soutenir les troupes de l'Afrika Korps de Rommel, et à l'Est contre l'Union soviétique. Sa production industrielle massive n'a cessé qu'avec la reddition de l'Allemagne au début de mai 1945, au bout de 35 000 exemplaires ! ▽

◁ *Un survivant : ce Messerschmitt Bf 109 G-10, entraîné par un moteur DB 605 D de près de 2 000 ch, a été patiemment reconstitué par un collectionneur allemand. Son maintien en état de vol est confié à une association anglaise. Ce type de Bf 109 était en service à l'extrême fin de la guerre et représente l'aboutissement de la série.*

ception du Dewoitine 520 français et du Spitfire anglais, qui le valent (le 109 vire moins bien, mais grimpe mieux que son homologue), l'engin surclasse ses adversaires. Néanmoins, la bataille d'Angleterre révèle un point faible : son rayon d'action limité, qui ne lui laisse que quelques minutes de combat au-dessus des îles Britanniques. Un support permettra d'emporter un réservoir supplémentaire largable, ou une bombe de 250 kg, transformant l'Emil en chasseur-bombardier.

Friedrich (le Bf 109 F) prend la relève dans les usines dès l'été 1940, et dans les unités un an plus tard. Petits changements : bouts d'ailes arrondis, cône d'hélice plus volumineux, capot du moteur DB-601 N plus profilé. Il sert sur tous les fronts, à l'Ouest face aux nouveaux Spitfire V, qu'il domine, en Afrique du Nord et en Russie. Extrapolé du 109 F, le 109 H, spécialisé dans les missions à haute altitude, est armé d'un canon de 30 mm et de deux mitrailleuses légères.

Puis on passe du moteur DB 601 au moteur DB 605 pour le Bf 109 G (Gustav). À partir du G-6 (1 475 ch, vitesse maximale 625 km/h), les deux mitrailleuses légères synchronisées (7,7 mm) placées sur le moteur sont remplacées par des armes de plus fort calibre (13,2 mm), ce qui occasionne deux bosses disgracieuses sur le capot. Parfois, le canon de 20 mm est remplacé par un 30 mm, d'où une puissance de feu largement accrue. Les premiers G sont opérationnels à l'été 1942 (G-1 et G-2), et les dernières évolutions (G-10 et G-14) le sont encore au 8 mai 1945. Le K entre en scène à la fin de 1944, à partir d'une cellule de G-10 retravaillée. Les deux emploient des moteurs de 1 800 ch. Le K-4 dépasse les 725 km/h en palier !

Le Messerschmitt 109 a également été fabriqué par Hispano Aviación, en Espagne (Ha-1112), et par Avia, en Tchécoslovaquie. L'histoire n'étant qu'un recommencement, des Avia S-199 se battent contre des Spitfire en 1948 lors de la guerre d'indépendance d'Israël…

FOCKE-WULF 190, L'AUTRE CHASSEUR ALLEMAND

Élaboré par l'ingénieur Kurt Tank, le Focke-Wulf 190 décolle le 1er juin 1939. Contrairement au 109, qui sera toujours équipé d'un moteur à cylindres en ligne, le 190 est mû par un moteur en étoile BMW 801 de 1 700 ch, tout au moins pour ses versions majeures A (chasse), F et G (assaut). Ces machines sont dotées d'un armement lourd : quatre canons de 20 mm et deux mitrailleuses légères (7,7 mm) puis lourdes (13,2 mm). En version chasseur-bombardier, le FW 190 transporte une bombe dont le poids peut atteindre 500 kg, tandis que les versions d'attaque au sol ont des assortiments de bombes et de roquettes.

Le FW 190 A-8 file à 650 km/h à 5 500 m. Autre modèle répandu, le FW 190 D (à partir de fin 1944), cette fois doté d'un moteur en ligne Junkers Jumo 213 A-1 de 1 775 ch avec injection de mélange eau-méthanol pour donner 2 240 ch pendant de courtes périodes. Son armement est de deux canons et deux mitrailleuses lourdes. Il est très rapide (685 km/h) et maniable, et mène la vie dure aux avions alliés.

◁ *Le Focke-Wulf 190 est venu épauler le Messerschmitt 109 en grand nombre à partir de 1942, date à laquelle sa cadence de production atteint les 250 exemplaires par mois.*

LES YAK ATTAQUENT

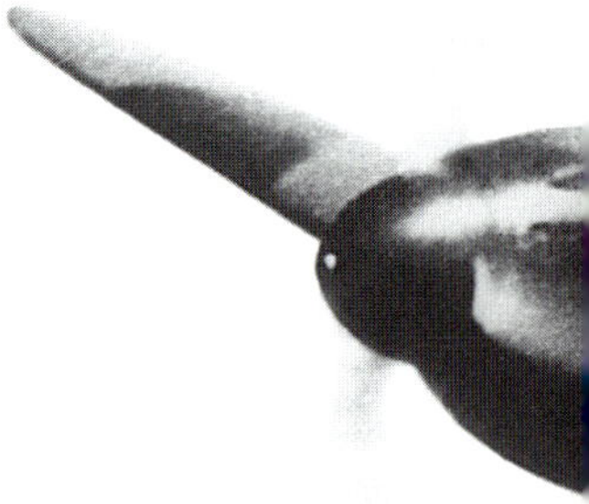

Pendant la Seconde Guerre mondiale, les Yak seront les chasseurs soviétiques les plus nombreux ; ils existent en plusieurs versions et feront jeu égal avec les appareils allemands.

△ *Le second prototype I-26, au cours d'essais de réception, en juin 1940. Le I-26 est le précurseur de la longue lignée des Yak (abréviation de Yakovlev, dont la firme existe encore aujourd'hui). Les concepteurs de cet appareil rencontrèrent beaucoup de difficultés, particulièrement à cause du retard pris dans le développement des moteurs Klimov.*

Né à Moscou en 1906 et diplômé en 1931, Alexandre Yakovlev commence par se faire une excellente réputation de concepteur avec une lignée d'avions légers. Son premier avion militaire, au milieu des années 1930, est un bimoteur polyvalent, qui lui vaudra de devenir officieusement le conseiller de Staline pour l'aviation en 1939. Cela ne l'empêche pas de travailler sur un projet de chasseur, le I-26, celui dont descendent tous les Yak monoplaces. Il est de structure mixte, bois et métal, et propulsé par un moteur V12 Klimov M-105 de 1 100 ch, qui se trouve être un dérivé de l'Hispano-Suiza 12 Y 45 français, et vole le 13 janvier 1940. Ainsi la série du Yak-1 est-elle lancée dès septembre 1940, et ne s'arrêtera qu'en juillet 1944, après que de constantes améliorations auront été apportées et plus de 8 700 exemplaires fabriqués.

△ *Ce Yak-1 en opération hivernale est équipé d'un train d'atterrissage fixe où les roues, autrement rétractables (on aperçoit leur logement sous la voilure), sont remplacées par des skis. Autre particularité intéressante, l'avion est équipé de lance-roquettes, à raison de trois sous chaque aile. Ces projectiles avaient une précision médiocre, mais un effet psychologique important.*

△ *L'un des premiers Yak-1 fabriqués à l'usine n° 301 à l'automne 1940. Alors que les MiG-1 et MiG-3 connaissent de nombreux problèmes de mise au point, le Yak-1 est le chasseur soviétique le plus prometteur. Sa silhouette, d'ailleurs, ne changera guère tout au long du conflit, qu'il s'agisse des Yak-1, 7, 9 ou 3, puisqu'ils sont apparus dans cet ordre.*

Des Français en Russie

L'influence du général de Gaulle, chef de la France libre, permet l'envoi d'un groupe de pilotes de chasse sur le front russe, pour combattre avec l'allié soviétique. Le groupe Normandie, qui atteindra l'importance d'un régiment dans l'aviation russe, sera célèbre sous le nom de Normandie-Niemen.

Yakovlev étudie un biplace d'entraînement avancé extrapolé du I-26, le Yak-7. Pour des raisons de standardisation, le même avion sort également en monoplace de reconnaissance ou chasseur à long rayon d'action, avec appareil photo ou réservoir à la place du siège arrière. Certains appareils sont dotés d'un armement plus lourd, dont un canon de 37 mm dans l'axe de l'hélice.

Issu du Yak-7, le Yak-9 est l'avion de chasse le plus fabriqué d'URSS (près de 17 000 sont sortis d'usine jusqu'en 1948). La structure d'aile plus légère a permis de loger plus de réservoirs et a réduit la masse à vide. Maniable, le Yak-9, qui débute en unités fin 1942, est un ennemi farouche des Bf 109 et FW 190. Le canon

En cours de carrière industrielle, les vitrages du poste de pilotage du Yak-1 ont été modifiés pour améliorer la visibilité du pilote. Ainsi l'habitacle fut-il coiffé d'une verrière à vision totale, obligeant à abaisser la partie caudale du fuselage. Cette configuration s'est retrouvée par la suite sur tous les chasseurs conçus par le bureau d'études Yakovlev. ▷

△ *Le Yak-3 est le dernier et le plus petit des chasseurs Yakovlev – on le voit bien si l'on compare les dimensions de l'avion à la tête du pilote (envergure 9,20 m, longueur 8,50 m). C'est presque un avion de sport, très doué pour la voltige, avec un moteur de 1 300 ch. Les Français du régiment Normandie-Niemen firent merveille avec le Yak-3.*

△ *Apparu fin 1944, le Yak-9 U est certainement le plus réussi des Yak-9. À l'instar de celle de ses prédécesseurs, sa voilure est de structure mixte : longerons métalliques mais nervures et revêtement en bois ; le fuselage est en tubes d'acier avec recouvrement en contreplaqué ou en toile. Son moteur Klimov M-107 A de 1 650 ch a une cylindrée de 35 litres…*

de 37 mm du Yak-9 T fait des ravages, en l'air comme au sol. Le 9 U arrive en ligne à la fin de 1944, mais reste handicapé par un manque de fiabilité de son moteur. Il fait cependant jeu égal avec les derniers Messerschmitt 109 G-10 et K-4, et Focke-Wulf 190 D-9. Le Yak-9 P est livré aux pays satellites de l'Union soviétique après la fin de la « Grande Guerre patriotique ».

Le dernier, le plus petit de la saga, et le plus célèbre aussi, le Yak-3, arrive au cours de l'été 1944. Développé à partir du Yak-1 M, ce chasseur (un moteur M-105 PF de 1 300 ch), destiné à se battre à basse altitude, est voulu léger (la voilure, d'une seule pièce, est en bois), de dimensions réduites et très manœuvrant. Les pilotes ne tarissent pas d'éloges sur les performances de ce gros jouet (vitesse maximale 650 km/h, un canon de 20 mm et deux mitrailleuses de 12,7 mm). Les statistiques des Français du régiment Normandie-Niemen le confirment : en dix-sept mois de combat sur Yak-1 et Yak-9, ils sont crédités de la destruction de 89 avions allemands en perdant 38 des leurs. Sur le petit Yak-3, ce palmarès s'élève à 184 victoires pour seulement 29 pertes. Ces machines seront employées par l'armée de l'air jusque fin 1947…

LES CHASSEURS SOVIÉTIQUES

Conçus par le tandem Mikoyan et Gouryevitch, les MiG-1 et MiG-3 (moteurs Mikouline de 1 350 ch) ne sont pas exempts de défauts (centrage, stabilité…) et sont des intercepteurs prévus pour se battre à haute altitude. Mais les combats lors de l'attaque allemande de 1941 se passent plutôt à basse altitude, où ces MiG sont surclassés par les Bf 109. Ils disparaissent vite, au profit des Yak et des LaGG, qui constituent l'équipement standard de la V-VS, la force aérienne de l'armée Rouge. Le bureau d'études, composé de Lavotchkine, Gorbounov et Goudkov, fait voler le LaGG-1 le 30 mars 1940, mais l'avion a un comportement dangereux.

▽ *Le MiG-3 est le chasseur russe le plus moderne en dotation lors de l'attaque allemande de septembre 1941. Adapté à des missions d'interception à haute altitude, il est inférieur au Messerschmitt 109 E, d'autant qu'il est handicapé par de nombreux défauts, qui exigent de l'habileté de la part des pilotes… L'arrivée des Yak-1 et suivants abrégera sa carrière.*

Le LaGG-3 est le premier à entrer en production, en 1941, avec un moteur Klimov M-105 PF de 1 260 ch. Sa vitesse maximale est de 570 km/h. Le La-5 est une évolution du LaGG-3 avec un gros moteur Shvestsov M-82 de 14 cylindres en double étoile développant 1 700 ch, puis 1 850 ch.
Plus de 9 900 La-5 sont construits jusqu'à la fin de 1944, époque où le La-7 prend la relève. Le moteur est identique, mais des modifications concernant la voilure et l'armement sont apportées (deux canons de 20 mm sur le La-5, deux ou trois sur le La-7).
Le La-7 file à 680 km/h à 5 000 m. Son successeur, le La-9, ne volera qu'une fois la paix revenue.

▽ *Le Lavotchkine La-7 était un avion réussi et fiable. Entraîné par un gros moteur de 1 800 ch en étoile, il filait à 680 km/h. Construit à plus de 5 700 exemplaires de 1943 à 1946, il servit à de nombreuses évolutions expérimentales, notamment avec des moteurs-fusées, pendant et après la Seconde Guerre mondiale.*

MITSUBISHI A6M ZERO

Le plus célèbre chasseur nippon de la Seconde Guerre mondiale a pour qualités sa légèreté et sa maniabilité, mais cela en contrepartie d'une protection insuffisante pour la cellule et le pilote…

▷ Le Zero-Sen (chasseur type 0) constitue pour l'époque une nouvelle approche de l'aviation embarquée, car c'est certainement le premier chasseur embarqué pouvant rester compétitif face aux modèles terrestres lorsque débute sa carrière, en 1940-1941. Comme pour beaucoup de chasseurs de l'époque, la puissance de son moteur va plus que doubler en quelques années.

Corsair.

△ ▷ Appareil le plus produit de tous les chasseurs japonais de la Seconde Guerre mondiale, le Zero n'a pu rester compétitif face aux chasseurs américains. Ceux-ci, mieux armés, plus protégés, reprendront la suprématie dès la mi-1943, notamment avec le Vought Corsair et le Grumman Wildcat. Le Zero, malgré une constante augmentation de la puissance de son moteur et de son armement, ne parviendra pas à rattraper son retard.

Wildcat.

Suite à un cahier des charges de la Marine impériale pour un chasseur embarqué, Jiro Hikoshi conçoit le Zero en 1937. Avec son aile basse et son fuselage entièrement métallique, le prototype, équipé d'un moteur en étoile Mitsubishi MK2 Zuisei 13 de 780 ch, vole le 1er avril 1939. Le constructeur lance une première série au début de 1940 : le A6M2 modèle 11, avec un moteur Nakajima NK1C Sakae 12 de 940 ch. L'état-major le choisit à la fin de juillet 1940, à la suite d'une évaluation menée en Chine avec quinze appareils.

La Chine a reçu le soutien des Tigres volants, l'escadrille du général Chennault, composée de mercenaires américains volant sur Curtiss P-40. Claire Lee Chennault, impressionné par les performances du chasseur japonais, alerte l'USAAF, mais sans succès… L'Amérique se réveillera, durement, un 7 décembre 1941 au matin. Ce jour-là, les bombes japonaises tombent sur sa flotte du Pacifique, à Pearl Harbor. Quelques heures plus tôt, les appareils ont quitté le pont d'envol des porte-avions. Des bombardiers Aichi Val, des avions-torpilleurs Najakima Kate, et pour protection des Zero. Résultat : dix-huit navires seront coulés. Heureusement, les porte-avions américains, qui représentaient la cible privilégiée de l'attaque, n'étaient pas présents.

Le Mitsubishi A6M type 0, modèle 11, devient pour les Alliés le Zero. Avec les modèles 11 puis 21, dont les extrémités d'ailes sont repliables pour faciliter le rangement sur le pont, près de 400 Zero sont déjà en unités. Avec l'entrée en guerre, les usines tournent à forte cadence ; le constructeur Nakajima, en concurrence, se voit confier une partie de la production. Les modèles se succèdent. Avec le A6M3 modèle 32, apparu en 1941, pourvu d'un moteur suralimenté Sakae 21 de 1 200 ch, la cellule évolue : les saumons de voilure, arrondis, ne sont plus repliables, l'aile a moins d'envergure, ce qui se

Lors de l'attaque de Pearl Harbor, en décembre 1941, les Zero assureront la suprématie de l'espace aérien, protégeant les bombardiers en piqué et les avions-torpilleurs, comme ce Nakakima, dont plusieurs répliques volent aux États-Unis pour les besoins du cinéma. ▷

traduit par une vitesse ascensionnelle moins forte mais par un meilleur rayon de virage en combat aérien. En 1942, les extrémités des ailes seront à nouveau repliables, et des réservoirs adjoints dans les ailes augmenteront l'autonomie de l'appareil.

Lors des différentes batailles dans le Pacifique, l'état-major américain comprend la menace que représente cet agile chasseur. Le Wildcat n'est pas à la hauteur et ses pilotes reçoivent la consigne de ne pas engager le Zero en combat tournoyant. Il faudra attendre 1943 pour que le Hellcat reprenne la supériorité. Le bureau d'études cherche constamment à améliorer les performances et l'armement du Zero. La version A6M5 sera la plus construite, avec 747 appareils. L'avion atteint les 560 km/h à 6 000 m d'altitude, et son évolution continue : ailes renforcées, armement accru avec un canon et des mitrailleuses de 12,7 mm, et surtout un blindage protecteur pour le pilote et des extincteurs automatiques. Le modèle 52C, à moteur Kinsei 62, reçoit deux canons de 20 mm et trois mitrailleuses. Nous sommes en 1944, et il est déjà trop tard...

Cette même année, les forces américaines ont pu récupérer plusieurs épaves et reconstituer un appareil, évalué aux États-Unis. Les experts peuvent ainsi confirmer les qualités de l'appareil (sa maniabilité) et ses défauts : sa fragilité (le revêtement résiste mal aux grandes vitesses), et la faible protection du pilote. Ils notent avec amusement que le Sakae de 950 ch n'est qu'une copie d'un Pratt & Whitney.

Mitsubishi n'en poursuit pas moins sa production avec le A6M6c moteur Sake 31, à injection de méthanol pour accroître la puissance, des réservoirs enfin à l'épreuve des balles, et des roquettes sous les ailes. L'arrivée tardive de ce moteur, fin 1944, ne permet pas au Zero de reconquérir la suprématie face aux chasseurs à l'étoile blanche. Le A6M7 modèle 63, prévu pour recevoir une bombe de 250 kg sous le ventre et deux de 60 kg sous chaque aile, ne peut être produit en grande quantité, les bombardiers menant des attaques incessantes, de jour comme de nuit. Le dernier modèle, l'A6M8c de 1 500 ch, reçoit quatre canons d'aile. Il effectue son premier vol en avril 1945. Le constructeur a pour projet d'en produire 6 300 unités durant l'année 1946... La fin du conflit le lui interdira.

◁ *Ces sont les pilotes-mercenaires américains combattant les Japonais pour le compte de la Chine, les fameux Tigres volants du général Chennault, qui rencontreront pour la première fois les Zero en combat. Ils s'apercevront vite que le nouveau chasseur japonais est plus performant que leurs Curtiss P-40E. Malgré les avertissements de Claire Lee Chennault dès 1940, l'état-major américain ne prendra pas en considération cette nouvelle menace, jusqu'aux combats aériens dans le Pacifique en 1942...*

△ *Il n'y a que trois Mitsubishi en état de vol dans le monde. Le plus connu est celui de la Confederate Air Force, une association de collectionneurs texans qui, chaque année, présentent en vol cet appareil lors de leur meeting, l'un des plus importants au monde concernant les avions de la Seconde Guerre mondiale.*

LE PHÉNOMÈNE DES KAMIKAZES

Devant l'inéluctable défaite, en octobre 1944, des pilotes japonais sont volontaires pour mener des missions-suicide, constituant un premier groupe de 80 pilotes. Cette unité est équipée de Zero, avec une bombe de 250 kg sous le ventre de l'appareil. Les objectifs des kamikazes (littéralement vent divin) sont les porte-avions croisant au large des Philippines. La première attaque réussie intervient le 25 octobre 1944, coulant un escorteur. Si un appareil à moteur-fusée, l'Okha, est spécialement conçu pour cette unique mission spécifique en étant largué d'un bimoteur Betty, bon nombre d'avions connaîtront cette fin, y compris des centaines de Zero. Une version « kamikaze » du chasseur sera même produite début 1945. Les dernières missions-suicide seront menées le 15 août 1945.

▽ *Si des Zero, entre autres, seront transformés à la fin de la guerre en avions-suicide, le Japon développera spécialement à cet unique usage un appareil à moteur-fusée, devant être largué d'un bombardier. Cet Okha figure dans les collections du NASM à Washington.*

MUSTANG

Le Mustang reste certainement le plus réussi de tous les chasseurs à hélice de la dernière guerre mondiale.

Le plus célèbre de tous les chasseurs de la Seconde Guerre mondiale n'aurait pas dû voir le jour… En avril 1940, la commission d'achat britannique demande à la petite société californienne North American Aviation (NAA), déjà connue pour son avion d'entraînement AT-6, de produire sous licence le Curtiss P-40 – cela afin d'équiper la Royal Air Force et de compléter l'effort de guerre anglais. Le patron de la NAA, M. Kindelberger, préfère alors sortir des cartons un projet de chasseur utilisant le même moteur, l'Allison V-1710 de 1 150 ch. Il promet un avion plus performant. Un contrat est signé : si les résultats sont supérieurs, la RAF commandera 320 machines, mais le prototype doit être présenté dans cent vingt jours. La société NAA va travailler jour et nuit et, cent dix-sept jours plus tard, le prototype est prêt.

Le nec plus ultra du chasseur

Le prototype, baptisé NA-73X, est le fruit d'une équipe d'ingénieurs dirigés par Raymond Rice et Edgar Schmued. Ils ont condensé tout le savoir technique de l'époque : calcul et construction de structures métalliques légères, aérodynamique avec un profil d'aile dit laminaire, diminuant fortement la traînée (études de la Naca), cellule fine avec une entrée d'air de radiateur en position ventrale, etc. Le 26 octobre 1940, le premier vol est effectué et l'appareil dépasse les 520 km/h à 3 000 m. Après sa mise au point rapide, l'avion entre en production et arrive en Angleterre en 1941. Les pilotes le surnomment Mustang I. Avec ses performances (grande vitesse, bon taux de montée), sa maniabilité et son armement, il fait l'unanimité. L'US-Army ayant évalué deux appareils sous la désignation de XP-51, le NA-73 devient NA-51, puis P-51A.

Sous différentes versions, l'appareil va servir à la RAF pour des missions de pénétration à basse altitude. En octobre 1942, le Mustang est ainsi le premier chasseur à survoler l'Allemagne lors d'un raid de bombardiers. Les commandes se multiplient

Le Mustang est le warbird (chasseur des années 1940 conservé en état de vol par des collectionneurs) le plus répandu dans le monde, avec des sociétés proposant des reconstructions à partir d'épaves. △

◁ △ *Les P-51A, B et C ont un cockpit intégré à la silhouette du fuselage qui offre au pilote une visibilité réduite vers l'arrière, d'où peut provenir l'ennemi, désavantage qui sera corrigé sur le P-51D avec la verrière bulle.*

LES AUTRES CHASSEURS AMÉRICAINS

Si le Mustang est le plus célèbre, on ne peut passer sous silence les P-47 Thunderbolt et P-38 Lightning. Le premier est un monomoteur construit par la société Republic. C'est l'anti-Mustang, avec une cellule imposante et plus lourde, un moteur en étoile Pratt & Whitney de 2 300 ch. Dans sa version la plus répandue, le P-47D à verrière bulle, le Thunderbolt servira de chasseur dès 1943 mais également de chasseur-bombardier, notamment en Europe, attaquant les trains et les convois militaires allemands lors de la déroute. Après la guerre, on le trouvera dans de nombreuses armées de l'air, jusque dans les années 1960.

Le Lockheed P-38 Lightning, bien que monoplace, se distingue par son architecture à double fuselage. Équipé de deux moteurs Allison de 1 400 puis de 1 600 ch, commandé au départ par la RAF, puis produit en série à partir de 1941, cet appareil à long rayon d'action sera, entre autres, l'avion de l'As américain Richard Bong (40 victoires) et l'appareil utilisé pour abattre l'avion de l'amiral Yamamoto (le cerveau de l'attaque de Pearl Harbor). C'est aussi à bord de la version de reconnaissance du P-38 qu'Antoine de Saint-Exupéry disparaîtra le 31 juillet 1944 dans des circonstances encore non élucidées.

△ Avec parfois une aile plus courte que l'autre, une minibulle en guise de cockpit, un moteur surgonflé, des Mustang participent aux courses de Reno, dans le Nevada, chaque mois de septembre.

◁ Rare P-51A en état de vol de nos jours. Le modèle A se distingue par l'entrée d'air du carburateur située sur le dessus du capot de moteur.

◁ Le P-47D Thunderbolt, ou Tbolt, est le plus gros chasseur monomoteur américain de la Seconde Guerre mondiale. Il utilise un moteur en étoile, et non en ligne, comme le Mustang.

△ Le P-51D a reçu un raccord aérodynamique entre fuselage et dérive qui a augmenté la surface latérale par suite d'une réduction de la section du fuselage, afin de ne pas diminuer la stabilité de route.

Architecture bipoutre pour le P-38 Lightning, avec l'armement dans le nez du cockpit. ▽

(près de 1 600 Mustang I, IA et II) pour la RAF, mais également pour l'Army Air Force. Seule critique, les limitations de l'appareil à haute altitude, dues à son moteur. Les pilotes de la RAF, habitués au moteur Merlin des Spitfire, imaginent le mariage Mustang-Merlin. Leur vœu est exaucé fin 1942 avec les P-51B et C, qui reçoivent le Rolls-Royce Merlin V-1650 de 1 450 ch, construit sous licence aux États-Unis par Packard. Ainsi, le Mustang atteint sa maturité avec un accroissement de toutes ses performances (en palier, en montée, plafond accru, autonomie supérieure). Grâce à lui, les Alliés vont détenir la supériorité aérienne sur les différents fronts.

Le wardbird le plus prisé

La version la plus réputée du Mustang sera le P-51D, produit à partir de 1944 et reconnaissable à sa verrière bulle, qui permet une surveillance du ciel sur 360°. Plus de 8 000 modèles seront produits et accompagneront les bombardiers dans le Pacifique et sur le front européen, étant supérieurs en performances aux opposants japonais et allemands. Le P-51D ne sera réellement concurrencé qu'à la fin de la guerre par de nouveaux chasseurs surmotorisés (1 800 à 2 400 ch) et par les premiers jets opérationnels. D'autres versions seront extrapolées par la suite, les P-51F, G et J – sans oublier un « double » Mustang, le P-82 Twin Mustang –, deux fuselages de P-51D accouplés sur une voilure accrue avec un pilote dans chaque cellule... Ils arriveront cependant trop tard pour participer aux combats. Malgré tout, le P-51 reprendra du service durant la guerre de Corée.

Aujourd'hui, le Mustang est encore très prisé des collectionneurs, avec plus de 100 appareils en état de vol dans le monde. Certains participent chaque année aux courses de Reno, dans le Nevada, pour lesquelles ils subissent de grandes modifications des cellules et sont équipés de moteurs surgonflés, afin de s'affronter autour de pylônes. D'autres ont relevé progressivement le record du monde de vitesse pour avion à piston avec plus de 830 km/h.

LES CHATS DE GRUMMAN

Tout au long de la guerre du Pacifique, les Américains vont jouer au chat et à la souris avec les Zero japonais. D'abord dominés, les chasseurs embarqués de Grumman vont reprendre le dessus.

△ Le Grumman Wildcat (chat sauvage) n'était pas un modèle d'esthétique, avec un fuselage plutôt volumineux. C'est sur ce chasseur embarqué qu'a reposé le poids des attaques japonaises jusqu'à l'arrivée en nombre de son successeur de la même firme, le Hellcat. Le F4F mesurait 11,60 m d'envergure, 8,85 m de long, et pesait près de 4 tonnes en charge.

Dans les années 1930, la firme américaine Grumman fournit à la marine une lignée de chasseurs biplans. Leur apparence massive est conservée avec le XF4F-2, premier monoplan qui vole le 2 septembre 1937. Son concurrent, Brewster Buffalo, lui sera cependant préféré.

Wildcat, le parfum de la défaite

L'avion est alors soumis à une refonte : moteur plus puissant (Pratt & Whitney en étoile de 1 200 ch à compresseur), envergure augmentée, empennages redessinés. Cette fois, l'US Navy passe commande de F4F-3 et surtout de F4F-5. Le Wildcat est le chasseur standard de la marine américaine lors de l'attaque japonaise, et il participe aux batailles aéronavales de 1942 (mer de Corail en mai, et Midway en juin). S'il est solide et fonctionnel, il se révèle bien inférieur aux Zero nippons, et les pilotes américains payent un lourd tribut.

Avant Pearl Harbor, Grumman a proposé son F4F à l'exportation. Le premier client est la Marine nationale française, qui en commande 91. Aucun n'a le temps d'être livré, aussi passent-ils en Grande-Bretagne, qui les affecte, sous le nom de Martlet, aux formations de la Fleet Air Arm (l'aviation embarquée). Ce pays reçoit également les exemplaires initialement destinés à la Grèce. Les Anglais utilisent le Martlet, sur leurs porte-avions, sur toutes les mers. Des Wildcat alliés participent à l'opération Torch, le débarquement en Afrique du Nord, le 8 novembre 1942.

Le Wildcat est également assemblé par General Motors (le F4F-4 s'appelle alors FM-1), et le FM-2 est le plus construit (4 777 exemplaires, dont 370 sont affectés à la Grande-Bretagne), avec un moteur Wright Cyclone de 1 350 ch, qui lui donne une vitesse maximale de 513 km/h.

Des chats plus agressifs

Tirant les enseignements du Wildcat, Grumman étudie le Hellcat, dont la

Patrouille de deux Hellcat en vol au-dessus du Pacifique. Les avions sont équipés de réservoirs supplémentaires largables sous le ventre. L'une des caractéristiques du F6F était son grand rayon d'action, 1 700 km de distance franchissable sans réservoir supplémentaire. Le Hellcat pouvait intervenir loin de ses bases ou des porte-avions. ▷

◁ La General Motors a également assemblé des milliers de Wildcat sous l'appellation FM-1 et FM-2. Cette dernière variante, vue ici (premier vol le 8 novembre 1942), était entraînée par un moteur Wright R-1820-56 Cyclone développant 1 350 ch. Le Wildcat servit sur les porte-avions de la Fleet Air Arm britannique sous le nom de Martlet.

La silhouette du F6F Hellcat (chat de l'enfer) n'était pas sans avoir quelque ressemblance avec celle de son prédécesseur. Le F6F était toutefois plus imposant (envergure 13,05 m, longueur 10,16 m, masse en ordre de vol de 5,5 tonnes), et son moteur Pratt & Whitney R-2800 Double Wasp nettement plus puissant, de 2 200 ch en surpuissance. ▽

Dans la droite ligne du Hellcat, Grumman développa le F7F Tigercat (chat-tigre), qui pouvait atteindre 700 km/h en palier avec le double de la puissance du F6F. Il arriva trop tard pour participer aux opérations de la Seconde Guerre mondiale, mais vola pendant la guerre de Corée. Envergure : 15,70 m, longueur : 13,85 m, poids en charge : 11,6 tonnes.

variante F6F-3 vole le 3 octobre 1942, tirée par un énorme Pratt & Whitney R-2 800 Double Wasp de 2 000 ch. Un dispositif d'injection d'eau peut porter la puissance à 2 200 ch. L'avion est puissant, bien armé (six mitrailleuses de 12,7 mm), manœuvrant, et renverse la tendance de manière spectaculaire, se révélant supérieur aux appareils japonais. Les chasseurs-bombardiers embarqués américains conquièrent sans coup férir la maîtrise du ciel : ainsi, en juin 1944, un épisode de la guerre est-il surnommé « le tir aux pigeons des Mariannes », en raison des vagues d'avions japonais décimées par les Hellcat et les Corsair.

Fort du succès du Hellcat, Grumman fait plus fort encore avec le Tigercat. Ce chasseur est lourd, monoplace, bimoteur, et dispose du double de la puissance de son aîné (2 x 2 100 ch), qui le pousse à une vitesse maximale de 700 km/h. Commandé en série avant son premier vol, le F7F ne connaît pour ainsi dire pas les opérations de guerre. Sa carrière se poursuit après la cessation des hostilités, notamment comme chasseur de nuit biplace, et en opérations, pendant la guerre de Corée.

Enfin, le F8F Bearcat, petit chasseur compact mû par le même moteur de 2 100 ch (qui développe jusqu'à 2 700 ch en urgence), décolle le 31 août 1944, mais n'a pas le temps d'être opérationnel avant la fin de la Seconde Guerre mondiale. C'est sous les cocardes de l'armée de l'air française qu'il fait le coup de feu en Indochine. Sa vitesse ascensionnelle est si époustouflante qu'il faudra plusieurs années aux avions à réaction pour atteindre les mêmes performances...

LE CORSAIR DU PACIFIQUE

C'est à la demande de la Marine, qui voulait un chasseur le plus petit possible mû par le moteur le plus gros possible, que le Vought F4U Corsair vola, le 29 mai 1940. Le grand diamètre de l'hélice a imposé la forme en mouette de la voilure : sinon, les jambes du train d'atterrissage auraient dû être très longues ! Avec 1 850 ch, le Corsair est le premier avion américain à dépasser 650 km/h en vol horizontal. Il est commandé par le corps des Marines, puis par l'US Navy, et la production ne stoppera que fin janvier 1953, après que 12 571 Corsair de tous types seront sortis des usines de plusieurs constructeurs. La dernière série, d'après-guerre, est d'ailleurs conçue spécifiquement pour l'Aéronavale française et participe à la campagne de Suez en 1956. Chasseur, chasseur de nuit, chasseur-bombardier (possibilité d'emporter deux bombes de 500 kg sous le fuselage, bombes légères ou roquettes sous les ailes repliables), le Corsair, versatile et polyvalent, a dominé la guerre du Pacifique, servant aussi sous les cocardes britanniques. Sa popularité s'est pérennisée grâce à la série télévisée *les Têtes brûlées*, centrée sur la vie de l'As du Marine Corps Gregory Boyington.

Les « Têtes brûlées » en action ! Plus exactement, c'est un vol de groupe de trois Vought F4U-1 Corsair, une vue prise au début de la carrière de l'avion, en 1942.

Le F8F Bearcat (chat-ours) était un monstre : un moteur énorme, entraînant une hélice de quelque 4 m de diamètre, et un petit avion derrière (envergure : 10,85 m, longueur 8,45 m) ! Léger (3,3 tonnes à vide) et puissant (jusqu'à 2 700 ch en surpuissance), il était donc rapide (près de 700 km/h) et excellent grimpeur (16,4 m/s). Celui-ci vole encore aux mains d'un collectionneur anglais.

LES BOMBARDIERS LOURDS

Au cours de la Seconde Guerre mondiale, la taille des bombardiers et leur capacité d'emport vont s'accroître énormément pour imposer la paix à l'Allemagne et au Japon.

Si, au début de la guerre, les bombardiers moyens – type B-25 Mitchell, Dornier Do-17, B-26 Marauder, Junkers Ju-88, Heinkel He-111, Vickers Wellington… – donnent satisfaction aux états-majors, le prolongement du conflit va entraîner l'arrivée de bombardiers plus performants. On souhaite embarquer une charge de bombes accrue et parcourir des distances de plus en plus grandes, notamment pour atteindre le cœur de l'Allemagne. Depuis le début de 1942, le Bomber Command de la RAF est dirigé par sir Arthur Harris, un stratège convaincu par les bombardements massifs, y compris sur des villes : les scrupules britanniques ont disparu après le bombardement de Londres durant la bataille d'Angleterre. Ainsi la Grande-Bretagne va-t-elle servir de « porte-avions », d'où partiront bon nombre de missions de bombardement.

L'arrivée des quadrimoteurs

Les premiers bombardiers quadrimoteurs employés sont des Short Stirling (32 tonnes de masse maximale pour 6,5 tonnes de bombes). Avec ses quatre moteurs de 1 650 ch, le Stirling est le premier bombardier lourd de la RAF. L'appareil, qui innovera en recourant à un système de bombardement sans visibilité (Oboe), sera utilisé dans les premiers bombardements massifs de points névralgiques, puis progressivement relayé par les Halifax et les Lancaster. Construit par Handley-Page, l'Halifax II est motorisé par quatre fois 1 600 ch (31,70 m d'envergure pour 24 tonnes au maximum et 6 tonnes en soute). Il sera supplanté par l'Avro Lancaster, dont le prototype vole pour la première fois en janvier 1941. Avec quatre moteurs de 1 300 ch, l'appareil, d'un poids maximal de 31 tonnes, emporte 6 tonnes de bombes. Les premières missions ont lieu au début de 1942, avec notamment le bombardement d'Essen, en mars. La vitesse de pointe des Halifax et des Lancaster est de 450 à 460 km/h.

◁ *Des performances insuffisantes en altitude et une soute peu volumineuse ont fait retirer le Stirling des unités opérationnelles dans les dernières années du conflit.*

Le Boeing B-17 Flying Fortress porte bien son nom, avec ses multiples mitrailleuses de défense, dont celles montées en mentonnière sous le poste du bombardier. ▷

◁ *Le B-17 a été le bombardier le plus utilisé par l'US Air Force, notamment pour les bombardements de l'Allemagne.*

En plus du bombardement, les tâches de l'Halifax comprenaient le brouillage des radars ennemis et le largage d'agents secrets. ▽

△ *Le bombardier emblématique de la RAF pendant la guerre, le Lancaster… On lui doit en particulier la destruction des barrages de la Moehne et de l'Eder en 1943.*

△ *L'un des deux Lancaster encore en état de vol dans le monde. Celui-ci est conservé par la Royal Air Force au sein de son Battle of Britain Memorial Flight pour être présenté dans les meetings.*

◁ *Après la guerre, des B-17 seront utilisés pour le transport de VIP, comme avions de lutte antifeu ou de cartographie aérienne. Ce survivant a été surpris lors du tournage du film* Memphis Belle. *Plus d'une dizaine de B-17 volent encore dans le monde…*

Omniprésent, le B-17 Flying Fortress

Mais depuis 1941, les terrains anglais voient se profiler une nouvelle silhouette, celle des premiers Boeing B-17, livrés par les États-Unis en vertu de la loi *cash and carry*. En 1942, après l'entrée en guerre des États-Unis, la 8e Air Force viendra compléter les unités en Europe. Pour intensifier les bombardements et ne laisser aucun répit aux usines allemandes, la RAF mène toutes les missions de nuit tandis que l'Air Force opère de jour.

Les formations grossissent régulièrement, leurs avions étant disposés en box pour se protéger mutuellement quand l'autonomie des chasseurs d'escorte ne permet pas de suivre les bombardiers. Ainsi, dans la nuit du 30 au 31 mai 1942, Cologne est pilonnée par 1 000 avions qui vont déverser plus de 1 400 tonnes en quatre-vingt-dix minutes, engendrant des milliers d'incendies.

Le B-17 Flying Fortress, qui porte bien son nom de forteresse volante, avec ses multiples armements défensifs, en tourelle dorsale, ventrale, latérale, sous le nez ou derrière les empennages, est motorisé par quatre fois 1 200 ch (480 km/h) pour une masse maximale de 25 tonnes (10 tonnes en soute). Avec ses premières missions à la mi-1942, l'appareil sera essentiellement utilisé sur le front européen. Les méthodes et les équipements se perfectionnent. Depuis 1942 existe le système de navigation Gee (fondé sur une triangulation par rapport à des balises), puis le radar s'affranchissant de la présence des nuages sur l'objectif, et enfin l'emploi des Pathfinders – ces Mosquito éclaireurs qui devancent la formation et balisent l'objectif.

À partir de 1943, les Anglais utilisent les *windows*, des bandes métalliques larguées dans le ciel pour brouiller les radars adverses en saturant les écrans. Si le radar a connu sa première utilisation opérationnelle par la RAF durant la bataille d'Angleterre, les Allemands ont ensuite rattrapé leur retard. Ces leurres métalliques, en faisant diversion, vont permettre de diminuer les pertes, en envoyant la chasse adverse au mauvais endroit. Les Alliés saturent les communications radio adverses, tandis que les usines américaines tournent 24 heures sur 24 pour fournir de nouveaux appareils nécessaires au remplacement des pertes.

... LES BOMBARDIERS LOURDS

Dans la nuit du 16 au 17 mai 1943, dix-neuf Lancaster attaquent et bombardent les barrages de la Moehne, de l'Eder et de la Sorpe. Pour détruire les murailles de béton et permettre à l'eau de ravager le tissu industriel de la vallée en aval, ils emploient des bombes qui ricochent sur l'eau. Celles-ci viennent frapper le tablier du barrage puis coulent, avant d'exploser une fois au fond. En août, la RAF bombarde la base de Peenemunde, où l'on teste ce qui deviendra par la suite les V-1 et les V-2. Le 1er août, 177 Liberator, partis d'Afrique du Nord, atteignent à basse altitude les raffineries roumaines de Ploesti. Sans chasseurs d'escorte, les pertes seront importantes mais les multiples bombardements qui suivront limiteront la production de pétrole. Avec ses quatre moteurs de 1 200 ch (25,5 tonnes, 470 km/h), le Convair B-24 Liberator est un bombardier à long rayon d'action. Utilisé en Europe et dans le Pacifique, il sera le bombardier le plus fabriqué, avec 18 000 unités.

▷ Le B-24 Liberator est le bombardier le plus construit de toute la guerre, employé dans le plus grand nombre de théâtres d'opération. Ex-transporteur de VIP au sein de l'armée de l'air indienne, ce B-24 a été racheté par des collectionneurs américains qui lui ont donné cette décoration plus typique des années 1940.

L'une des grandes innovations du B-29 est son cockpit pressurisé, d'où les multiples parties vitrées. Celui-ci est le seul B-29 maintenu en état de vol aux États-Unis, le Fifi de la Confederate Air Force. ▽

Des dispositifs de plus de 1 000 avions

En 1944, l'industrie allemande est en pièces : les bombardements incessants, qui imposent des usines souterraines, limitent la production. Tous les centres industriels et économiques, les usines de pétrole et de caoutchouc, les fabriques de matériels de guerre, les aérodromes sont des cibles. Même si son chef Hermann Goering a affirmé qu'aucun avion ennemi ne survolerait le territoire du Reich, Berlin, en 1944, devient la cible de bombardements massifs, de jour comme de nuit. Pourvus de réservoirs supplémentaires, les Mustang accompagnent les bombardiers à l'aller et au retour. On voit ainsi des dispositifs comptant plus de 1 300 B-24 et B-17 (larguant plus de 4 000 tonnes de bombes), accompagnés de 600 chasseurs. La chasse alliée impose rapidement sa suprématie, qui va faciliter les opérations du débarquement de Normandie, en juin 1944. Malgré d'ultimes efforts des chasseurs allemands, au début de 1945, Berlin et Dresde sont bombardées par 1 000 ou 1 400 quadrimoteurs. En mars, Barnes Wallis a mis au point une bombe, la Grand Slam, un cylindre de 10 tonnes (7,80 m de long pour 1,10 m de diamètre) que des Lancaster, aux soutes modifiées,

△ *Même bien armés, les bombardiers avaient besoin de la protection de la chasse. Présenté en meeting, ce B-17 est escorté par un P-47 Thunderbolt, un P-51D Mustang et un P-40 Warhawk (de gauche à droite).*

△ *Relativement fragile, le FW-200 Condor eut surtout une carrière d'avion de surveillance maritime, opérant de pair avec les sous-marins allemands attaquant les convois alliés.*

◁ *Le B-29 Stratofortress fut utilisé dans le Pacifique car ses débuts opérationnels survinrent au moment du débarquement en Normandie, en juin 1944, trop tard pour le front européen.*

Destiné à un aller simple pour bombarder New York, le Me-264 ne sera construit qu'à trois exemplaires et jamais utilisé en opération... ▽

emportent vers des objectifs ponctuels. Si la puissance industrielle allemande a été mise à genoux, entraînant la fin des combats en Europe, les hostilités se poursuivent dans le Pacifique face aux Japonais. C'est le règne du Boeing B-29 Superfortress, deux fois plus lourd et deux fois plus puissant que le B-17 avec ses quatre moteurs de 2 200 ch et ses 61 tonnes (10 tonnes en soute, 580 km/h). Son premier vol remonte à septembre 1942, les livraisons débutant alors que le prototype n'a pas achevé sa mise au point...

La fin de la guerre avec le B-29

L'appareil innove en de nombreux domaines : aérodynamique, nouveaux capots de moteur mais surtout un fuselage pressurisé permettant les vols à haute altitude, hors de portée de la chasse, ainsi que des tourelles télécommandées d'un seul poste. Sa première mission intervient le 5 juin 1944, d'où son usage exclusif sur le front pacifique. Au fur et à mesure de la reprise des îles de Saipan, Tinian et Guam, les unités se rapprochent du Japon. Si 900 km séparaient Londres de Berlin pour les B-17, il faut compter 2 400 km pour relier Tinian à Tokyo, d'où la longueur des missions, de jour comme de nuit. Le B-29 participera à la fin des hostilités. Le 6 août 1945, un B-29 baptisé Enola Gay largue sur Hiroshima la bombe atomique Little Boy. Trois jours plus tard, c'est au tour de Fat Man, larguée par le B-29 Bock's Car sur Nagasaki, les deux bombes faisant plus de 100 000 morts : le 14 août, le Japon abdique. Une formation de 500 B-29 survolera la cérémonie de capitulation... Si les bombardiers lourds ont été produits essentiellement par l'Angleterre et les États-Unis, il ne faut cependant pas oublier le Petlyakov Pe-8 russe. Côté Allemagne, l'évolution du conflit ne permettra pas de développer cette voie. Le quadrimoteur Focke-Wulf Fw-200 (22 tonnes, dont 2,1 tonnes en soute) est avant tout un avion de transport (quatre fois 1 200 ch) transformé après coup en bombardier ou surtout en patrouilleur maritime. En ce qui concerne le Messerschmitt Me 264, trois appareils seront construits. Deux seront détruits par les bombardements alliés, le troisième ne sera jamais achevé. Pour Hitler, il représentait le bombardier destiné à aller détruire la ville de New York.

MESSERSCHMITT 262

Premier chasseur à réaction opérationnel, le Messerschmitt 262 témoigne de l'avance technologique de l'Allemagne nazie. Le savoir acquis par les ingénieurs allemands sera utilisé par les Alliés pour développer la génération suivante.

△ *Le troisième prototype du Me-262 est préparé pour un vol d'essai. Des grilles protègent les entrées d'air de toute ingestion d'objet.*

En dépit du traité de Versailles, qui oblige notamment l'Allemagne à limiter ses effectifs militaires, les différents constructeurs ont poussé les études dans diverses directions. On assistera ainsi à la naissance d'une série d'avions-fusées, qui commence par le Heinkel He-176, pour s'achever à la fin de la guerre par le Messerschmitt Me-163, un appareil destiné à aller abattre les bombardiers alliés avant de se poser en plané.

Pour l'heure, en 1939, on s'intéresse également à un autre mode de propulsion, la réaction. Le principe est simple, l'hélice fait place au réacteur. Ce dernier est constitué d'un compresseur, comprimant l'air dans une chambre de combustion où brûle le carburant. La détente créée par l'explosion du mélange gazeux (air comprimé et carburant) entraîne l'éjection de l'air, propulsant l'appareil selon le principe d'action-réaction.

Des débuts peu encouragés

Ainsi, le 27 août 1939, à Peenemünde, une base d'essais où seront testés par la suite les V-1 et les V-2, Heinkel fait voler le He-178, un petit monoplace. Erich Warsitz, aux commandes, atteint la vitesse de 700 km/h. D'autres constructeurs s'intéressent au principe de la réaction. Willy Messerschmitt fait travailler son bureau d'études sur un projet dont les plans sont achevés avant le début des hostilités. Mais ce programme n'est pas considéré par l'état-major comme prioritaire. Il rencontre en outre des retards dans son processus de développement, les trois premières cellules étant achevées sans que les réacteurs ne soient prêts. Ainsi le premier vol du Messerschmitt Me-262 intervient-il avec des réacteurs situés sous les ailes et encore à l'état de maquettes, avec un moteur à pistons de 700 ch dans le nez. Le deuxième vol aura lieu avec les réacteurs finalisés en novembre 1941, mais toujours avec le moteur à pistons en sécurité – ce qui

LES PREMIERS JETS ANGLAIS

Dès la fin des années 1920, Frank Whittle étudie le concept des turbines à gaz et dépose en 1930 un brevet concernant un turboréacteur. Malgré le peu d'intérêt que cette découverte suscite au départ, il fait marcher un prototype sur banc en 1937. Quatre ans plus tard, le 15 mai 1941, le Gloster E-28/39, avion expérimental, effectue un vol de quinze minutes équipé d'un réacteur conçu par F. Whittle.
Le constructeur poursuivra dans cette voie avec l'élaboration du Gloster Meteor, équipé de deux réacteurs Rolls-Royce de 800 kg de poussée. Le prototype vole pour la première fois en mars 1943, et l'appareil rentre en service dans la RAF en juillet 1944, où il connaît ses premières victoires en août de la même année contre des bombes volantes V1. Mais il n'y aura jamais de rencontre entre Meteor et Me-262. Peu après, la RAF s'équipera également de De Havilland DH-100 Vampire, dont le premier vol remonte au 20 septembre 1943.

△ *Le Gloster Meteor, dont le prototype a volé pour la première fois en mars 1943, a été le premier chasseur opérationnel pour la Royal Air Force. Entré en service à la fin de la dernière guerre, il a été peu employé. L'architecture retenue est très proche de celle de son concurrent, le Me-262, qu'il n'a jamais rencontré en combat aérien.*

◁ Le Me-262V3 décolle en juillet 1942. L'appareil utilise un train classique (roulette arrière), comme la majorité des chasseurs de l'époque, mais un train d'atterrissage tricycle (roulette de nez) sera vite installé, plus performant pour alimenter les réacteurs lors de la course du décollage.

△ Après le Meteor, la RAF s'équipera en De Havilland DH-100 Vampire, dont le premier vol remonte au 20 septembre 1943. L'appareil sera développé en monoplace et en biplace, étant utilisé par la suite par plusieurs forces aériennes dans le monde, dont celle de la Suisse, qui conservera ce chasseur bombardier jusque dans les années 1980.

Le Vampire fait désormais partie des avions de collection qui sont maintenus en état de vol par des associations de passionnés de ces premières « lampes à souder ». Ceux-ci sont décorés aux couleurs de l'armée de l'Air, qui commandera de nombreux Vampire avant d'en développer une version sous licence, le Mistral. ▽

△ Transformé en chasseur bombardier (deux bombes sous le ventre) par la volonté de Hitler, le Me-262 n'a pu être employé dans le cadre de sa conception initiale, dans lequel il aurait pu exceller, la chasse...

permettra au pilote d'essai de revenir se poser après la panne des deux réacteurs... Ce n'est que le 18 juillet 1942 que le prototype équipé de deux réacteurs Jumo 004 de 840 kg de poussée effectue son premier vrai vol, comme avion à réaction pur, avec Fritz Wendel aux commandes.

Une faible fiabilité

La mise au point va être difficile, notamment du fait de la faible fiabilité des réacteurs et de leur conduite délicate : le temps de réponse d'un réacteur est plus long que celui d'un moteur à pistons et il faut éviter des variations de régime trop brutales, sous peine de connaître un pompage (à-coups violents) suivi ou non d'une extinction du réacteur. Pour une meilleure alimentation des deux réacteurs au moment de la longue course du décollage, l'appareil bénéficie d'un train tricycle (appareil en ligne de vol au roulage) qui remplace le train classique (roulette arrière) des débuts. À l'issue des essais initiaux, une présérie est commandée au printemps 1944. Mais la production de masse va se révéler impossible, en raison des bombardements réguliers effectués sur les usines Messerschmitt à Regensburg par les bombardiers alliés – une partie de la production sera ainsi éparpillée entre plusieurs sites, y compris dans quelques sites souterrains. Avec les problèmes de logistique, la production est ralentie et l'entrée en service du Me-262 est repoussée du mois de mai à l'automne 1944 – à la grande satisfaction de l'état-major allié, qui craignait les ravages qu'un tel appareil pouvait occasionner.

Malgré cela, le Me-262 sera développé en plusieurs versions, dont les principales sont l'intercepteur Me-262A-1a Schwalbe (Hirondelle) et le chasseur-bombardier Me-262A-2a Sturmvogel (Pétrel). Ce dernier est construit conformément à la volonté de Hitler, qui veut développer la conception d'un bombardier éclair. Cette exigence ralentira la production d'autres modèles que les pilotes de la Luftwaffe souhaiteraient pouvoir utiliser. Parmi eux, le général Adolph Galland est convaincu de l'intérêt du chasseur Me-262 et, après l'avoir essayé en avril 1944, il note les excellentes performances de cet appareil « poussé par un ange ». Sa version bombardier, alourdie de bombes logées sous

MESSERSCHMITT 262

les ailes qui augmentent la traînée, limitera ses performances sur les avions alliés. Le Messerschmitt 262 connaît également d'autres versions, comme celles d'avion de reconnaissance photo, de biplace d'entraînement, de chasseur de nuit biplace, dont les antennes du radar d'interception sont placées dans le nez.

Une mise au point insuffisante en raison de la pression du conflit

Vers la fin de 1944, moins de 600 appareils auraient été produits, mais tous n'étaient pas en état de voler, manquant de carburant ou n'ayant pas été livrés aux unités opérationnelles. Ainsi, seulement une centaine de Me-262 connaîtront l'épreuve du feu, et dans des conditions très difficiles pour leurs équipages. Les pertes seront lourdes même lors de vols d'entraînement ou de banales missions. Peu de pilotes sont suffisamment entraînés sur l'appareil, la fiabilité des réacteurs demeure médiocre (quelques dizaines d'heures de vol tout au plus). En outre, la conduite des réacteurs exige une longue approche avant l'atterrissage, dont les chasseurs alliés profitent pour abattre le

◁ △ Le Meteor, en version monoplace ou biplace, a été utilisé par plusieurs forces aériennes dans le monde. Celui-ci, avec son nez hypertrophié, a servi pendant de nombreuses années dans la flotte du Centre d'essais en vol, (CEV) à Brétigny, comme appareil de servitude.

LES PREMIERS JETS AMÉRICAINS

Avec retard, les Américains s'intéressent à la réaction à partir de 1941, à travers le projet du Bell XP-59A Airacomet. Grâce à des accords passés entre la Grande-Bretagne et les États-Unis, les Américains utilisent des turboréacteurs Whittle, avant de recevoir des General Electric dérivés du réacteur anglais. Le premier Airacomet vole en octobre 1942 mais il se révèle peu brillant, sous-motorisé et moins maniable que les chasseurs à hélice. Néanmoins, une cinquantaine seront construits pour entraîner les pilotes à ce nouveau type de propulsion. De plus, l'expérience acquise permettra de développer le Lockheed YP-80 Shooting Stars, bien meilleur (premier vol en janvier 1944), équipé d'un réacteur De Havilland.

◁ Sur les quelques dizaines de Bell XP 59 Airacomet construits, quelques-uns ont échappé aux chalumeaux des ferrailleurs. Cet exemplaire figure dans le hall d'entrée du National Air & Space Museum, à Washington, rappelant qu'il a été l'appareil qui a fait rentrer les États-Unis dans l'ère du réacteur.

Aux États-Unis, les essais d'avions à réaction furent menés au début dans le secret, à partir de la base de Muroc Field, en plein désert californien, devenue aujourd'hui la base d'Edwards, où se trouve le centre principal d'essais en vol de la Nasa. L'entrée est marquée par la présence de ce XP 59, aux côtés d'un X-1E, rappelant les débuts héroïques de l'aviation à réaction... ▽

△ *Ce Messerschmitt Me-262A1a a servi le SG7 dans la Luftwaffe lors des derniers mois de la Seconde Guerre mondiale. Récupéré par les Alliés, il a été évalué en 1945 au centre d'essais de Boscombe Down, pour le compte de la Royal Air Force. Il fait désormais partie des collections du Royal Air Force Museum à Hendon.*

◁ *Certainement le plus rare des déjà trop peu nombreux Me-262 encore intacts. Ce Me-262B1a, conservé au sein des collections du Johannesburg War Museum, en Afrique du Sud, est un Me-262 biplace. On voit les antennes du radar et les deux réservoirs supplémentaires qui augmentent son autonomie.*

biréacteur alors sans défense, malgré la DCA. D'autres problèmes techniques surviendront sur cet appareil que les ingénieurs n'ont pas eu le temps de mettre parfaitement au point – sous la pression de la guerre –, comme un dispositif de freinage insuffisant, une jambe de train avant trop fragile, etc.

Belle réussite technique

Premiers jets à remporter une victoire en combat aérien, peu de 262 seront descendus par la chasse alliée car l'appareil reste hors de portée des chasseurs anglais et américains, avec un bon excédent de vitesse (100 à 200 km/h).

Il s'agit d'une belle réussite technique – avec son aile en flèche, ses becs de bord d'attaque de voilure – qui poussera les Alliés à récupérer, à la fin de la guerre, un grand nombre de Me-262 aux côtés d'autres appareils à réaction comme les Heinkel He-162 et les Arado 234. Ainsi, dès 1945, des Me-262 seront évalués aux États-Unis, en Grande-Bretagne et en France, l'expérience acquise sur le premier chasseur à réaction opérationnel pouvant être mise à profit par les différentes industries aéronautiques.

Aujourd'hui, il ne subsiste qu'une poignée de Me-262 éparpillés dans différents musées, mais quelques riches collectionneurs ont fait fabriquer une série de cinq Me-262, à partir d'une pièce de musée, et avec des réacteurs modernes cachés dans les fuseaux.

ET LES AUTRES...

Pour rester dans les débuts de la réaction, il faut également citer l'appareil expérimental italien, le Caproni-Campini, qui effectue son premier vol le 28 août 1940. Ce biplace atteint 500 km/h, mais sa production restera sans suite. À la pointe de cette nouvelle technologie se trouvent les ingénieurs allemands car, à côté du Me-262, d'autres appareils seront conçus, comme l'Arado Ar-234 Blitz, qui vole le 15 juin 1943. Ce multiréacteur est capable d'emporter près de 2 tonnes de bombes sur 1 000 km, décollant sur un chariot et se reposant sur des patins rétractables, avant l'arrivée d'une version à roues classiques. Volant à 700 km/h à 10 000 m d'altitude, il est difficilement interceptable et c'est plus en avion de reconnaissance qu'en bombardier qu'il sera utilisé, notamment pour des missions photo au-dessus de l'Angleterre avant et après le débarquement.

Autre intercepteur à réaction, le Heinkel He-162 Salamander a effectué son premier vol le 6 décembre 1944. Avec un réacteur BMW placé sur le dessus du fuselage, ce monoplace fait appel au bois pour une bonne partie de sa structure, l'usage de matériaux non stratégiques se révélant obligatoire dans une Allemagne dévastée.

◁ *L'autre appareil à réaction allemand, l'Arado 234, arrivera trop tard pour être efficace. Comme sur le Me-262, les réacteurs sont montés en nacelle, sous la voilure, et le train est du type tricycle.*

LES AVIONS-FUSÉES

Outre les premiers jets, comme le Me 262, les Allemands ont également mis en service des avions-fusées et toute une panoplie de missiles, grâce à une avance technologique indéniable !

Préparatifs avant le décollage du DFS-194. La configuration générale de l'avion est retenue par Lippisch pour les deux versions successives du Messerschmitt 163 Komet. La réussite des vols du DFS-194 va pousser à continuer le développement d'avions-fusées, alors que le Heinkel 176 n'avait pas convaincu l'état-major un an plus tôt.

Le 12 août 1944, lors d'un raid sur les raffineries de Leuna, les équipages des B-17 américains aperçoivent un minuscule engin fonçant sur eux à la vitesse de l'éclair. Plus de peur que de mal, mais les Alliés découvrent avec stupeur le chasseur-fusée Messerschmitt 163 Komet.

Komet, une courte histoire

Dans les années 1920 et 1930, Alexander Lippisch était un concepteur de planeurs reconnu pour la qualité de ses études. Parallèlement, il faisait de la recherche expérimentale avec des engins dont les configurations sortaient des sentiers battus. Le 11 juin 1928, Fritz Stamer pilote un Lippisch propulsé par des fusées à poudre. Il sera suivi par le constructeur d'automobiles Fritz von Opel, le 30 septembre 1929.

Les études de Lippisch, au sein de l'institut DFS, conduisent au DFS-194, un avion sans empennage horizontal qui vole à Peenemünde en 1940, à plus de 500 km/h, avec un moteur-fusée Walter RI-203 de 300 kg de poussée, aux mains de Heini Dittmar, un an après le Heinkel 176, qui va se révéler mort-né.

Le prototype Messerschmitt 163 vole d'abord sans moteur-fusée, puis avec, dépassant 1 000 km/h le 2 octobre 1941… Le développement du moteur-fusée Walter 109-509 est laborieux, et de nombreuses explosions accidentelles se produisent. Ce moteur fait appel à un mélange de deux ergols, le T-Stoff (80 % de peroxyde d'hydrogène, 20 % d'eau) et le C-Stoff (hydrate d'hydrazine, alcool méthylique et eau) et sa poussée peut être contrôlée, de 300 à 1 500 kg. Pas moins de trente appareils Me 163 B (une version améliorée) servent aux essais ! En 1943 débute l'entraînement des pilotes, avec des planeurs Habicht dont l'envergure est de plus en plus réduite et avec la version moins puissante (identique aux premiers prototypes) Me 163 A. Le Komet de guerre (Me 163 B-1a)

LES ARMES SECRÈTES ALLEMANDES

L'avance technologique des Allemands leur a permis de développer des armes de représailles, dont les plus connues sont certes le V1 et le V2, mais il y en eut bien d'autres. Les Allemands furent incontestablement les pionniers en matière de missiles ; ils en étudièrent et fabriquèrent toute une panoplie, des fusées air-sol, air-air, des bombes guidées, etc.
Le V1 est célèbre pour ses attaques de l'Angleterre en juillet-août 1944. C'est une bombe volante (850 kg d'explosifs), un avion sans pilote, propulsé par un pulsoréacteur à la vitesse de 645 km/h. Plus de 8 000 seront lancés sur Londres et sur Anvers par des catapultes de 45 m de long, voire par des bombardiers Heinkel 111. Le Fieseler 103 – c'est son vrai nom – n'est pas invulnérable et ses rampes de lancement sont sujettes aux attaques de chasseurs-bombardiers. Son interception dans le ciel n'est pas facile, du fait de sa petitesse et du risque d'explosion, et certains pilotes courageux ont dévié des V1 de leur trajectoire en les soulevant avec leurs bouts d'aile… Le développement du V1 a été poursuivi après-guerre par les Américains et les Français.
Le V2 est tout autre chose. Étudié par l'équipe de Wernher von Braun, le A4,

Certains V1 ont été modifiés (baptisés Reichenberg) pour permettre l'emport d'un pilote, destiné à pointer l'engin sur sa cible. Mais la présence du pulsoréacteur sur le dos du fuselage aurait rendu l'évacuation en vol difficile. À moins qu'il ne s'agisse d'une version germanique du sacrifice des kamikazes ?

comme il s'appelle également, est une grande fusée (13 m) qui décolle verticalement à partir d'une petite plate-forme. Le V2 est imparable et 4 300 sont tirés. Surtout, le V2 est une étape capitale de l'astronautique (von Braun sera l'artisan de la conquête spatiale américaine), et sort donc du cadre de ce livre, consacré à l'aviation…

*Très vite, les Américains ont produit des copies conformes de V1, en étudiant des pièces récupérées avant même la capitulation allemande, le premier tir intervenant en octobre 1944. Avant août 1945, mille JB-2 furent produits, mais ils n'eurent pas le temps d'être utilisés contre le Japon.
Dimensions du V1 ; envergure : 5,30 m, longueur : 7,90 m, masse en charge : 2 180 kg.*

△ *Décollage du DFS-194 propulsé par un moteur-fusée Walter RI-203 de 300 kg de poussée. Le pilote Heini Dittmar est aux commandes, et il va atteindre 500 km/h à son bord en 1940. Le vol a certainement lieu à Peenemünde, célèbre base d'essais des armes secrètes allemandes, non loin de la mer Baltique.*

Messerschmitt 163 B-1a Komet, opérationnel à Brandis (près de Leipzig) en été 1944 au sein de l'escadre JG 400, seule unité opérationnelle sur chasseurs-fusées pendant la Seconde Guerre mondiale. Cette vue montre bien l'architecture de cet avion absolument extraordinaire. Envergure : 9,30 m, longueur : 5,70 m, masse en charge : 4 110 kg, vitesse maximale : 960 km/h. △

▷ *Cette photo d'un Bachem Natter a été prise juste après la guerre, lors d'une exposition de matériel militaire allemand capturé. L'engin est vraiment minimal, et l'on remarque devant le pare-brise blindé le viseur rudimentaire. Le nez en nid-d'abeilles renferme 24 roquettes… Envergure : 3,60 m, longueur : 6,10 m, surface des ailes : 2,75 m², masse en charge : 2 200 kg.*

◁ *Le Messerschmitt 163 V1 (premier prototype) est plus petit mais ressemble beaucoup au DFS-194. Heini Dittmar atteint d'abord 915 km/h, puis dépasse 1 000 km/h le 2 octobre 1941. Cet avion sera construit en petite série en tant que Me 163 A pour l'instruction des pilotes de Me 163 B. Envergure : 9,30 m, longueur : 5,40 m, masse en charge : 2 100 kg.*

Cette réplique moderne n'est pas motorisée, il s'agit donc d'un planeur, dont le pilotage était proche du vrai Me 163. Il est aux couleurs du pilote Wolfgang Späte, chef de l'escadre JG 400 en 1944, qui avait choisi le rouge pour produire un certain effet psychologique. Le Komet exigeait une grande finesse de pilotage, et il y eut beaucoup d'accidents. ▷

reçoit quelque blindage et surtout deux canons de 30 mm. Du fait d'une autonomie de quelques minutes, la doctrine d'emploi prévoit de détacher les Me 163 sur des bases situées près d'objectifs que l'on sait intéresser les bombardiers alliés. Trois cents Komet ont le temps d'être fabriqués, et ne remportent que neuf victoires, faible score, cependant compréhensible compte tenu de la difficulté d'exploitation de tels appareils, qui défrichent encore un domaine de vol inexploré par la recherche (le 6 juillet 1944, un 163 a atteint 1 130 km/h !). Un armement révolutionnaire – des roquettes dont le tir est déclenché automatiquement par une cellule photoélectrique quand le chasseur passe sous l'ombre d'un bombardier ! – équipe douze Komet.

La fin de la guerre va stopper le développement de modèles encore plus performants.

Natter, l'avion consommable

En 1944, devant l'inévitable écrasement du pays par les vagues de bombardiers anglo-américains, le commandement allemand ordonne de concevoir une arme simple, sorte d'hybride entre l'intercepteur piloté et le missile. Le projet Bachem BP 20 Natter (Vipère) est retenu. De forme aérodynamique basique (pour une industrialisation aisée, il y a beaucoup de bois dans sa structure), le petit appareil doit décoller verticalement d'une rampe de lancement grâce à un moteur-fusée. Parvenu à proximité des B-17, le pilote lâche alors la salve meurtrière de 24 roquettes Föhn de 73 mm placées dans le nez, esquive la formation ennemie, décélère et… saute en parachute !

Le moteur-fusée est identique à celui du Me 163 (1 700 kgp pendant 70 secondes), et quatre accélérateurs à poudre de 1 200 kgp chacun (pendant 10 secondes) sont placés de part et d'autre du fuselage, afin de permettre un décollage vertical. Onze lancements sans pilote sont ainsi réalisés à partir du 22 décembre 1944 et révèlent de graves problèmes de contrôle au décollage : le premier décollage humain, avec Lothar Siebert comme pilote, se termine d'ailleurs tragiquement fin février 1945. La production d'une vingtaine d'exemplaires est stoppée par l'avance des blindés alliés.

Photo publicitaire du prototype Douglas DC-7B, baptisé Seven Seas.

1946-1969

L'aviation entre dans les mœurs

Après la fin de la Seconde Guerre mondiale, achevée en 1945 par l'explosion de deux bombes atomiques larguées d'un Boeing B-29 Superfortress, s'ouvre une nouvelle ère pour l'aéronautique. C'est le temps de la reconstruction et de l'adaptation de l'outil industriel – mis en place au titre de l'effort de guerre – à des usages civils. La propulsion par hélice va bientôt connaître son apogée, les premiers avions transatlantiques utilisant le savoir-faire acquis en concevant et en construisant les bombardiers quadrimoteurs pendant le conflit. Mais cette apogée sera de courte durée. Comme pour les dernières évolutions des chasseurs à hélice, les grands propliners transatlantiques (du DC-6 au Super Constellation) n'auront pas le temps de prendre leur véritable envol. Entre-temps, la propulsion par réacteur a chamboulé les paramètres et, après avoir détrôné les paquebots, les quadrimoteurs doivent laisser place à la nouvelle génération, celle des Boeing 707 et Caravelle.

La connaissance va faire de grands bonds durant cette période, avec des recherches scientifiques portant sur l'aérodynamique, les structures, les propulseurs, les hautes vitesses et les hautes altitudes. C'est une période très riche en divers records (altitude, vitesse sur circuit, distance parcourue), avec des limites repoussées année après année, mois après mois, parfois du jour au lendemain entre deux constructeurs rivaux…

L'aviation s'est mise à la réaction. Les militaires défrichent le domaine avec une profusion de prototypes en tous genres – certains sont construits pour ne voler que quelques heures – pour s'apercevoir que l'on a fait fausse route ou simplement pour appréhender un phénomène aérodynamique nouveau avant de passer à un autre problème. De ce foisonnement, et après avoir vaincu le mur du son, vont naître de nombreux chasseurs supersoniques qui rentrent en opération dans les escadrons – parmi lesquels les F-100 SuperSabre, F-104 Starfighter ou le Mirage III. Ces appareils vont faire évoluer le combat aérien, lors de conflits comme la guerre des Six-Jours ou la guerre du Viêt Nam. Venant à la rescousse des pilotes de chasse, l'électronique de bord, les missiles et les sièges éjectables complètent désormais l'équipement des avions d'arme. À l'autre extrémité de la gamme de vitesse, l'hélicoptère connaît un développement très important. En effet, il est difficile de se passer de cet engin merveilleux, décollant et atterrissant à la verticale, si efficace pour une multitude de tâches diverses, qui vont de la reconnaissance à l'épandage agricole, en passant par les évacuations sanitaires ou le débardage de bois dans des régions retirées. Il ne faut pas non plus oublier l'expansion des sports aériens, le ciel s'ouvrant peu à peu à monsieur-tout-le-monde avec l'aéromodélisme, le parachutisme, le vol à voile ou la voltige – un tremplin pour une future carrière aéronautique. Mais, pour la majorité des gens, l'apport de l'aviation durant ces années-là vient essentiellement du développement du transport aérien, plus rapide, plus répandu pour voyager d'un pays à un autre, d'un continent à l'autre : l'avion réduit les distances, rapetisse le globe terrestre. La technique et l'équipement de bord (atterrissage aux instruments) permettent chaque jour d'aller plus loin, en toutes conditions météorologiques, comme le concrétise le premier atterrissage tous temps d'une Caravelle d'Air Inter en janvier 1969, avec son plein de passagers. Cet événement survient quelques semaines seulement avant les premiers vols des prototypes du Boeing 747 et de Concorde, qui donnent déjà une double idée de l'évolution à attendre en matière de transport aérien…

LA RENAISSANCE FRANÇAISE

En 1945, la France n'a plus de potentiel industriel aéronautique. Pourtant, grâce au dynamisme des bureaux d'études et à une « politique des prototypes » de l'État, le redressement va être rapide et spectaculaire.

À la Libération, la France accuse un retard considérable. Les usines sont détruites, les bureaux d'études sont dispersés. Pour pallier les besoins les plus immédiats, l'État passe commande de modèles éprouvés, souvent des avions allemands que les constructeurs de l'Hexagone ont dû produire pour l'occupant. La France acquiert la licence de matériels alliés, comme le Vampire à réaction, dont sera dérivé le Mistral. Parallèlement à la reconstruction de l'outil de production, les ingénieurs se remettent sur la table à dessin. Et l'on voit se manifester une véritable déferlante de prototypes : 66 nouveaux avions effectuent leur premier vol en 1947, 76 en 1949 ! Dès le 11 novembre 1946, le premier avion à réaction tricolore prend son envol, avec Daniel Rastel aux commandes. Certes, le SO-6000 Triton est plutôt un avion expérimental ; il fait appel à un réacteur germanique Jumo 004 « prise de guerre ».

La SNCASO à la pointe du progrès

En 1945, la plupart des grands constructeurs sont nationalisés en sociétés nationales de constructions aéronautiques. Celle du Sud-Ouest fait partie des plus dynamiques. C'est à partir de septembre 1943 qu'une petite équipe, établie dans un appartement du 16e arrondissement, à Paris, sous la houlette de Lucien Servanty, s'attaque à l'étude de ce qui sera le SO-6000 Triton. Initialement prévu avec un réacteur national Rateau plus puissant (mais mort-né), il sera propulsé finalement pour son vol inaugural par le Jumo 004 (900 kg de poussée). Sous-motorisées, les trois autres machines volent avec des réacteurs anglais Rolls-Royce Nene de 2 270 kgp, en 1948, 1949 et 1950. Ces essais ont permis à la SNCASO d'acquérir un savoir-faire en matière d'avions à réaction, Lucien Servanty se lançant ensuite dans l'étude du SO-6020 Espadon, qui répond au premier programme

△ *Le SO-6000 Triton fut le premier avion français à réaction, qui a décollé le 11 novembre 1946 aux mains de Daniel Rastel. Prévu avec un réacteur français, il vola avec un Jumo allemand capturé. La photo représente le quatrième prototype, qui a volé le 19 mars 1948 avec un réacteur anglais Nene. Envergure : 9,16 m, longueur : 10,40 m, vitesse maximale : 965 km/h.*

△ *La fabrication du Leduc 010 fut entamée en 1938, mais dut être interrompue en raison de la défaite française de 1940. Elle fut reprise à la Libération, et l'avion vola pour la première fois le 21 octobre 1947. Sa propulsion avec un statoréacteur était très originale. Le développement de statoréacteurs est toujours en cours en 1998…*

Le programme Trident a évolué vers le SO-9050 Trident II, plus puissant mais d'apparence quasi identique. Le troisième prototype, vu ici en essais de fusées, a volé le 30 mars 1956. Charles Goujon trouva la mort sur le quatrième le 21 mai 1957. Le Trident II (envergure : 7 m, longueur : 12,70 m) était capable de frôler Mach 2. ▷

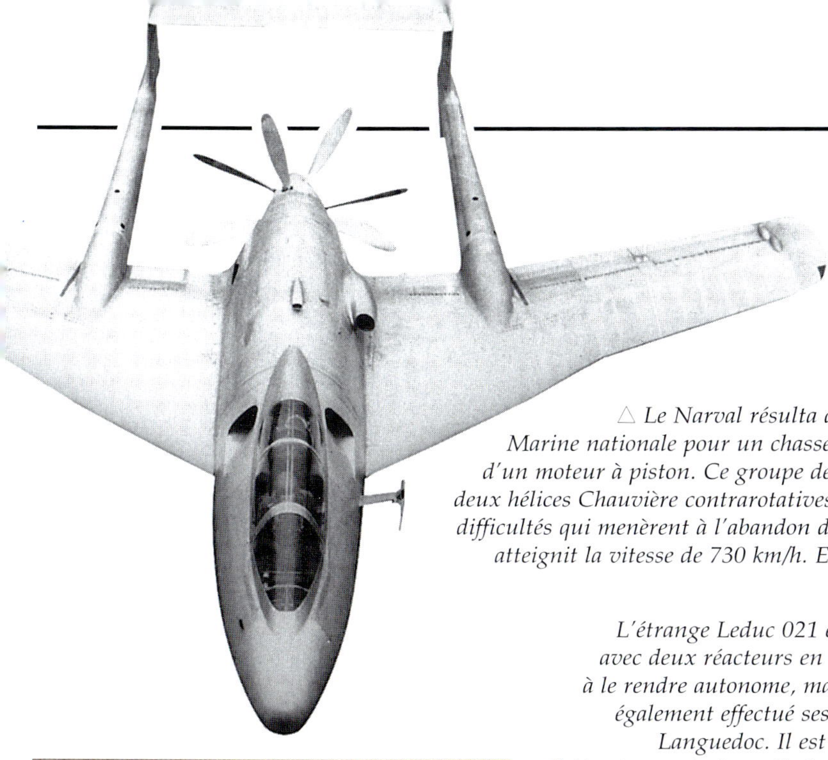

△ *Le Narval résulta d'une demande de la Marine nationale pour un chasseur embarqué équipé d'un moteur à piston. Ce groupe de 2 350 ch actionnait deux hélices Chauvière contrarotatives, mais fut source de difficultés qui menèrent à l'abandon de l'avion. Le Narval atteignit la vitesse de 730 km/h. Envergure : 11,75 m, longueur : 11,85 m.*

L'étrange Leduc 021 en vol. Il était prévu avec deux réacteurs en bout d'aile, de façon à le rendre autonome, mais le 01, ci-contre, a également effectué ses essais à partir d'un Languedoc. Il est ici en configuration d'atterrissage, train sorti. Le statoréacteur devait délivrer 7 tonnes de poussée à Mach 0,9. Envergure : 11,60 m, longueur : 12,50 m. ▽

△ *L'un des derniers de la lignée des Espadon, le SO-6025 n° 01, envisagé pour la reconnaissance photo. Mû par un réacteur normal, il est équipé d'un propulseur d'appoint, en l'occurrence un moteur-fusée SEPR 251, que l'on voit ici en fonctionnement. Cet appareil a effectué son premier vol le 28 décembre 1949. Le programme Espadon fut abandonné.*

officiel d'après-guerre destiné à doter l'armée de l'air d'un chasseur à réaction de conception française. Il fait appel, lui aussi, au Rolls-Royce Nene. C'est encore Daniel Rastel, pilote d'essai de la SNCASO, qui fait faire son premier vol au SO-6020 Espadon, le 12 novembre 1948. Après un chantier de modifications important, l'appareil revole avec deux autres réacteurs en bout d'aile, français cette fois, des Turboméca Marboré de 400 kgp, pour tester ce mode de propulsion prévu sur le Trident. Jacques Guignard fait voler le n° 02 le 16 septembre 1949. Renommé SO-6026, il se voit affubler d'un moteur-fusée SEPR-251, de même que le 03 (premier vol le 28 décembre 1949). Finalement, l'Espadon se révèle trop lourd pour son réacteur, et une version légère vole le 3 septembre 1950. Aucune commande de série ne vient concrétiser cette succession de prototypes, pourtant utiles au Trident. Dans l'intervalle, voici le SO-8000 Narval. La Marine confie à la SNCASO la réalisation d'un chasseur embarqué sur porte-avions, qui revient au moteur classique à pistons, en l'occurrence l'Arsenal 12 H (Junkers Jumo 213, en réalité) de 2 350 ch entraînant deux hélices contrarotatives. Jacques Guignard décolle le Narval le 1er avril 1949, mais la motorisation est un échec et le programme est abandonné au début de 1950.

Le Trident constitue une véritable épopée humaine et technique qui va durer cinq ans. Lucien Servanty a l'idée d'un intercepteur faisant appel à une propulsion mixte : un groupe de fusées pour le décollage et la poursuite de l'ennemi, et des réacteurs en bout d'aile pour la croisière. Le Trident 01 s'envole le 2 mars 1953, et le même Jacques Guignard est grièvement blessé lors du vol du second, le 1er septembre de la même année. Plus puissant (double fusée de 3 tonnes de poussée, plus deux réacteurs Dassault Viper de 745 kgp), le SO-9050 Trident II est décollé le 19 juillet 1955 par Charles Goujon, mais ce dernier trouve la mort dans la désintégration de l'avion en 1957. Les services officiels stoppent le programme, la

Allumage de la tuyère du Leduc 022, le dernier de la série, à Istres, en 1957, photographié depuis l'avion d'accompagnement. Cette machine de 9,95 m d'envergure et de 18,12 m de long, sorte de tuyau de poêle volant, devait atteindre deux fois et demi la vitesse du son. Le programme fut abandonné pour des raisons budgétaires, et l'avion 02 ne fut pas achevé. ▷

. . . LA RENAISSANCE FRANÇAISE

préférence de l'armée de l'air allant au nouveau Dassault, le Mirage III…

La saga des tuyères thermopropulsives

La tuyère thermopropulsive, ou statoréacteur, a été imaginée en 1907 par l'Américain Lake, oubliée, puis redécouverte par le Français René Lorin en 1913. En 1930, un ingénieur de chez Breguet, René Leduc, la réinvente, et la construction du Leduc 010, débutée en 1938, est interrompue par l'Occupation et reprise à la Libération. L'inconvénient du statoréacteur est qu'il a besoin de vitesse pour exercer sa poussée, et le Leduc ne peut décoller seul. Aussi est-il largué du dos d'un quadrimoteur Languedoc ! Jean Gonord allume la tuyère la 21 avril 1949, mais la machine est accidentée le 25 juillet 1952. Le troisième avion (Leduc 016) est équipé de réacteurs en bout d'aile pour pouvoir décoller par ses propres moyens et volera le 15 janvier 1952. Le suivant est le 021, plus gros et mû par son seul statoréacteur devant donner 7 tonnes de poussée lors du passage de la vitesse du son. Les deux prototypes défrichent le terrain pour le 022, qui est autonome grâce à l'installation d'un réacteur Atar 101 D de 2 800 kgp au centre de la tuyère. La vitesse maximale prévue est de deux fois et demi celle du son (Mach 2,5) ! À partir du 26 décembre 1956, 140 vols d'essai sont accomplis par Jean Sarrail et Yvan Littolf, mais les Leduc sont victimes de compressions budgétaires !

Le principe est repris par l'ingénieur Jean Galtier, de Nord-Aviation. Les deux prototypes de Nord 1 500 Griffon ont un réacteur Atar 101 et un statoréacteur concentrique régulé par commande électronique. Cela fonctionne formidablement bien, et permet à André Turcat de battre le record du monde de vitesse sur circuit fermé de 100 km avec 1 643 km/h au début de 1959, et le record du monde de vitesse sur base avec 2 320 km/h à 15 000 m le 5 octobre 1959 ! Un projet de Super Griffon est abandonné, les matériaux ne pouvant supporter les échauffements de si hautes vitesses…

Des prototypes tous azimuts

Le 23 mai 1947, un curieux bimoteur d'attaque à moteurs à pistons (deux SNECMA 14 R de 1 600 ch), le NC-1070, effectue

△ *Le SFECMAS (puis Nord-Aviation) Gerfaut fut étudié par l'ingénieur Jean Galtier, qui fut aussi le père du Griffon. Le N-1402 était de configuration delta, comme en témoigne cette photo. Cet engin de 6,50 m d'envergure et de 9,90 m de long atteignit Mach 1 à 11 000 m, propulsé par un réacteur SNECMA Atar 101 C de 2 300 kgp.*

Le Nord-Aviation Griffon vola en 1953. Il faisait appel au même principe que les Leduc, statoréacteur plus turboréacteur, un principe qui prouva son efficacité, André Turcat atteignant 2 350 km/h à 15 000 m d'altitude le 5 octobre 1959. Envergure : 8,10 m, longueur : 14,55 m, poids en charge : 6 745 kg. La voilure est en forme de delta. ▽

▽ *Le Nord 1 405 Gerfaut II était prévu pour être la version opérationnelle du N-1402, avec un Atar 101 G de 4,5 tonnes de poussée qui l'emmena à Mach 1,3. André Turcat établit en 1957 un record international de vitesse ascensionnelle. Le Mirage III fut préféré à ce chasseur de 6,65 m d'envergure et de 11,25 m de long (5,2 tonnes à vide).*

Le curieux NC-1071 était la version réactorisée du NC-1070, qui vola avec des moteurs à piston. Ainsi modifié avec deux réacteurs Nene de 2 270 kg de poussée, il devint le premier biréacteur français (d'une envergure de 20 m et d'une longueur de 10,75 m) capable de voler à 795 km/h. Des déformations de la structure le firent arrêter de vol. ▽

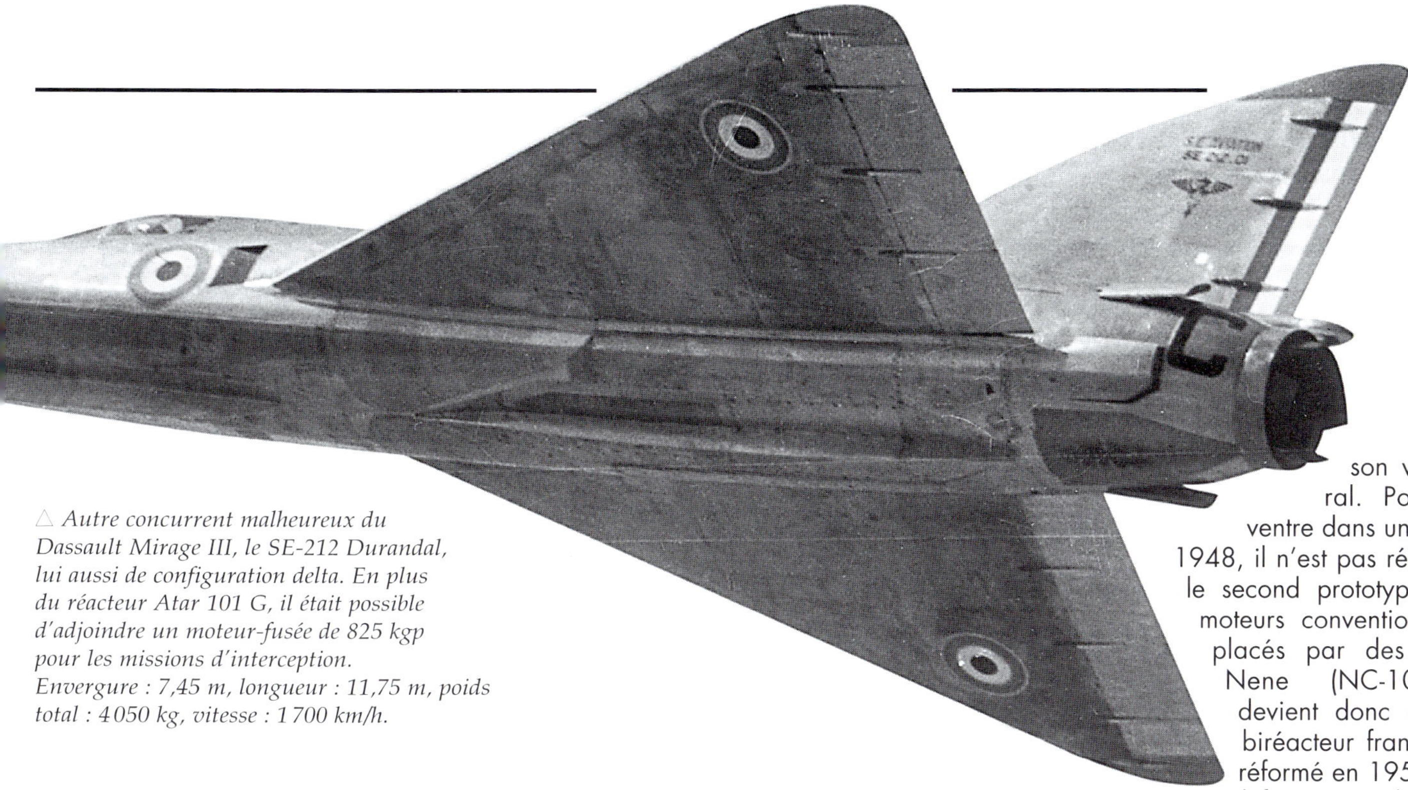

△ *Autre concurrent malheureux du Dassault Mirage III, le SE-212 Durandal, lui aussi de configuration delta. En plus du réacteur Atar 101 G, il était possible d'adjoindre un moteur-fusée de 825 kgp pour les missions d'interception. Envergure : 7,45 m, longueur : 11,75 m, poids total : 4 050 kg, vitesse : 1 700 km/h.*

◁ *Dû à l'équipe de l'ingénieur Pillon, de l'ancien bureau d'études Nieuport, ce monoréacteur NC-1080 était pourvu d'un dispositif de volets complexe et inefficace. Ce chasseur embarqué de 11 m d'envergure et de 12,85 m de long atteignit 978 km/h à 5 000 m, mais ne fut pas construit en série, pas plus que ses deux autres concurrents, du reste.*

son vol inaugural. Posé sur le ventre dans un champ en 1948, il n'est pas réparé, mais le second prototype voit ses moteurs conventionnels remplacés par des réacteurs Nene (NC-1071), et devient donc le premier biréacteur français. Il est réformé en 1950 car il se déforme en vol...

Issu de la même firme, la Société nationale de constructions aéronautiques du Centre, le NC-1080 est envisagé comme chasseur à réaction embarqué (avec l'omniprésent Nene). Il vole le 29 juillet 1949, mais le prototype s'écrase le 7 avril 1950, tuant son pilote, Pierre Gallay. Aucun de ses concurrents – l'Arsenal VG-90 ou le Nord 2 200 – ne reçoit la consécration de la série.

Nord-Aviation a dessiné l'un des premiers avions dont la forme en plan de la voilure est un triangle, un delta, le SFECMAS-Nord 1 402 Gerfaut, avec lequel André Turcat franchira à l'horizontale la vitesse du son le 3 août 1954. La version opérationnelle N-1405 Gerfaut II réalise ses essais avec Michel Chalard à partir du 17 avril 1956. André Turcat bat le record international de vitesse ascensionnelle (15 000 m atteints en 3 min et 35 s) le 16 février 1957.

Le Gerfaut est une autre victime de la percée du Mirage III de Dassault, tout comme le SE-212 Durandal, delta lui aussi, réponse de la SNCA Sud-Est au même programme que le Gerfaut. Le n° 01 (premier vol le 20 avril 1956, piloté par Pierre Maulendi) est entraîné par un Atar 101 G-3 de 4 500 kgp, et une fusée d'appoint SEPR 65 de 825 kgp est prévue. Le 02 a un moteur-fusée nettement plus puissant (1 500 kgp), et l'unique armement envisagé de cet intercepteur est un missile air-air Matra R-511.

La fin des années 1950 voit donc le triomphe d'un avionneur privé, Dassault, avec son Mirage III qui va focaliser tous les moyens de l'État pour équiper l'armée de l'air. Mais les sociétés nationalisées n'ont pas démérité, avec le bombardier Vautour, les hélicoptères Alouette ou la magnifique Caravelle, et bien d'autres encore.

LES PILOTES D'ESSAI

Le renouveau de l'aviation et son entrée dans l'ère supersonique vont renforcer le rôle important des pilotes d'essai, chargés de pousser l'avion dans ses moindres retranchements pour que son utilisation courante n'apporte plus de surprise. Dans les années 1950, où le public se passionne pour la bataille du franchissement du mur du son, les pilotes d'essai sont des héros. Pilotes « d'usine », en charge des essais « constructeur », pilotes du Centre d'essais en vol de Brétigny ou d'Istres, ils vont payer un lourd tribut au progrès technique, à l'époque où les modèles informatiques n'existent pas. Dans les années 1950 et 1960, ils ont pour nom René Bigand, Jean Boulet (pour les hélicoptères), Jean Dabos, Charles Goujon, Jacques Guignard, Yvan Littolf, Tito Maulendi, Daniel Rastel, Constantin Kostia Rozanoff, André Turcat, etc. Tous se caractérisent par un courage certain, car ils sont souvent confrontés à une mécanique défaillante. Ainsi Daniel Rastel est-il associé aux essais français des Me 262, du Triton, Charles Goujon et Jacques Guignard à l'épopée des Trident, Rozanoff à celle des Mystère de Dassault et du franchissement français du mur du son, André Turcat aux avions Nord-Aviation, du Griffon jusqu'au Concorde, Roland Glavany au Mirage, etc. Leur rôle, souvent ingrat, a été essentiel dans la mise au point des machines.

◁ *Deux pilotes d'essai célèbres dans les années 1950, Charles Goujon, à gauche, et Jacques Guignard, à droite, tous deux engagés dans l'important programme du Trident.*

LES TRANSATLANTIQUES À HÉLICE

Dès la paix signée s'ouvre l'ère des long-courriers. Les Américains, qui ont étudié des avions de ligne avant et pendant la Seconde Guerre mondiale, vont ainsi dominer l'aviation commerciale.

La neutralité des États-Unis au début des années 1940 permet à Douglas et Lockheed de concevoir des quadrimoteurs civils. Le DC-4 et le Constellation sont ainsi les premiers d'une lignée qui restera en production jusqu'à la relève à réaction. En 1945, ces appareils répondent à la demande des compagnies aériennes du monde entier, qui veulent reconstituer leur réseau. Ils emploient des moteurs à pistons éprouvés, les réacteurs, gloutons en carburant, étant jugés insuffisamment fiables pour de longs trajets.

Douglas : du DC-4 au DC-7

Douglas est le premier, avec le DC-4 E, le 7 juin 1938. Il déçoit toutefois. La copie est revue et une machine (4 x Pratt & Whitney R-2000 de 1 350 ch) est commandée début 1940. Les États-Unis entrant en guerre, les avions sont réquisitionnés (C-54 Skymaster), le premier quittant le sol le 14 février 1942. Sa distance franchissable est de 4 830 km (près de 80 000 traversées de l'Atlantique et du Pacifique sont effectuées pendant le conflit !), et 1 163 exemplaires militaires sont assemblés (plus une petite centaine d'appareils civils). La paix revenue, les C-54 sont démilitarisés. Rustique, le DC-4 joue un rôle important dans la renaissance du transport aérien, et certains volent encore aujourd'hui !

L'US Air Force cherchant un avion de plus grande capacité, le DC-6 décolle le 15 février 1946. Si la voilure est celle du DC-4, son fuselage est allongé et pressurisé. Il peut embarquer jusqu'à 86 passagers, et 102 pour la variante DC-6 B encore rallongée. Le C-118 est fabriqué pour l'Air Force et le R6D pour la Navy, et l'un d'entre eux est aménagé pour Harry S. Truman, président des États-Unis. Le DC-6 C est également apte au transport de fret. Fiables, avec leurs quatre moteurs Pratt & Whitney R-2800 Double Wasp de 2 400 ch, une cinquantaine volent encore en 1998, souvent comme bombardiers d'eau.

▷ Démilitarisé, le DC-4 a intensivement participé au renouveau du transport aérien d'après-guerre, sous les couleurs de très nombreuses compagnies aériennes. Ce quadrimoteur non pressurisé de 35,80 m d'envergure et de 28,60 m de long pouvait franchir plus de 4 000 km avec une charge utile de 5 tonnes, à la vitesse de croisière de 365 km/h.

Majestueux, le DC-7 C (ici aux couleurs françaises) représente le développement ultime de la lignée des avions de transport civils à hélices de Douglas. Son règne sera court, du fait de l'arrivée des avions à réaction. Envergure : 38,85 m, longueur : 34,20 m, 65 tonnes en charge. Ses moteurs Wright Turbo compound de 3 400 ch entraînent d'énormes hélices quadripales. ▷

◁ Embarquement des passagers sur un vol de la Pan Am en DC-6 dans les années 1950, accueillis fièrement par l'équipage en grande tenue. Le DC-6 est une version allongée et pressurisée (ce qui lui permet de voler plus haut) du DC-4, avec des moteurs plus puissants (4 x 2 500 ch sur le DC-6 B). Envergure : 35,80 m, longueur : 32,20 m.

L'US Air Force utilisa un dérivé du L-1049 Super Constellation en tant qu'appareil d'alerte aérienne avancée sous le nom d'EC-121 Warning Star, qui servit jusqu'au début des années 1970. Deux cent vingt-deux appareils furent réalisés ; ils furent les ancêtres des actuels AWACS, motorisés par des Wright Turbo compound de 3 400 ch. ▽

△ *Dernière évolution du Super Constellation, le Starliner utilisait le même fuselage mais avec une autre voilure de plus grand allongement. Apparu à l'extrême fin des années 1950, tout comme son contemporain le Douglas DC-7 C, il eut une carrière de courte durée en raison de l'arrivée des Boeing 707 et Douglas DC-8 à réaction.*

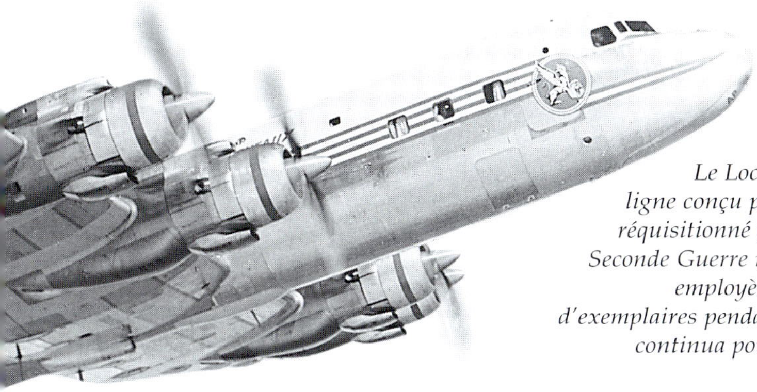

Le Lockheed Constellation, avion de ligne conçu pour la Pan Am, a d'abord été réquisitionné par les militaires du fait de la Seconde Guerre mondiale (ici un C-69). Ils en employèrent seulement une vingtaine d'exemplaires pendant le conflit, et la production continua pour satisfaire les demandes des compagnies. ▽

Challenger des Douglas et Lockheed, le Boeing 377 Stratocruiser, dont on voit ici le prototype, qui vola ensuite au sein de la Pan American Airways, ne réussit pas à s'imposer. Il était directement issu du transport militaire C-97 et présentait un fuselage à deux ponts. ▽

Le DC-7 concurrence le Super Constellation avec les mêmes moteurs Wright : fuselage allongé, envergure augmentée par adjonction d'un tronçon central... 105 DC-7, 112 DC-7 B et 120 DC-7 C, plus long et plus puissant encore (capable de franchir n'importe quel océan à 570 km/h de croisière), sont vite supplantés par le DC-8 à réaction.

Lockheed : le Constellation et ses dérivés

Bien que né pour satisfaire la Pan Am en 1939, le Lockheed L-49 est d'abord un transport militaire, le C-69 effectuant son vol inaugural le 9 janvier 1943. Vingt-deux quadrimoteurs sont pris en compte avant résiliation des contrats de l'armée. Le L-049 civil est certifié le 11 décembre 1945 et livré à la Pan Am et à la TWA. Le modèle commercial L-649 est remplacé par le L-749, à capacité de carburant accrue en 1947. Il embarque jusqu'à 80 passagers et est motorisé par des Wright de 2 500 ch. À la fin de 1949, les exploitants réclament des capacités d'emport plus importantes. Résultat, le L-1049 Super Constellation voit son fuselage étendu de 5,60 m, et 109 passagers peuvent y prendre place. Le L-1049 C est gréé de moteurs Wright Turbo compound de 3 250 ch. Ces moteurs possèdent trois turbocompresseurs entraînés par les gaz d'échappement, et ont un meilleur rendement. Enfin, le Starliner est un Super Constellation tardif avec une nouvelle aile. Si le fuselage et les moteurs sont inchangés, la voilure tolère une autonomie plus grande. Mais le règne des jetliners débute...

Boeing Stratocruiser, l'outsider

Devant la réussite de Douglas et Lockheed, Boeing s'empresse de dériver le B-377 de son transport militaire C-97 (quatre moteurs Pratt & Whitney R-4360 Wasp Major de 3 500 ch). Le premier vol a lieu le 8 juillet 1947 et l'avion est ensuite cédé à la Pan American, qui va en devenir le principal utilisateur (27 Stratocruiser sur les 55 construits). Le fuselage a une forme bilobée, les 55 à 112 passagers étant au pont supérieur, tandis qu'un bar est accessible, à l'étage inférieur, par un escalier en colimaçon.

L'avion sera retiré en 1963 ; quelques-uns seront transformés en avions-cargos Guppy.

L'AVÈNEMENT DE L'HÉLICOPTÈRE

Né, dans son principe, au début du siècle, l'hélicoptère, à la mécanique très complexe, va devoir attendre la fin des années 1930 pour réellement décoller. Il va devenir irremplaçable pour de nombreuses tâches...

△ *Le constructeur Bell s'intéresse aux hélicoptères dès les années 1930 et son modèle 47 (ici un modèle J), encore utilisé de nos jours pour l'école ou l'épandage agricole, va connaître le succès. Aujourd'hui, Bell-Textron est l'un des deux plus importants constructeurs au monde (aux côtés d'Eurocopter) pour le marché civil.*

Sans remonter à la vis hélicoïde dessinée par Léonard de Vinci, la volonté de décoller et d'atterrir à la verticale pousse des pionniers à concevoir, dès le début du siècle, les premiers hélicoptères. Paul Cornu effectue un premier vol libre (à quelques centimètres du sol pendant quelques secondes...) en novembre 1907 peu de temps avant Louis Breguet. Les performances sont ridicules, les problèmes techniques nombreux.

Une recherche mise au point après la guerre

Le vol de l'hélicoptère, avec son rotor principal tournant à grande vitesse (vibrations, tenue des matériaux, efforts exercés sur la structure, etc.), reste complexe. Il ne s'agit plus, comme sur un avion, de propulser dans l'air une voilure fixe, mais de générer la portance par une voilure tournante. La pale, qui avance dans le sens de la trajectoire, connaît une très grande vitesse qui est due à sa rotation et à la rapidité de l'appareil, ce qui a pour conséquence plus de portance que la pale reculante, qui connaît une faible vitesse (sa vitesse propre étant diminuée de celle de l'appareil). Il faut donc à chaque tour de rotor réduire l'incidence de la pale avançante tout en augmentant celle de la pale reculante, afin d'éviter que l'appareil ne bascule en roulis. Les pales ne doivent pas non plus battre dans le plan vertical sous les variations de portance – d'où la nécessité d'un système fiable de pas cyclique (variation momentanée de l'incidence des pales) et de pas général augmentant ou diminuant le pas sur l'ensemble du rotor pour monter et descendre. De plus, il faut pouvoir orienter le rotor principal pour évoluer dans les trois dimensions. Pour mettre au point cette technologie, de nombreux prototypes vont être nécessaires

△ *Entre autres activités, l'hélicoptère a permis la retransmission en direct d'événements sportifs, comme cette Alouette II, utilisée dans les années 1960 pour les actualités télévisées. Du Tour de France au départ des courses à la voile, l'hélicoptère est partout...*

△ *Conçu pour répondre à la demande du gouvernement indien pour des opérations à très hautes altitudes, le Lama a utilisé la cellule de l'Alouette II et la motorisation de l'Alouette III.*

△ *En France, le Bell 47G connaîtra les honneurs en juin 1955, avec l'atterrissage effectué par Jean Moine au sommet du Mont-Blanc.*

◁ *Utilisant le principe de la réaction pour faire tourner son rotor principal, le Djinn a été utilisé par l'Aviation légère de l'armée de terre. Le SNCASO SO-1221 Djinn est le premier hélicoptère français commandé en série et le seul hélicoptère utilisant ce principe de propulsion de son rotor à avoir atteint le stade de la certification et de la production industrielle. Si le prototype était monoplace, le Djinn de série sera biplace. Cent cinquante appareils seront livrés à l'armée française.*

entre les deux guerres, mais les performances restent encore très limitées. Ce n'est qu'à la fin des années 1930 que le concept commence à prendre réalité, avec des appareils comme le Breguet-Dorand, les Focke, ou le VS-300, que le pionnier Igor Sikorsky décolle en septembre 1939. Les Américains Bell, Hiller et Piasecki vont suivre.

Insuffisamment développé, l'hélicoptère ne sera pas employé durant la Seconde Guerre mondiale. Après-guerre, les études se poursuivent aux États-Unis, en Grande-Bretagne, mais également en France, où différents constructeurs réalisent une série de prototypes qui mèneront à l'Alouette II, une belle réussite. Avec cet appareil, créé par Charles Marchetti, Jean Boulet va établir un record du monde d'altitude à 8 200 m. Puis ce seront les premières missions de sauvetage en montagne. Plus de 3 000 Alouette II et ses successeurs, l'Alouette III et le Lama (record du monde à 12 000 m), seront vendus, faisant de ce programme l'un des plus réussis de la période.

Sur le marché, les constructeurs sont nombreux : l'Anglais Bristol, les Américains Bell (avec notamment le modèle 47G), McDonnell, Sikorsky, Piasecki, Kaman, Hughes, Vertol, et les Soviétiques, tels Mil et Kamov. Les utilisations possibles ne cessent de s'accroître : reconnaissance et dépose de soldats (guerre de Corée), évacuations sanitaires, épandage agricole, surveillance, transport privé, lutte antifeu, sauvetage en mer (opérations à partir de porte-avions), etc. Ce qui fera dire à un pionnier que l'hélicoptère est la seule invention humaine à avoir sauvé plus de vies qu'elle n'en a fait perdre.

Un outil de travail irremplaçable

Au fil des ans, la taille, la puissance (des turbines remplaçant les moteurs à pistons) et la charge embarquée vont s'accroître. Différentes architectures seront évaluées, à simple rotor, double rotor coaxial, en tandem ou engrenant, sans oublier quelques géants à trois ou quatre rotors. Il y aura également des hélicoptères à rotor entraîné par réaction (éjection aux extrémités des pales), comme le Djinn français, commandé par les forces armées. Des projets d'hélicoptères monoplaces verront le jour pour déplacer les fantassins sur les champs de bataille. L'hélicoptère est devenu irremplaçable...

Démonstration de l'évacuation d'un blessé, l'un des usages les plus répandus pour les voilures tournantes, car permettant d'accéder rapidement sur le lieu d'un accident et de déposer les victimes directement à l'hôpital. ▷

◁ *Les capacités d'atterrissage et de décollage de l'hélicoptère lui permettent de se poser sur différentes surfaces : dur, herbe, sable, neige et même sur l'eau, comme le montrent les flotteurs équipant cette Alouette II.*

Après le succès de l'Alouette II, le constructeur proposera l'Alouette III, dont la série sera lancée à partir de 1961. L'appareil sera utilisé par la Protection civile, la gendarmerie, l'Aéronavale... Plus de 1 400 seront produits avant l'arrêt des chaînes d'assemblage. Le rotor tripale est repliable au sol, pour limiter l'encombrement, une possibilité bienvenue sur le pont des porte-avions. ◁

L'AUTRE VOILURE TOURNANTE : L'AUTOGIRE

Si la différence extérieure est souvent minime à l'œil, l'autogire n'utilise pas les mêmes principes que l'hélicoptère. Ce dernier emploie le rotor principal à la fois pour se sustenter et pour se mouvoir dans toutes les directions, en orientant le plan du disque rotorique. Le rotor arrière, dit anticouple, combat le couple généré par le rotor principal et permet de faire tourner l'hélicoptère autour de son axe de lacet. L'autogire, inventé par Juan de la Cierva dans les années 1920, utilise également un rotor principal, mais non entraîné par un moteur. Il tourne sous l'effet... du vent relatif, c'est-à-dire l'écoulement de l'air créé par la vitesse de déplacement. La propulsion est effectuée par un moteur placé à l'avant. Au décollage et à l'atterrissage, l'autogire a donc besoin d'une vitesse initiale avant que le rotor principal génère suffisamment de portance pour le soulever, interdisant les décollages et les atterrissages à la verticale.
Mais les distances peuvent être faibles en cas de vent ou de prélanceur, faisant tourner rapidement le rotor au roulage.
S'il est loin de connaître la complexité de l'hélicoptère, l'autogire en conserve de nombreux avantages. Malgré cela, son développement ne sera pas poussé après-guerre, l'hélicoptère prenant le dessus...

F-86 SABRE CONTRE MIG-15

Ces deux chasseurs à réaction de la nouvelle génération, capables d'atteindre 1 000 km/h, s'affrontent dans le premier conflit opposant indirectement les États-Unis à l'URSS...

Alors que la Seconde Guerre mondiale n'est pas encore achevée, les bureaux d'études travaillent sur des projets de chasseurs à réaction. North American, dès novembre 1944, prépare son XP-86, dont la maquette sera dévoilée le 20 juin 1945. Ce monoplace extrapolé des chasseurs à hélice, avec une aile droite et un fuselage ventru, reçoit le réacteur General Electric J35. Pourtant, l'appareil n'atteint pas les performances escomptées.

Recourant à des études allemandes qui montrent l'intérêt des ailes en flèche pour diminuer la traînée aérodynamique aux vitesses subsoniques élevées, le prototype reçoit en novembre 1945 une aile en flèche. Pour pallier les problèmes de contrôle aux basses vitesses (décrochage des extrémités d'aile), la voilure reçoit des becs automatiques. Ainsi, le F-86 décolle le 1er octobre 1947 avec George Welch aux commandes. Le 26 avril suivant, le F-86 Sabre passe le mur du son en léger piqué, ce qui fait de lui le premier chasseur de série à le franchir, quelques mois seulement après Chuck Yeager sur le X-1S.

Le F-86A, avec son réacteur GE J47GE1 de 2 350 kg de poussée, décroche le record du monde de vitesse le 15 septembre 1948 avec 1 079 km/h.

Une longue série va suivre, allant du F-86A au F-86D SabreDog, avant les F-86E et F, puisque trente et une armées de l'air utiliseront onze variantes du Sabre.

À l'Est, Mikoyan-Gurevich a visé les mêmes buts et, le 30 décembre 1947, le premier de trois prototypes dénommés I-310 vole aux mains de M. Yuganov. C'est un petit monoplace, à l'aile en flèche à 35°, propulsé par la version russe du Rolls-Royce Nene, puis par un Klimov VK-1F de 1 500 kg de poussée. Dès

▷ *Utilisé dans différents pays, le Sabre connaîtra également des productions sous licence, en Australie ou au Canada, comme ces F-86 Sabre Mk6 produits par la société Canadair au profit de la Royal Canadian Air Force. Pour augmenter l'autonomie des appareils, ces trois Sabre ont reçu des réservoirs supplémentaires largables.*

△ *Le F-86D sera le premier intercepteur tout-temps à être piloté par un seul homme et non en équipage à deux. Baptisé SabreDog, il se distingue du F-86 Sabre standard par son nez pointu, qui reçoit le radar.*

△ ▷ *Au début des années 1950, le MiG-15 est le chasseur standard de l'URSS et des pays du pacte de Varsovie. Ces premiers chasseurs à réaction ne disposent pas de sièges éjectables et le pilote est donc équipé d'un parachute-baquet servant de coussin.*

◁ *Employé par de nombreuses armées de l'air dans le monde jusque dans les années 1970, le Sabre sera utilisé ensuite comme cible volante pour mettre au point des missiles. Le Sabre pèse 6 200 kg, contre 4 800 kg pour le MiG-15. Ce dernier atteint 1 070 km/h à 12 000 m. Il sera remplacé en 1949 par le MiG-15*bis*, plus performant et emportant des canons plus efficaces : deux de 23 mm à gauche et un de 37 mm à droite, contre six mitrailleuses de 12,7 mm pour le Sabre.*

◁ *Sauf en cas d'utilisation sur un champ d'opération, l'USAF, dans les années 1950 et 1960, n'hésitait pas à employer des livrées colorées et très visibles pour ces chasseurs. Les F-86E et F, contrairement aux modèles précédents, utilisent un empennage horizontal entièrement mobile (type monobloc), donnant à l'appareil un meilleur comportement en phase transsonique.*

C'est sur un tel F-86A, avec son réacteur GE J47GE1 de 2 350 kg de poussée, que le Sabre décrochera un record du monde de vitesse le 15 septembre 1948, avec 1 079 km/h. ▽

mars 1948, l'appareil est retenu par l'armée de l'air soviétique et la production débute sous le nom de MiG-15. En 1949, c'est le chasseur standard de l'URSS et des pays du pacte de Varsovie.

Opposés en Corée

Ces deux chasseurs très comparables vont se trouver en présence dans le ciel de la Corée. Le 25 juin 1950, la Corée du Nord a en effet envahi la Corée du Sud et le conflit va durer trois ans. Les débuts voient s'affronter des chasseurs à hélice, complétés par les jets F-80C Shooting Star et F-84E Thunderjet pour la Far East Air Force. Mais, en novembre 1950, des MiG-15 pilotés par des Nords Coréens et des Chinois rentrent en jeu. L'appareil se révèle plus rapide, plus maniable. Les Américains sont alors obligés de faire appel aux Sabre. Les premiers F-86A arrivent avec le 4th Fighter Group, composé de vétérans de la guerre de 1939-1945. Quelques jours plus tard, les F-86 remportent leurs premières victoires. Le MiG-15, très maniable, monte mieux que le F-86 et reste inaccessible au-dessus de 15 000 m. La force de feu importante de ses canons est redoutable, par comparaison avec les 6 mitrailleuses de 12,7 mm du Sabre. De plus, les Sabre doivent parcourir plus de 300 km pour atteindre la « MiG alley » et les bases nord-coréennes, ce qui leur laisse peu de temps sur place.

Malgré ces désavantages, les Sabre vont l'emporter grâce aux qualités de vol supérieures et au meilleur taux de virage du F-86F, sans oublier son collimateur de tir supérieur. Les pilotes américains, mieux entraînés, sont également plus efficaces en combat aérien que leurs adversaires, même après l'arrivée en 1951 de pilotes soviétiques dans les rangs adverses. C'est ce qui fera la différence car les deux appareils se valent, ce que ne montrent pas les scores. Sur la durée totale de la guerre, le rapport sera de 1 à 10 en faveur du Sabre.

La guerre de Corée voit ainsi la désignation des premiers As sur jets (39 américains dépassent le score de cinq victoires), comme James Jabara, avec quinze victoires, et Joseph McConnell, avec seize MiG à son actif. Cette supériorité du Sabre entraîne vers la fin des hostilités une chute progressive des missions menées par les MiG-15.

DE L'OURAGAN AU MIRAGE, L'ÉPOPÉE DASSAULT

Au sortir de la guerre apparaît un nouveau constructeur français qui, très vite, va devenir le plus célèbre : Dassault. Encore aujourd'hui, ce nom est synonyme du savoir-faire français en aéronautique.

△ Le Dassault MD-450 Ouragan fut le premier chasseur à réaction français de l'armée de l'air. Ce chasseur de 13,15 m d'envergure, de 10,75 m de long et d'un poids en charge de 7,3 tonnes pouvait atteindre 940 km/h. Il servit dans deux conflits, l'escarmouche indo-pakistanaise de 1965 et la guerre des Six-Jours en 1967, pour des attaques au sol.

Marcel Dassault (1892-1986) : une destinée étonnante au service des ailes françaises. ▷

En 1916, un certain Marcel Bloch fonde sa première société, Hélice Éclair. L'ingénieur est issu d'une des premières promotions de la nouvelle École supérieure de l'aéronautique, dite Sup'Aéro, et son hélice équipe les Spad de la Grande Guerre. Peu après, avec son ami Henri Potez, autre grand nom de l'aviation française, il crée la Société d'études aéronautiques, de laquelle est issu le biplan SEA-4, qui sera commandé en série en 1918. La firme des Avions Marcel Bloch fournit des appareils à l'armée de l'air dans les années 1930, jusqu'à la nationalisation de 1936 au sein de la SNCASO, dont Marcel Bloch prend la direction. Le chasseur Bloch 152 équipe les escadrilles en 1940 ; le bimoteur de reconnaissance Bloch 174 est prometteur, il est l'avion de Saint-Exupéry, pilote de guerre en mission sur Arras en 1940.

Mais Marcel Bloch est juif. Refusant de mettre ses compétences au service de l'occupant, il est déporté à Buchenwald. Il en revient affaibli et, tirant un trait sur le passé, il prend une nouvelle identité en adoptant le nom de résistant de son frère, général de l'arme blindée (Dassault, pour char d'assaut).

Marcel Dassault recommence avec un bimoteur d'école, de petit transport et de liaison, le MD-303, qui vole le 10 février 1947. Il en sera extrapolé les Dassault Flamant, dont 320 exemplaires servent à l'armée de l'air et à l'aéronautique navale dans les années 1950.

Ouragan et Mystère

Sur l'initiative de Marcel Dassault, informé des difficultés rencontrées par l'Espadon (poids, complexité, coût), le bureau d'études lance le MD-450 Ouragan, avec un réacteur anglais Nene de 2 270 kgp. Trois prototypes volent aux mains de

LE MUR DU SON

À haute vitesse, c'est-à-dire à l'approche de la vitesse du son (Mach 1, aux alentours de 340 m/s, car cela dépend de la densité de l'air), l'avion se heurte à une onde de choc créée par les molécules d'air. Les machines les moins aérodynamiques rencontrent de fortes vibrations, les commandes durcissent… Les journalistes appellent cela le mur du son, dont le franchissement se caractérise par le célèbre bang ! C'est l'Américain Charles Chuck Yeager qui le franchit le premier le 14 octobre 1947 à bord d'un avion-fusée Bell X-1 lancé d'un bombardier B-29. L'obstacle est franchi en Grande-Bretagne en septembre 1948.

À l'époque, excepté des appareils expérimentaux comme le Bell X-1, les turboréacteurs des avions ne procurent pas assez de puissance pour passer le Mach en vol horizontal, il faut partir en piqué… En France, le Mach est franchi par… les Américains Johnson et Davies, venus essayer le Mystère II le 28 octobre 1952 ! Ils déduisent de leurs vols que l'indicateur de vitesse de l'avion est faux, et que les Français ont dépassé le mur du son sans le savoir. Ils vont leur apprendre à diriger le bang afin que ce dernier soit audible du sol. Paul Boudier avait dû être le premier pilote français supersonique, à moins que ce ne fût Kostia Rozanoff !

C'est le Mystère II n° 03 qui permit aux Français de franchir le mur du son en 1952. Mais ils l'avaient passé auparavant sans le savoir… ▷

△ *Vol de groupe de Super Mystère B2 aux couleurs de la 10e escadrille de chasse basée à Creil, dans les années 1960. Ce chasseur était supersonique en vol horizontal et avait été inspiré par le North American F-100 Super Sabre pour sa voilure et la forme aplatie de son entrée d'air nasale. Envergure : 10,50 m, longueur : 14,15 m, vitesse : 1 105 km/h avec postcombustion.*

LA GUERRE DES SIX-JOURS : LE TRIOMPHE DES DASSAULT

En juin 1967, les Israéliens prirent l'initiative d'une attaque préventive des pays arabes, la tension au Moyen-Orient étant à son comble. À l'époque, Tsahal était équipé de jets français, les Arabes de MiG soviétiques, dont le MiG-21, chasseur capable de Mach 2 (*a priori* équivalent au Mirage III, comme le Lockheed F-104 Starfighter américain). À l'aube du 5 juin, 120 avions en trois vagues attaquèrent les aérodromes égyptiens, détruisant 300 appareils en trois heures!
À 14 h 30, ce fut au tour des Hawker Hunter jordaniens d'être écrasés sous les bombes, après les Syriens.
Les forces aériennes adverses ayant pour ainsi dire été annihilées, les avions de la Heyl Ha'Avir (armée de l'air israélienne) purent ensuite aider efficacement les troupes au sol.
Des combats aériens sporadiques opposèrent Super Mystère et Mirage aux MiG-17, 19 et 21, souvent à l'avantage des Israéliens.

Le 10 juin, à 6 h 30, lorsque le conflit prit fin, la Heyl Ha'Avir avait perdu 45 appareils, dont une douzaine en duels aériens; 20 pilotes avaient été tués et 13 faits prisonniers. Mais elle avait pulvérisé 286 avions égyptiens (dont une soixantaine en l'air), 22 jordaniens, 54 syriens, 15 à 20 irakiens et un libanais. Les Dassault avaient prouvé leur supériorité à la face du monde…

△ *Document de mauvaise qualité, mais typique de la guerre des Six-Jours : un Mystère IV A israélien protège un char Sherman. La victoire des Dassault allait être écrasante…*

Le MD-452 Mystère II était un dérivé, avec une aile en flèche, de l'Ouragan. Il équipa les 5e et 10e escadres de chasse. Il était armé de deux canons de 30 mm. Envergure : 11,33 m, longueur : 12,25 m, vitesse maximale : 1 030 km/h. ▷

Kostia Rozanoff, le premier le 20 juillet 1949. Treize appareils de présérie suivent, dont certains sont affectés à des essais (postcombustion, autres réacteurs, etc.). Succès : l'armée de l'air passe une commande de 350 machines, et l'Inde de 71 (ce pays prendra livraison de 33 autres Ouragan ex-français par la suite, tout comme Israël, qui utilise avec brio ses 71 avions pour l'attaque au sol pendant la guerre des Six-Jours). Le MD-450 est armé de quatre canons de 20 mm et de seize roquettes.

Le Mystère est une évolution logique de l'Ouragan. La démarche d'améliorations par étapes successives est représentative du fonctionnement de Dassault et se poursuit aujourd'hui. Ainsi le MD-452 Mystère est-il un Ouragan avec une aile en flèche, que Rozanoff fait voler le 23 février 1951. Trois types de réacteurs sont testés, le Nene de 2 270 kgp, le Tay de 2 850 kgp, et l'Atar 101 de 2 800 kgp, sur chacun des prototypes. Suivra une présérie de 20 machines qui mène à la série de cent cinquante Mystère II C à moteur Atar D de 2 900 kgp, lesquels équipent deux escadres de l'armée de l'air. Mais ce n'est qu'une transition en attendant le Mystère IV. Rozanoff décolle ce dernier le 28 septembre 1952, poussé par un Rolls Royce Tay (assemblé sous licence par Hispano-Suiza) de 2 850 kgp. Il atteint la vitesse du son en piqué le 17 janvier 1953. Quatre cent onze Mystère IV A (59 pour Israël et 110 pour l'Inde) succèdent aux huit appareils de présérie, les derniers avec des réacteurs Hispano-Suiza Verdon de 3,5 tonnes de poussée. Le Mystère IV A fait fort bien le coup de feu lors de la guerre des Six-Jours et du conflit indo-pakistanais de 1965. Le Super Mystère fait annuler la commande de Mystère IV B, et le biplace de chasse de nuit Mystère IV N reste unique.

Paul Boudier met en l'air le Super Mystère le 2 mars 1955. Le Super Mystère B1 a un moteur Rolls-Royce Avon, le B2 un moteur Atar 101 G2, et sera retenu pour une commande de 370 réduite à 180 (dont 36 pour Israël). À la fin des années 1950, trois escadres de chasse ont des SMB2 en dotation, ainsi que des écoles.

… DE L'OURAGAN AU MIRAGE, L'ÉPOPÉE DASSAULT

△ *L'unique Étendard II décolla en juillet 1956, propulsé par deux réacteurs Turboméca Gabizo de 1 100 kg de poussée. La motorisation se révéla insuffisante et la construction du deuxième prototype ne fut même pas achevée, le programme étant abandonné après une quarantaine de vols du n° 01.*

Des Étendard pour les marins

Opposé au Breguet 1 100 Taon sur un programme de biréacteur d'appui tactique, le Mystère XXII, rebaptisé Étendard II, vole le 23 juillet 1956 avec Paul Boudier dans le cockpit. L'unique exemplaire ne donne pas satisfaction, la poussée de ses deux Turboméca Gabizo étant insuffisante. Mais le lendemain, Georges Brian fait voler le Mystère XXIV à l'origine avec un Atar 101 de 3 500 kgp, puis avec un Atar 8 de 4 400 kgp sans postcombustion. C'est finalement la Marine qui l'achète en deux modèles, l'Étendard IV M d'attaque (69 appareils) et IV P de reconnaissance photo (21 machines).

Les prototypes du Super Étendard sont des modifications de l'Étendard IV M, avec une électronique de bord nettement plus sophistiquée et une voilure toute neuve. L'aéronautique navale les prend en compte à partir de 1978, le dernier des 71 Super Étendard lui étant livré en 1983. Ils sont toujours en ligne.

La marine argentine va les envoyer attaquer avec bonheur les navires anglais à coups de missiles Exocet lors de la guerre des Malouines, en 1982…

△ *Le Super Étendard est toujours en première ligne en France, ainsi qu'une poignée d'Étendard IV P, version de reconnaissance photo du IV M spécialisée dans l'attaque au sol et le bombardement. L'avion est ravitaillable en vol, grâce à une grande perche située dans le nez.*

Le Mirage : en route pour la gloire

Lorsque le MD-550 Mirage I s'envole grâce à Roland Glavany le 25 juin 1955, les observateurs sont loin de se douter que la saga du Mirage va constituer pendant des décennies une bonne partie du fonds de commerce de Dassault ! Initialement, c'est un chasseur léger (deux réacteurs Dassault MD-30 de 800 kgp plus un moteur-fusée), qui remporte la palme devant le Trident, le Gerfaut et le Durandal. Les Mirage I et II disparaissent bien vite au profit du monoréacteur Mirage III, prévu avec un moteur Atar 9 de 6 tonnes de poussée, qui n'est pas disponible au moment du vol inaugural effectué par Glavany le 18 novembre 1956. Le Mirage III 01 doit se contenter d'un moteur Atar G de 4,5 tonnes, avec lequel il dépasse néanmoins Mach 1,5 le 30 janvier 1957. La voilure est un delta, formule qui permet de hautes vitesses : le Mirage III A n° 01 atteint Mach 2,2 à 15 250 m avec

Vol de groupe d'un Étendard IV M, au second plan, avec un Super Étendard au premier plan. Le premier IV M s'envola en 1958, et le Super Étendard en 1974. Celui-ci est une version modernisée qui s'est illustrée sous les cocardes argentines lors de la guerre des Malouines en 1982 (envergure : 9,60 m, longueur : 14,30 m, vitesse : 1 380 km/h). ▷

△ *Au décollage, le Dassault Mirage III A n° 02. À part le radar Cyrano, qui lui faisait défaut, l'avion avait l'architecture définitive de la famille Mirage III, V et 50. Les Mirage III A (présérie) furent motorisés avec un réacteur Atar 9 B de 6 tonnes de poussée et un moteur-fusée SEPR 841 de 1 680 kgp.*

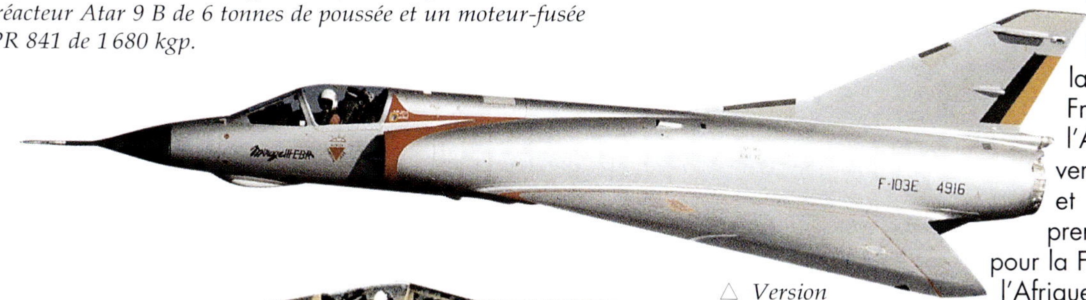

△ *Version d'appui-sol et de pénétration nucléaire, néanmoins toujours capable de filer à deux fois la vitesse du son, le Mirage III E est plus long de 30 cm que son aîné l'intercepteur Mirage III C. Il équipa jusqu'à récemment les unités de l'armée de l'air, ainsi que de nombreux pays étrangers, comme en témoigne cette vue d'un exemplaire brésilien.*

△ *Le Mirage V fut initialement étudié pour Israël, comme modèle moins élaboré que le Mirage III. Bloqué par l'embargo, il dut être racheté par l'armée de l'air. Mais ce modèle remporta un grand succès à l'exportation, comme cette machine aux couleurs d'un pays arabe. Le III C mesurait 8,22 m d'envergure et 13,35 m de long et atteignait Mach 2,15 à 11 000 m.*

l'Atar 9 ! Consécration : dès le 5 août 1958, les Mirage III C intercepteurs monoplaces (premier vol le 9 octobre 1960) et III B biplace sont achetés par l'armée de l'air. La dynamique est lancée : 95 monoplaces pour la France, 72 pour Israël, 16 pour l'Afrique du Sud. Le Mirage III E – version d'attaque au sol tous temps et d'appui tactique nucléaire – prend la suite le 5 avril 1961 : 225 pour la France, et 129 pour Abou Dhabi, l'Afrique du Sud, l'Argentine, le Brésil, l'Espagne, le Liban, le Pakistan, le Venezuela… Avec un moteur Rolls-Royce Avon à la place du SNECMA Atar, voici le Mirage III O : 100 machines pour l'Australie… Mirage III R et RD pour la reconnaissance photo : 109 pour l'armée de l'air, le Pakistan, l'Afrique du Sud, la Suisse… En 1965, voilà le Mirage III S, fabriqué sous licence en Suisse, avec un radar américain. Le Mirage III D biplace gagne aussi de nombreux marchés à l'exportation. Le Mirage V est un Mirage III moins sophistiqué, initialement destiné à Israël, qui ne l'obtient pas en raison de l'embargo. Il équipe alors l'armée de l'air et une foule d'autres pays, comme la Belgique, la Colombie, le Gabon, la Libye, le Pérou, l'Égypte.

À l'aube du IIIe millénaire, plus d'un millier de Mirage sont actifs dans le monde, et Dassault Aviation a élaboré des programmes de modernisation.

Dassault, c'est aussi le Mirage IV, un bombardier biréacteur capable d'atteindre deux fois la vitesse du son à haute altitude (deux moteurs Atar 9 D) que Roland Glavany pilote le 17 juin 1959.

Soixante-deux sont pris en charge par l'armée de l'air pour équiper les forces aériennes stratégiques. Quelques-uns sont toujours vaillants en 1998.

△ *Exemple de modernisation de la famille Mirage III/V/50 proposée par Dassault Aviation : installation d'un Atar 9K50 à la place du 9C (poussée accrue de 20 %), système de ravitaillement en vol, implantation d'un empennage canard au-dessus des entrées d'air du réacteur et électronique réactualisée. Ainsi, le vieux Mirage est plus redoutable que jamais.*

Le Mirage IV, contrairement au Mirage III, fut un bombardier stratégique à haute altitude de la classe Mach 2, capable d'embarquer la bombe nucléaire. Quelques-uns sont encore employés par l'armée de l'air, désormais pour des missions à basse altitude. Envergure : 11,85 m, longueur : 23,50 m, poids total : 31 600 kg. ▷

LES X-PLANES

Avec cette série d'appareils expérimentaux, qui se poursuit toujours de nos jours, la Naca, puis la Nasa, repousse toujours un peu plus les limites du vol vers de plus hautes altitudes et de plus grandes vitesses.

Un Bell X-1A survole la base de Muroc Dry Lake, suivi par un Sabre comme chase-plane. ▽

À la fin de la Seconde Guerre mondiale, la propulsion à hélice a atteint ses limites. Les moteurs de plus de 3 000 ch ne permettent plus de gagner en performances car les extrémités de pales d'hélice arrivent sur une butée, la compressibilité de l'air : les molécules d'air se transforment en un mur sur lequel vient buter tout mobile. Il en est de même pour les profils d'aile, sans parler des commandes de vol, qui deviennent dures et perdent de leur efficacité.

Défricher un monde inconnu

L'ère de la réaction a vu le jour mais il reste encore beaucoup à apprendre, notamment dans le domaine des hautes altitudes et des hautes vitesses, en approchant le mur du son. Plusieurs pilotes ont déjà perdu la vie en tentant d'approcher cette barrière physique, comme Geoffrey de Havilland, dont le De Havilland DH-108 se désintègre en vol en septembre 1946.

À la vitesse du son (Mach 1, du nom du professeur Mach ayant étudié ce phénomène), qui, selon la température et la pression, correspond à une vitesse comprise entre 1 000 et 1 200 km/h, l'appareil rattrape l'onde de choc créée par la compression des molécules d'air en avant de sa trajectoire. Cette zone transitoire, avant le domaine supersonique, est une barrière difficile. Aussi, le National Advisory Committee for Aeronautics (Naca qui deviendra plus tard la Nasa), l'Army Air Force et la Navy se regroupent pour financer la recherche. Cette détermination va se traduire par la construction d'une série d'appareils expérimentaux, pour « aller vérifier, en pratique, la théorie ». Une zone secrète sera retenue, le désert de Mojave, en Californie, avec la base de Muroc Dry Lake, qui sera rebaptisée Edwards AFB.

Le premier de la série des X-Planes est le X-1. Construit par Bell, il vole en décembre 1946, largué par un B-29, car

△ *Le Bell X-5 dispose d'une voilure à flèche variable.*

△ *Une dizaine de X-10 furent testés en vol pour valider le concept de missile de croisière.*

Les pilotes du X-15 sont habillés comme des astronautes pour affronter les fortes vitesses et les hautes altitudes. Les premiers astronautes américains seront d'ailleurs tous d'anciens pilotes d'essai. Neil Armstrong, premier homme à poser le pied sur la Lune, a fait partie des pilotes du X-15. ▷

◁ *Photo de famille avec, autour du X-3 au centre, un Bell X-1A, le Douglas D-558-1 Skystreak, le Convair XF-92A, le X-5, le D-558-2 et le X-4. Ces appareils ont participé à la recherche aéronautique de 1947 à 1958 à partir de la base d'Edwards, au sein du Nasa Dryden Flight Research Center.*

◁ *Le X-1 à bord duquel Charles Yeager a passé le premier mur du son en 1947 figure désormais dans les collections du National Air & Space Museum à Washington.*

▽ *Le X-3 Stilleto n'est pas parvenu à dépasser Mach 1, mais son fuselage en titane est une première.*

◁▽ *Le X-15 était largué en vol à partir d'un B-52 et, une fois son court vol d'essai effectué, l'appareil revenait se poser à Edwards… en plané.*

l'autonomie des fusées ne permet pas un décollage autonome. Le but est de franchir le mur du son. N'ayant pas de données techniques bien établies, les ingénieurs ont retenu une forme proche de celle d'une balle de 12,7 mm, connue pour franchir le mur du son. Après une série de vols, pour maîtriser progressivement la région transsonique (perte d'efficacité des gouvernes, comportement instable de l'appareil), Charles Yeager passe pour la première fois le mur du son le 14 octobre 1947 et fait entendre son « bang » sonique. Ce vol restera secret pendant plusieurs mois, programme militaire oblige. Une seconde génération (X-1A, X-1B, X-1C, X-1D et X 1E) permet de dépasser Mach 2 en 1953.

Grimper progressivement dans les nombres de Mach

Le Bell X2 utilise une aile en flèche, bien meilleure pour les vitesses supersoniques, comme l'ont déjà démontré les ingénieurs allemands à la fin de la guerre. À son vingtième vol, Mach 3.2 est atteint (3 400 km/h), mais l'appareil explose peu après, tuant son pilote, Mel Apt : la cause de la perte de contrôle est due au couplage inertiel, l'un des phénomènes nouveaux qu'il faudra maîtriser. Auparavant, l'appareil a atteint 38 000 m.

Le Douglas X-3 Stilleto porte bien son nom, avec un très long fuselage élancé comme une dague et deux moignons de voilure. Aux mains de William Bridgeman, il effectue son premier vol en 1952. Il est destiné à étudier l'échauffement cinétique aux vitesses supérieures à Mach 2 car, après le mur du son, il faut dompter le mur de la chaleur avec l'échauffement des structures provoqué par le frottement des molécules d'air. Pour gagner en solidité, en légèreté, et surtout en résistance thermique, sa structure fait largement appel au titane, mais des problèmes des propulseurs empêcheront l'appareil de dépasser Mach 1.

Le Northrop X-4 Bantam a pour objectif, en 1948, d'étudier le comportement d'un avion sans queue à hautes vitesses subsoniques (Mach 0.85), tandis que le Bell X-5, en 1951, doit évaluer le concept de voilure à flèche variable ou géométrie variable. Il s'agit en fait d'un projet allemand (Messerschmitt P-1101) récupéré

... LES X-PLANES

Aux mains de cinq pilotes, le X-24B a réalisé 36 vols de recherche. Les données serviront à la conception de la navette spatiale. ▷

par les Américains. La variation en vol de la flèche des ailes permet de s'adapter à la phase de vol : aile droite pour les basses vitesses, flèche élancée pour les grandes vitesses. Le Convair X-6 est un bombardier B-36 transportant un réacteur nucléaire, suivi par la série des X-7, des missiles, comme ce sera le cas pour les X-8, X-9, X-10, X-11 et X-12. Il faut en effet attendre le Ryan X-13 Vertijet pour revoir un pilote à bord d'un X-Plane. L'appareil, monoréacteur, aborde le décollage et l'atterrissage à la verticale, avion pointé vers le ciel – un concept qui ne sera pas développé. Les X-14 sont plus classiques, avec un avion léger reposant en ligne horizontale au sol mais décollant et atterrissant verticalement.

△ Le X-31, avec son plan canard à l'avant et les gaz d'échappement de son réacteur orientés par des « pelles », permet d'effectuer des figures impossibles à réaliser par des avions conventionnels, notamment à très faible vitesse...

Aux limites de l'espace

Parmi tous ces avions expérimentaux, s'il ne fallait en citer qu'un, ce serait le programme des X-15. C'est l'appareil le plus complexe et le plus performant de la période, titulaire encore de plusieurs records. Cet avion-fusée a été conçu pour voler entre Mach 4 et Mach 10, à une altitude entre 20 et 100 km ! De 1959 à 1968, 199 vols seront effectués, permettant d'aller aux frontières de l'espace (106 000 m) et à plus de 7 000 km/h (Mach 6.70). Ces vols hypersoniques permettront d'enregistrer des données inestimables, qui serviront par la suite pour la conception de la navette spatiale et le développement du futur avion spatial X-30. Ses pilotes, quittant l'atmosphère terrestre lors d'une trajectoire ballistique, reçoivent les ailes d'astronaute.

Le Bell X-16 restera à l'état de maquette. Le X-17 est un missile et le Hiller X-18 un appareil à décollage et atterrissage vertical, avec rotation complète de l'aile et des moteurs à hélice. Pour le Curtiss-Wright X-19, seuls les quatre moteurs, aux extrémités des deux voilures, basculent verticalement pour les décollages et les atterrissages. Le Boeing X-20 Dyna-Soar est une petite navette spatiale, comme le futur projet français Hermès, qui ne dépassera pas non plus les études de soufflerie. Le Northrop X-21A étudie la couche limite, cette fine couche d'air qui demeure immo-

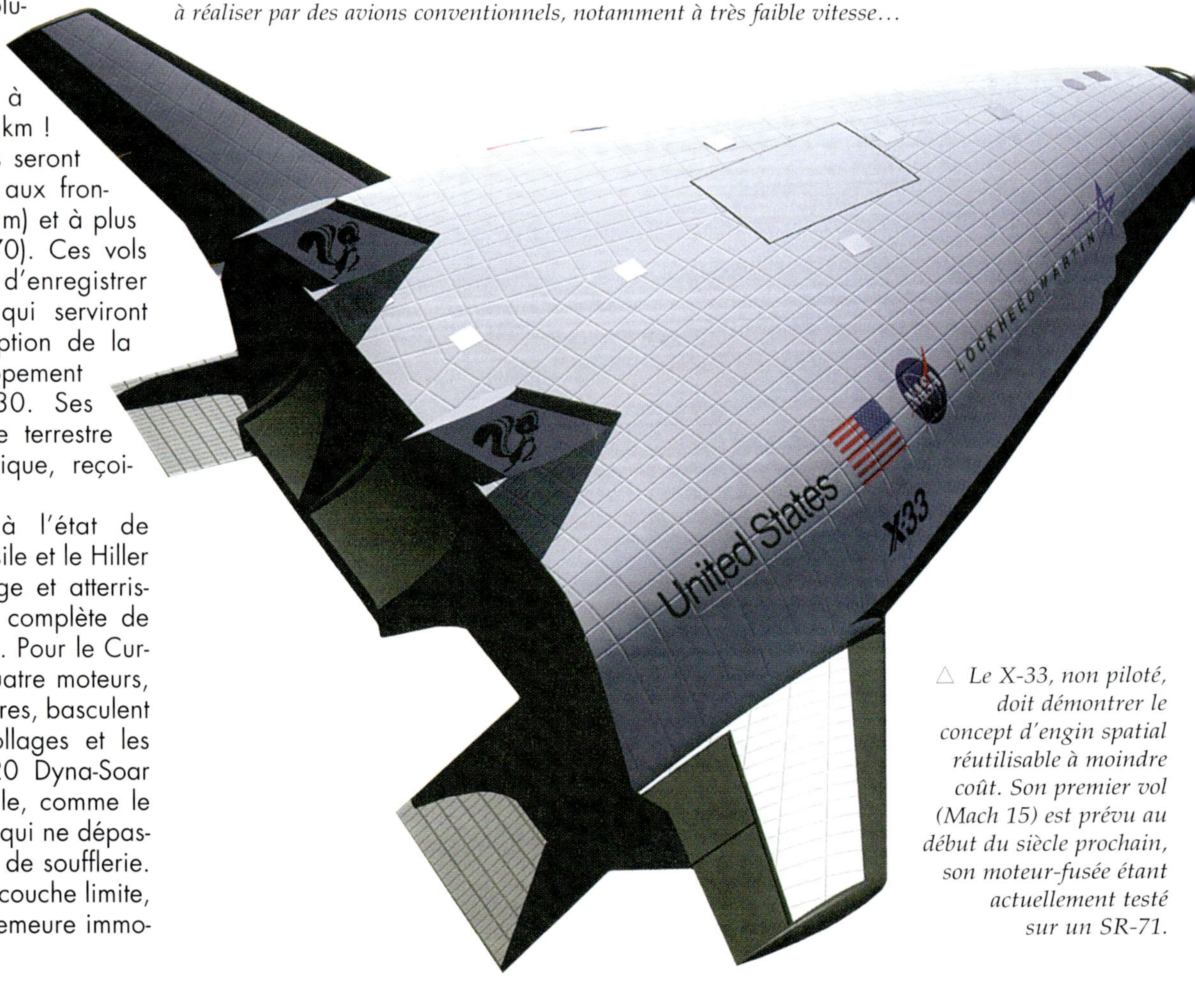

△ Le X-33, non piloté, doit démontrer le concept d'engin spatial réutilisable à moindre coût. Son premier vol (Mach 15) est prévu au début du siècle prochain, son moteur-fusée étant actuellement testé sur un SR-71.

◁ *Le Grumman X-29A a permis d'étudier plusieurs concepts : une aile à flèche inverse, à profil supercritique très mince, couplée à des plans canards. Une telle architecture est instable mais le vol est permis par les ordinateurs de bord et les commandes électriques.*

bile autour d'un objet, même quand ce dernier est en mouvement : la diminuer le plus possible en la soufflant ou en l'aspirant permet de gagner en performances. Le Bell X-22A poursuit dans le domaine des décollages et atterrissages verticaux, mais avec des hélices carénées. Après le modèle réduit X-23A, Martin-Marietta va réaliser les X-24A et X-24B (1969 à 1975). Ces lifting bodies (corps porteurs) sont des navettes spatiales monoplaces dont les données acquises permettront plus tard de créer la navette spatiale : ils valident le concept de retour en plané d'engins spatiaux pilotés. Les Bensen X-25 sont des autogires développés pour donner aux pilotes qui s'éjectent de leur avion un engin plus performant que le classique parachute – sans suite... Les X-26A et X-26N de Schweizer-Lockheed sont destinés aux missions discrètes en territoire ennemi, d'où les hélices tournant à faible régime pour limiter les nuisances sonores – ils seront utilisés au Viêt Nam. Le Lockheed X-27 Lancer restera à l'état de maquette, tandis que le Pereira X-28A Osprey 1, un hydravion monoplace, intéresse les militaires.

△ *Encore sous la forme d'une vue d'artiste, le X-34 sera largué en vol. Il fait partie des appareils destinés aux vols suborbitaux dans les années à venir.*

◁ *Le X-36, un appareil piloté à distance, évalue de nouvelles technologies pour les futurs chasseurs furtifs, avec notamment la disparition de l'empennage vertical, un résultat issu du programme du X-31.*

Une série qui se poursuit de nos jours

Dans les années 1980-1990, le Grumman X-29A est un chasseur qui sera destiné à étudier le comportement d'un avion à ailes en flèche inverse, tandis que le X-31, développé avec l'Allemagne (DASA), évalue le concept d'hypermanœuvrabilité (domaine de vol en deçà du décrochage), avec un pilotage à vitesse réduite grâce à une orientation des tuyères du réacteur qui complète l'action des gouvernes aérodynamiques. Cette conception doit permettre à l'avenir de s'affranchir d'une dérive, d'où un gain en traînée, et des manœuvres serrées impossibles à réaliser jusqu'alors par des chasseurs traditionnels. Avec le projet de l'avion spatial X-30, cette série d'avions expérimentaux se poursuit. Dans les laboratoires et les souffleries, les X-32 à X-36 sont déjà évalués à l'aide de maquettes radiocommandées. Les X-Planes ont permis en cinquante ans de repousser les limites de la connaissance, dans les domaines du pilotage, de l'aérodynamique et des structures, bien au-delà du mur du son et en affrontant de plus en plus le mur de la chaleur. Plusieurs pilotes ont payé de leur vie cette recherche fondamentale...

LES APPAREILS À DÉCOLLAGE VERTICAL

Pendant une vingtaine d'années, le rêve des ingénieurs a été de faire décoller et atterrir à la verticale des appareils pour s'affranchir de toute piste.

Au début des années 1950, l'hélicoptère en est encore à ses débuts. Les ingénieurs empruntent une autre voie pour décoller et atterrir à la verticale. Les demandeurs sont les militaires, qui veulent s'affranchir de toute piste, cible privilégiée de toute attaque ennemie. D'où le concept des VTOL (Vertical take-off and landing), dont certains, faute de capacités, deviendront des V/STOL (S pour *short*, court...). En France, la traduction donne ADAV et ADAC.

Les Américains sont les premiers, avec des prototypes destinés à l'US Navy, qui veut opérer à partir de nombreux bateaux et non plus seulement à partir de quelques porte-avions. Le Convair XFY-1 Pogo décolle en juin 1954, quelques semaines avant le Lockheed XFV-1 Salmon. Ils utilisent une turbine Allison de 7 000 ch et reposent, au sol, à la verticale.

Le 2 novembre 1954, le Pogo réussit une première transition, avant de revenir se poser, toujours à la verticale. Si les pilotes d'essai parviennent à dompter l'engin, les manœuvres restent délicates, sans compter le contact avec le sol alors que le pilote a les yeux tournés vers le ciel... La même année, Rolls-Royce conçoit un banc d'essai volant équipé d'un réacteur Nene. Cet « échafaudage » effectue un vol libre le 9 août. Il suffit désormais d'habiller cette structure et d'en faire un chasseur. Cela prendra quelques années, mais le réacteur a pris le dessus sur la turbine et l'hélice.

À l'époque, les projets éclosent partout. Aux États-Unis, en 1955, Ryan évalue avec la Nasa son X-13 Vertijet, un monoréacteur qui décolle le nez pointé vers le ciel. En France, la Snecma a en projet un appareil à aile annulaire, centrée sur son réacteur. Un banc d'essai volant est conçu, l'Atar volant, dont le réacteur repose sur

△ En avril 1960, le Short SC-1 britannique réussit sa première transition, c'est-à-dire évoluer horizontalement après un décollage à la verticale et avant un atterrissage sur place.

Dassault étudiera ce concept avec son Mirage Balzac. L'appareil réussira de nombreuses transitions mais restera sans suite, notamment à cause d'une autonomie très réduite. ▽

Avant le réacteur, la turbine fut utilisée, avec ici le Lockheed XFV-1 Salmon propulsé par 7000 ch. Pour le décollage, l'appareil reposait sur les quatre roulettes montées sur son empennage cruciforme. ▽

◁ *Premier VTOL à réaliser une transition avec succès en novembre 1954, le Convair XFY-1 Pogo n'aura pas de suite. Le but, pour l'US Navy, était de bénéficier d'avions sur tous ses navires de guerre.*

▽ *Le VJ-101 allemand sera le premier VTOL à passer le mur du son en juillet 1964 mais, endommagé quelques mois plus tard lors de manœuvres près du sol, il ne connaîtra pas de suite.*

Appareil probatoire réalisé en version monoplace, le Nord 500 français sera l'un des derniers appareils à évaluer ce concept dans les années 1960. ▷

Toujours en opération (il a servi dans la RAF lors de la guerre des Malouines), le Harrier est utilisé par les Marines américains, l'appareil étant construit sous licence par McDonnell-Douglas. ▷

quatre roues à la verticale, avec au sommet le siège éjectable du pilote. En 1960, les Anglais réussissent la première transition de leur Short SC-1, un appareil à aile delta équipé de cinq réacteurs, dont quatre sont chargés de la sustentation. Hawker fait voler en stationnaire, en 1960, son P-1127 à tuyères orientables, avec un Rolls-Royce Pegasus. La première transition sera réussie en 1961. Après avoir été évalué par plusieurs forces aériennes, le P-1127 Kestrel va devenir le Harrier, et est utilisé aujourd'hui par les armées anglaise, espagnole et également par les Marines (reprise de la licence par McDonnell-Douglas). C'est l'un des rares VTOL à connaître la série, face au futur Yak-36/38, que les Soviétiques utiliseront peu à partir de navires de guerre.

En France, Dassault poursuit dans une autre voie. Alors que le Harrier utilise un seul réacteur mais plusieurs buses à inclinaison variable, le constructeur français retient huit réacteurs pour la poussée verticale et un pour le vol. Le premier décollage du Balzac a lieu en octobre 1962. Un deuxième prototype, le Mirage III V-01, suit en 1965, mais aucun ne sera suivi de séries.

Le VJ-101C allemand, avec ses réacteurs fixes dans le fuselage et ceux pivotant en bout d'aile, devient le premier VTOL à franchir le mur du son en 1964. En 1965, Ling-Temco-Vought recourt à une autre solution avec son XC-142. Cette fois, c'est toute l'aile, supportant quatre turbines, qui pivote. En 1967, Dornier fait voler le prototype d'un appareil de grande taille, destiné au transport de passagers. Un an plus tard, le monoplace Nord 500, utilisant deux turbines carénées orientables, débute ses essais. Ce seront les derniers de cette série d'appareils à décollage et à atterrissage vertical.

Entre-temps, l'évolution de l'hélicoptère se poursuit. Ce dernier va plus vite, est plus puissant, embarque des masses accrues, et son successeur, le convertible, vole déjà sous forme de prototypes. De plus, les progrès en aérodynamique ont permis de concevoir des avions-cargos qui décollent et atterrissent sur courtes distances. À la fin des années 1970, le concept de VTOL n'a plus de raison d'être et les gains obtenus nécessitent souvent un coût et une complexité trop importants. Seul survivant, le Harrier...

U-2 ET SR-71

Ces deux avions-espions ont été les yeux de l'Amérique pendant toute la guerre froide. Aujourd'hui encore, le U-2 est opérationnel tandis que le SR-71 sert de banc d'essai aux futurs avions de ligne supersoniques.

Le deuxième conflit mondial achevé, la tension demeure sur la planète. Avec la chute du rideau de fer, deux blocs s'affrontent dans ce qu'on appellera la guerre froide. Que fait l'adversaire ? Que prépare-t-il ? Autant de questions qui restent en suspens. Des missions de reconnaissance avec pénétration à basse altitude seront menées par les Américains, mais la perte de plusieurs équipages et le risque d'une crise politique feront naître une autre solution. La CIA rêve d'un avion-espion capable de voler à haute altitude (plus de 20 000 m) pour survoler le territoire soviétique en toute impunité. Les Skunk works, le bureau d'études Lockheed des projets secrets dirigé par Kelly Johnson, vont proposer en 1954 un monoplace à réaction, aux ailes longues comme celles d'un planeur.

Le U-2, toujours opérationnel

Développé en secret, l'appareil sera dénommé U-2 pour tromper l'ennemi (la lettre U étant réservée aux avions utilitaires). Le 1er août 1955, le prototype vole. En juin 1956, les premiers pilotes de la CIA sont opérationnels et décollent de Grande-Bretagne ou d'Allemagne. Le territoire soviétique est photographié méthodiquement et les protestations diplomatiques n'y changent rien. Il faudra attendre le 1er mai 1960 pour que les États-Unis ne puissent plus infirmer ces survols.

Ce jour-là, un U-2 a été abattu par un missile SA-2, et son pilote, Gary Powers, a été capturé vivant – il sera échangé plus tard contre un espion soviétique, après son procès. Si d'autres U-2 seront abattus par la suite, notamment en Chine, cela ne marquera pas la fin de la carrière de l'appareil, ni son usage sur diverses zones en crise, de Cuba dans les années 1960 à l'Irak en 1997.

Développé sous différentes versions, remotorisé, constamment modernisé sur le plan des senseurs électroniques et des

△ Ce U-2, aux couleurs de l'US Air Force, a été modifié en biplace, avec un cockpit surélevé à l'arrière destiné à l'instructeur lors de vols d'entraînement. Le U-2 demeure en effet difficile à poser, même pour des pilotes expérimentés, sans parler de la fatigue qu'engendre une mission de plusieurs heures. Un certain nombre de U-2 ont été perdus en raison des accidents survenus à l'atterrissage, d'où la réalisation de quelques avions-écoles.

La tenue du pilote du U-2 dans les années 1960, avec cette reconstitution d'un cockpit au sein du National Air & Space Museum. Les yeux parés sur le « driftsight », le pilote observe le territoire à sa verticale, notant si la couverture nuageuse permet de prendre de bonnes photos. De nos jours, la tenue d'un pilote de U-2 se rapproche de celle d'un astronaute. ▷

L-U2R/TR-1, avec pods supplémentaires montés sur la voilure, est la dernière version en date de la famille des U-2. Ce type d'appareil a servi à des vols de reconnaissance au quotidien sur la Bosnie, au départ de la base d'Istres, « prêtée » à l'US Air Force. ▽

△ *Les dernières versions (U-2R et TR-1) sont reconnaissables aux longs pods prenant appui sur la longue voilure. Lors de l'accélération initiale, au décollage, les ailes sont supportées par des balancines (pogos) qui se détachent automatiquement après l'envol…*

◁ *Le SR-71B, avec son second cockpit à la place du poste du RSO, servait à l'entraînement des pilotes, et notamment à celui de l'atterrissage. L'appareil ainsi modifié est limité en performances à grande vitesse.*

△ *La Nasa utilise l'un des deux SR-71B à double poste de pilotage. C'est le seul encore en état de voler. L'appareil était destiné à l'entraînement des pilotes, en complément du simulateur de vol.*

Lors des départs en mission, le SR-71 décolle à masse légère avant de rejoindre un KC-135 pour un ravitaillement en vol. Plusieurs seront éventuellement nécessaires au cours d'une mission, imposant décélérations et réaccélérations à l'équipage. Ce SR-71 survolant la Californie rejoint son KC-135, l'orifice de remplissage étant déjà ouvert (sur le dos, à droite de US Air Force). ▽

équipements photographiques, le U-2 est toujours l'objet de nombreuses utilisations militaires mais également scientifiques (étude de l'atmosphère et notamment du trou existant dans la couche d'ozone, aux pôles) – et ce près de quarante-cinq ans après son premier vol.

Avec l'amélioration des missiles sol-air, susceptibles d'abattre les U-2, Lockheed travaille dès la fin des années 1950 sur un nouveau projet : un avion volant plus haut (plus de 25 000 m) et plus vite (trois fois la vitesse du son). En 1961 naît l'A-11, ou A-12, avec un premier vol en avril. Pour cet appareil, tout a dû être inventé, du revêtement capable de soutenir le mur de la chaleur (dilatation des structures sous l'effet de la vitesse) au réacteur et à son carburant.

Trois fois la vitesse du son

Les premiers A-12 monoplaces seront utilisés par la CIA. Un chasseur, le YF-12, sera développé en 1963 mais, faute d'opposant – malgré la construction par l'URSS du MiG-25 Foxbat destiné à contrer cette menace –, il donnera naissance à un appareil de reconnaissance stratégique, le SR-71 Blackbird. Ce dernier rentrera en service en 1966. Son équipage est constitué d'un pilote et d'un RSO (Reconnaissance systems officer) chargé de gérer les senseurs. Si la base d'attache est Beale, en Californie, les missions opérationnelles sont menées à partir de Kadena, au Japon, ou de Mildenhall, en Grande-Bretagne. Toute son activité opérationnelle n'a pas encore été dévoilée. C'est seulement lorsque certains drones (engins pilotés à distance) seront ferraillés que l'on apprendra leur existence et leur lancement à partir de A-12, les drones devant aller espionner tel ou tel pays avant d'être récupérés.

Le SR-71 demeure un moyen de reconnaissance très souple, à la fois plus rapide et plus discret qu'un satellite dont on connaît la trajectoire à l'avance. Malgré cela, à la fin des années 1980, la trentaine de SR-71 sera retirée du service. Certains pensent que son successeur, non dévoilé, est déjà opérationnel… En attendant, deux SR-71 sont utilisés par la Nasa pour le développement d'avions de transport supersoniques du siècle prochain. Il est vrai que la série des YF-12/SR-71 détient le record du monde de vitesse sur circuit, avec plus de 3 500 km/h.

LA GUERRE DU VIÊT NAM

À peine quelques années après la guerre de Corée, les Américains se retrouvent engagés dans un nouveau conflit dans le Sud-Est asiatique, où ils vont mettre en action un arsenal impressionnant.

Le Republic F-105 D Thunderchief fut opérationnel au Viêt Nam de 1965 à 1970, mais ce chasseur-bombardier de 10,65 m d'envergure et 19,63 m de long, capable d'atteindre Mach 2.08 à 11 000 m, ne fut retiré du service qu'en 1985. La version biplace Wild Weasel était chargée de localiser les ondes radar et de les traiter avec des missiles antiradars (F-105 G). ▷

Dès le départ des Français, des conseillers américains sont envoyés au Sud Viêt Nam, et les États-Unis commencent à équiper la force aérienne de ce pays à partir de 1961. Mais les événements les obligent à détacher dans le Sud-Est asiatique des éléments de plus en plus importants de l'Air Force et de la Navy. L'attaque, en août 1964, de destroyers américains sera le détonateur : fin 1968, plus de 1 100 appareils sont basés au Sud Viêt Nam et en Thaïlande, sans compter les porte-avions. La « désescalade » amorcée par les Américains en 1971 conduit à un cessez-le-feu en 1973, dont les communistes profitent pour envahir le Sud Viêt Nam, qui capitule le 30 avril 1975. Aux yeux du monde, la guerre du Viêt Nam a été perdue par les États-Unis. Mais si d'énormes moyens aériens ont été mis en place, ils ont toujours été gérés avec une certaine « retenue », il n'y eut pas de destruction systématique du potentiel du Nord Viêt Nam.

Des avions à hélice, toujours

Jusqu'à 1963, les Américains soutiennent la South Vietnamese Air Force, qui dispose d'une flotte qui n'est plus de première jeunesse, mais néanmoins adaptée : des monomoteurs North American T-28 pour l'attaque au sol, des bimoteurs Douglas B-26 Invader datant de la Seconde Guerre mondiale, mais toujours efficaces, et des C-47 (DC-3) pour le transport (aidés par des Fairchild C-123 américains qui servent aussi à des missions de défoliation). Constat : l'avion antiguérilla lent et spécialisé n'est pas suffisant contre un ennemi mettant en œuvre un armement lourd. Malgré l'emploi d'aéronefs de plus en plus perfectionnés, les avions à hélice ne disparaissent pas. De nombreux pilotes abattus doivent leur vie au vieux Douglas Skyraider, surnommé Spad eu égard à sa lenteur. Ce gros monomoteur a volé le 18 mars 1945 avant d'être fabriqué en sept versions à 3 180 exemplaires jusqu'en 1957.

Les avions à moteur à piston, utiles par leur lenteur, ont également beaucoup servi dans des rôles d'observation et de guidage des attaques aériennes. Le Cessna O-1 (ou L-19) Bird Dog, biplace, mû par un moteur Continental de 213 ch, a fait deux guerres, celle de Corée et celle du Viêt Nam, marquant les objectifs avec des fumigènes et dirigeant les bombardements par radio. ▷

Le Douglas Skyraider a été conçu pendant la Seconde Guerre mondiale, et il s'est révélé étonnamment bien adapté à la guerre du Viêt Nam, où sa capacité d'emport a fait merveille. Il était employé pour l'attaque au sol avec une large gamme de charges offensives, notamment afin d'éviter la capture de pilotes abattus dans les lignes ennemies. ▷

◁ Les principaux avions d'attaque de l'US Navy, outre le Phantom II, furent le Vought A-7 Corsair et le Grumman A-6 Intruder, capable de déverser près de 7 tonnes de bombes et doté d'une électronique sophistiquée. Depuis le Viêt Nam, l'Intruder a participé à la Guerre du Golfe et est encore en dotation aujourd'hui.

◁ Phantom II de l'US Air Force, avec un arsenal de quatre missiles Sparrow et quatre Sidewinder. Il pouvait aussi emporter une charge de bombes impressionnante. Plus de 5 000 Phantom II ont été construits, et l'avion, exporté dans plusieurs pays, est encore en service actuellement. Envergure : 11,70 m, longueur : 19,20 m, vitesse maximale : Mach 2.2.

◁ Lors du conflit du Viêt Nam, le North American F-100 Super Sabre était déjà considéré par l'US Air Force comme démodé, et reversé aux unités de l'Air National Guard des États-Unis. Promptement réintégrés en première ligne, les F-100 se révélèrent très efficaces pour les missions d'attaque.

Spectaculaire photo d'un quadriturbine Lockheed AC-130 Hercules transformé en gunship s'apprêtant à faire feu. Les gunships, sortes de croiseurs volants, embarquaient un armement de canons multitubes Gatling de plusieurs calibres (20, 40, voire 105 mm) et mitraillaient leurs cibles en se mettant en virage au-dessus. ▽

◁ Le McDonnell-Douglas F-4 Phantom II fut un chasseur-bombardier biplace fabriqué pour le compte de l'US Navy, mais l'US Air Force l'adopta à son tour. Il fut employé massivement au Viêt Nam, à la fois par la marine, à partir de ses porte-avions naviguant dans le Pacifique, et par l'armée de l'air. Les Phantom II de la Navy remportèrent les premières victoires du conflit en 1965.

Ces engins, ayant la capacité d'emporter une panoplie étonnante de charges extérieures (napalm, bombes, roquettes, etc.), protègent les isolés en territoire hostile, empêchant leur capture en attendant qu'ils soient récupérés par les hélicoptères.

Autres missions, les FAC (Forward Aircraft Control) : des avions légers tels les Cessna L-19 Bird Dog, puis des bimoteurs Cessna 337 et enfin des biturbines OV-10 Bronco guident, en marquant les objectifs avec des fumigènes, les interventions des chasseurs bombardiers.

Les jets entrent en scène

L'US Air Force et l'US Navy ne sont guère équipées pour un conflit d'escarmouches dans la jungle. En face, pas d'armée conventionnelle, et une faible force aérienne, néanmoins dotée de MiG-17, puis 21... Pourtant, les chasseurs-bombardiers à réaction, de par leur vitesse, répondent rapidement aux demandes de soutien des troupes au sol et vont être largement engagés.

En 1965, les Nord-Vietnamiens ont recours aux missiles antiaériens russes SAM (les missiles air-air sont introduits l'année suivante). L'électronique fait son apparition, il faut brouiller et détruire les radars qui permettent de guider les SAM : certaines versions des Republic F-105 Thunderchief et McDonnell-Douglas F-4 Phantom se spécialisent dans ce rôle en accompagnant les formations d'attaque. Celles-ci, outre les avions déjà cités, sont souvent constituées de North American F-100 Super Sabre démodés, qui réintègrent les unités de première ligne.

Les vols de reconnaissance sont effectués par les McDonnell-Douglas RF-101 Voodoo pour ce qui est de l'Air Force, les Vought RF-8 Crusader et les Rockwell RA-5 Vigilante pour l'US Navy.

... LA GUERRE DU VIÊT NAM

Mention particulière pour ce gros biréacteur bi-supersonique bardé d'électronique : il embarque notamment un SLAR, qui est un radar à balayage latéral. Enfin, les missions les plus périlleuses au-dessus du territoire nord-vietnamien étaient parfois confiées à des avions sans pilote (les RPV, ou drones) dirigés depuis un avion mère, souvent un Lockheed C-130 Hercules.

Bombardements de saturation en B-52

Le 17 février 1965 des Boeing B-52 atterrissent sur l'île de Guam. Le grand bombardier stratégique, dont le premier vol remonte au 15 avril 1952, va servir au Viêt Nam dans un rôle pour lequel il n'a pas été conçu : ses missions sont avant tout tactiques, et l'on renforce de manière spectaculaire sa cargaison, qui passe de 27 à 51 bombes de 340 kg. L'île de Guam est à 4 500 km des objectifs et les missions, d'une durée moyenne de quatorze heures, imposent des ravitaillements en vol par des Boeing KC-135 (basés à Okinawa), au-dessus du Pacifique. Le B-52 devient l'arme américaine la plus redoutée du Viêt-cong, et plus encore quand, en avril 1957, des B-52 opèrent à partir de la Thaïlande. Des concentrations de troupes repérées dans une forêt, et les B-52 transforment l'endroit en un désert... Des stations de radar de guidage sont transportées au Viêt Nam pour téléguider les attaques. Les B-52 sont munis d'instruments de contre-mesures électroniques pour dévier les SAM de leurs trajectoires.

En mars 1972, le président Nixon décide l'opération Linebacker, mise au point en réponse à l'offensive nord-vietnamienne, avec des B-52 G bombardant des objectifs au nord du 20e parallèle, opération qui sera stoppée en octobre en raison des négociations de paix. Ces dernières étant rompues, Linebacker II reprend, sur Hanoi et Haiphong : du 18 au 29 décembre 1972, les B-52 réalisent 729 sorties, larguant plus de 15 000 tonnes de bombes, allant même jusqu'à descendre un MiG-21.

Nouvelles tactiques

Tout au long du conflit, les Américains vont tenter de couper la piste Hô Chi Minh. Ils déploient des efforts considérables, avec le programme Igloo White, qui consiste à truffer le secteur de sondes acoustiques

Basés sur l'île de Guam, les B-52 devaient parcourir 9 000 km aller et retour pour toucher leurs objectifs au Nord Viêt Nam. Les missions, qui duraient jusqu'à 14 heures, nécessitaient un ravitaillement en vol au-dessus de l'océan Pacifique, effectué par des Boeing KC-135, version tanker du célèbre Boeing 707. ▷

△ *Près d'un demi-siècle après son premier vol, le Boeing B-52 Stratofortress reste l'un des éléments clés de la force de dissuasion américaine, une longévité inégalée pour un avion d'armes. Prévu initialement pour un rôle de bombardement stratégique, ce grand avion de 56,40 m d'envergure et de 49 m de long servit au Viêt Nam pour des missions tactiques.*

Des GIs viennent de débarquer des Iroquois pour une opération. Quelques heures ou jours plus tard, ceux-ci revenaient les chercher. Ainsi, avec le concept d'aéromobilité, les Américains purent contrôler de larges territoires et réagir assez vite aux attaques du Viêt-cong. Dès qu'un détachement ennemi était repéré, la cavalerie était lancée à ses trousses. ▷

△ *Cette photo de l'AFP datant du 27 août 1967 illustre parfaitement les opérations aéromobiles menées avec des myriades de Bell UH-1 Iroquois. Entraîné par une turbine Avco Lycoming de 1 400 ch, cet hélicoptère peut atteindre 200 km/h. Le diamètre du gros rotor bipale est de 14,63 m. L'US Army a prévu de conserver ses UH-1H jusqu'au début du XXIe siècle.*

◁ *La guerre du Viêt Nam a connu le déploiement des hélicoptères à une échelle jamais vue auparavant. L'armée de terre (US Army) en utilisa des milliers pour héliporter ses divisions de cavalerie. Le matériel omniprésent fut le Bell UH-1, principalement les UH-1D et UH-1H, capables d'embarquer une escouade de quatorze hommes équipés.*

L'intercepteur le plus sophistiqué du Nord Viêt Nam lors de la guerre, le MiG-21, un chasseur léger de la classe Mach 2, contemporain du Dassault Mirage III (qu'il a affronté durant la guerre des Six-Jours) et du Lockheed F-104 Starfighter. Les pilotes nord-vietnamiens étaient cependant loin d'avoir le niveau de leurs homologues américains... ▷

◁ *Chargés de surveiller les zones d'atterrissage des Iroquois, les Bell AH-1 Huey Cobra étaient prêts à intervenir avec un armement impressionnant, mitrailleuses, grenades, et surtout roquettes. Ils utilisaient le même ensemble mécanique que l'UH-1. Modernisés, les Huey Cobra sont toujours employés par les Marines aujourd'hui.*

larguées d'avions. Les données sont exploitées par ordinateur ; la cible étant localisée, les coordonnées sont communiquées aux chasseurs bombardiers par un avion-relais Warning Star. En réaction, les Viêt-cong vont se déplacer de nuit, mais les Grumman A-6 Intruder (6 800 kg de bombes) de l'US Navy ou le bombardier General Dynamics F-111 à géométrie variable de l'USAF sont capables, grâce à leur électronique, de localiser leurs objectifs eux-mêmes et d'attaquer de nuit ! Éventuellement, les *gunships*, de véritables croiseurs aériens pouvant longuement patrouiller, mettent leur grain de sel. Des DC-3, des cargos Fairchild C-119 Boxcar et Lockheed C-130 Hercules, sont convertis pour ces tâches : des canons légers à tir rapide sont montés latéralement. L'avion cercle au-dessus de l'objectif, qu'il maintient ainsi sous le feu constant de ses armes...

Le Viêt Nam voit l'entrée en action des bombes à guidage laser et d'une large gamme de missiles. Les premiers MiG sont rencontrés le 17 juin 1965, quatre MiG-17 face à deux Phantom. Ceux-ci lancent leurs missiles Sparrow et deux MiG explosent. L'US Navy est la première à utiliser des missiles air-air à guidage radar en duel aérien avec une réussite absolue...

Les hélicoptères au combat

L'hélicoptère est omniprésent lors du moindre engagement au Viêt Nam, notamment le Bell UH-1 Iroquois, dont le modèle UH-1D transporte quatorze soldats. Ils sont en général armés de deux mitrailleuses en sabord. Lors des batailles, au moins un UH-1 gréé d'un matériel de transmission accompagne ses congénères, avec des officiers qui gèrent les moyens aériens susceptibles d'être appelés en renfort. Le contrôle de la zone est assuré par des Hughes 500 Cayuse, des Bell OH-58 Kiowa, voire par des Bell AH-1 Huey Cobra, qui est la version biplace d'attaque de l'Iroquois. Des vagues d'UH-1 débarquent ensuite les hommes, avant de les rembarquer. Des véhicules seront également quelquefois amenés des Boeing-Vertol CH-47 Chinook.

BOEING 707 CONTRE DOUGLAS DC-8

Les premiers avions de ligne transatlantiques à réaction révolutionnent le transport commercial, réduisant les distances et diminuant le nombre d'heures par deux…

Après la Seconde Guerre mondiale, les pays les plus riches s'équipèrent en chasseurs à réaction, puis imaginèrent également des bombardiers à réacteurs. Au même moment, les avions de transport civil sont des quadrimoteurs à piston : DC-4, DC-6 et Lockheed Constellation.

Dès 1942, Boeing réalisa une soufflerie « grandes vitesses » et, après-guerre, les ingénieurs analysèrent avec attention les études allemandes portant sur les ailes en flèche (l'aile est ainsi mieux adaptée aux grandes vitesses subsoniques). En contrepartie, le comportement aux basses vitesses (décollage et atterrissage) est moins bon et nécessite une augmentation de la portance par des volets à fente et à recul (hypersustentation) et différents artifices aérodynamiques. Plus de 5 000 heures de soufflerie seront nécessaires pour concrétiser la première utilisation pratique. La difficulté résida dans l'intégration des réacteurs : dans les ailes, sous les ailes ou sur le fuselage ? Pour le bombardier XB-47, le choix se porta sur des pods sous les ailes. Ainsi, son prototype vola le 17 décembre 1947 avant de devenir le premier bombardier à réaction et à aile en flèche de l'USAF. À partir d'avril 1952, il sera suivi par le XB-52 Stratofortress comprenant huit réacteurs sous les ailes.

Le 22 avril 1952, le savoir-faire acquis poussa Boeing à étudier un quadriréacteur civil à partir du B-52, avec des réacteurs Pratt & Whitney J57. Après une centaine d'études, le modèle 367-80 (tiret 80) fut retenu, d'où son nom de « Dash 80 ». Le 15 juillet 1954, le prototype du futur 707 vole. La mise au point est difficile, perturbée par des problèmes inconnus jusqu'alors : ainsi, un phénomène aérodynamique parasite, dit de « roulis hollandais », doit être appréhendé pour les appareils de grande taille, à la structure métallique

À partir du Dash 80, les ingénieurs ont développé un avion de ligne, le 707, et un avion-ravitailleur, le KC-135. Celui-ci, appartenant à l'USAF, ravitaille l'un des deux prototypes du YF-22, le futur chasseur américain des années 2000… ▷

◁ Pour faire la différence entre un 707 et un DC-8, d'architecture similaire, le plus simple est de noter l'antenne, qui est tournée vers l'avant en sommet de dérive pour le 707, et les deux ouïes latérales situées près du nez pour le DC-8…

L'hypersustentation, c'est une augmentation importante de la portance (ou sustentation) de l'aile pour permettre des vitesses d'atterrissage les plus basses possible, donc des pistes très courtes. Le moyen ? Des volets à fente et à recul pour augmenter, d'une part, la surface, d'autre part, la vitesse de l'écoulement grâce à la fente. ▽

△ *Le prototype du 707 (immatriculé astucieusement N70700 et baptisé Dash 80 au début du programme) sera peint en partie en jaune-orange pour ses vols de démonstration.*

souple et aux ailes à flèche... D'où l'apparition sur le 707 du premier amortisseur de lacet – le début de la stabilité artificielle – aujourd'hui présent sur tous les « jetliners ».

L'appareil est alors présenté aux compagnies : le pilote d'essai Tex Johnston ponctue sa démonstration par... des tonneaux, montrant sa confiance dans l'appareil ! L'arrêt de mort des avions à hélice est signé. Le 13 octobre 1955, Pan Am a déjà commandé quarante-cinq 707. Toutes les compagnies suivront. Si les premiers 707 sont limités aux lignes intérieures, le 707-120 de série (premier vol en 1957) emporte 120 à 150 passagers à 950 km/h au-dessus de l'Atlantique avant l'arrivée de la version 320 Intercontinental (181 passagers). En octobre 1958, le premier service quotidien États-Unis-Europe est mis en place, avec une durée du trajet divisée par deux par rapport aux propliners (Paris–New York en 7 h 40 min de vol, Paris-Tokyo en 17 h 30 min de vol). En février 1956, Air France commande dix 707, qui remplaceront les Lockheed 1649 Starliner mis en service en... août 1957. Le 707 a modifié les données du transport aérien en mettant les compagnies à l'heure de l'avion à réaction. Le 707 est l'appareil de cette révolution, parcourant, de son entrée en service à 1962, 1,2 milliard de kilomètres avec à son bord 30 millions de passagers de quelque 26 compagnies. Son succès est dû à la clairvoyance du constructeur de Seattle et aux aides financières apportées par des modèles militaires issus du 707, des avions-cargos aux ravitailleurs en vol. Cependant, le 707 n'est pas seul. Son concurrent, le DC-8 de Douglas, a effectué son premier vol le 30 mai 1958, trop tardivement néanmoins : ce décalage ne sera jamais rattrapé... L'appareil sera décliné en de multiples versions, jusqu'au modèle 63, le plus long, recevant 269 passagers. Faute de contrats militaires, Douglas connaît des difficultés et, le 28 avril 1967, la société est reprise pour devenir McDonnell-Douglas. La production du DC-8 se poursuivra et atteindra 556 exemplaires, mais l'appareil est ensuite remplacé par le DC-10. Malgré cela, le DC-8 aura connu un sort plus enviable que d'autres concurrents aujourd'hui oubliés.

△ *Sur 707, l'équipage est de trois hommes, contrairement aux équipages de certains avions à hélice de l'époque, imposant un navigateur, voire un radio supplémentaires. L'ingénieur en vol est placé de travers, juste derrière le siège du copilote, pouvant ainsi contrôler son panneau d'instruments tout en assurant la gestion des manettes de gaz placées au centre du tableau de bord.*

△ *Arrivé un peu en retard par rapport au 707, le DC-8 n'a pas connu le même succès, même s'il a été commandé également par de nombreuses compagnies dans le monde.*

Le 707 a bénéficié d'importantes commandes de l'US Air Force avec des avions de transport et de ravitaillement en vol, construits par la filiale militaire du constructeur de Seattle, la Boeing Military Airplane Company, implantée à Wichita, dans le Kansas. ▽

CARAVELLE

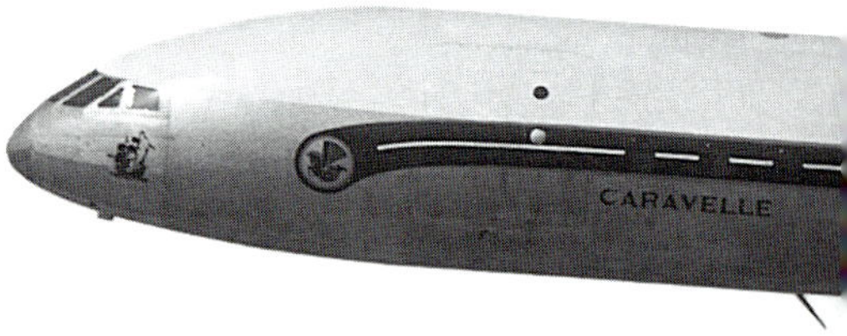

Premier moyen-courrier à réaction au monde, la Caravelle a grandement contribué au renom international des ailes françaises.

Au lendemain de la Seconde Guerre mondiale, le transport aérien est dominé par les Anglais et les Américains. Ces derniers assoient leur suprématie sur une technologie éprouvée : les avions de ligne sont encore à moteurs à pistons.

Les bureaux d'études n'ont pas chômé dans la France occupée. Aussi sont-ils prêts à répondre à un programme défini le 12 octobre 1951 par le Comité du matériel civil, composé de représentants de l'État, fixant les spécifications d'un avion capable de croiser à plus de 600 km/h avec une soixantaine de passagers et 1 tonne de fret, sur Paris-Casablanca. Parmi ces équipes, celle de la SNCASE, à Toulouse, dirigée par Pierre Satre, a déjà nombre de projets dans ses cartons, la majorité faisant appel aux réacteurs. Car les Britanniques, avec le quadriréacteur De Havilland Comet, ont ouvert l'ère du transport civil à réaction dès 1949.

Le Comité sélectionne, en mars 1952, trois projets, dont le X 210 de la SNCASE qui, très vite, retient l'attention d'Henri Ziegler, directeur général d'Air France. Il est ensuite décidé que l'appareil sera équipé de deux Rolls-Royce Avon. En juillet 1953, alors qu'intervient la signature officielle du marché du prototype SE-210, Georges Héreil, patron de la SNCASE, l'a déjà baptisé Caravelle, et le bureau d'études a figé sa configuration. Grande nouveauté, les réacteurs sont à l'arrière du fuselage, ce qui cumule les avantages : faible dissymétrie de la poussée en cas de panne de l'un des deux moteurs, diminution du risque en cas d'incendie toujours possible d'un réacteur, propreté aérodynamique de l'aile, et, enfin, niveau sonore bas en cabine pour le confort des passagers.

Afin de gagner du temps, le nez est emprunté au Comet. Le 27 mai 1955, Pierre Nadot, André Moynet, Jean Avril, M. Préneron, et Roger Béteille décollent la Caravelle 01. Au début de février 1956,

△ Les essais d'atterrissage « tous temps » débutent le 29 septembre 1962 avec le prototype 01, et un atterrissage totalement automatique est expérimenté le 4 février 1964 par une Caravelle 6N. L'acceptation définitive du système est obtenue en 1967. Air Inter fut la première compagnie à recourir couramment à l'atterrissage automatique.

Le cockpit de la Caravelle. L'avion peut être piloté à deux, mais Air France choisit d'adjoindre un mécanicien navigant. United Airlines exigea que ses Caravelle 6R reçoivent des vitrages de plus grande surface, une modification qui s'est généralisée par la suite. ▷

La Caravelle est esthétiquement très pure. Le 16 avril 1959, la première de série relie Paris à Dijon en vol plané. Parti d'Orly à 12 000 m, l'équipage Guibert-Duguet coupe alors les réacteurs : 265 km et 46 minutes après, l'avion est encore à 1 200 m et peut, après redémarrage des moteurs, se poser en Bourgogne en sécurité. ▽

Le SE-210 a aussi équipé des organismes gouvernementaux, pour des transports de personnalités ou des essais, comme cette Caravelle 3, affectée au Centre d'essais en vol (CEV), à Brétigny. Cette variante, la plus nombreuse (78 exemplaires), embarque de 64 à 86 passagers sur une distance de 2 450 km, à 750 km/h. ▽

△ *Le prototype aux couleurs d'Air France, la compagnie de lancement. Il recevra ensuite celles de SAS, premier client étranger. L'avion servit à de nombreux essais jusqu'en 1966 : il termina exposé à Orly, avant d'être ferraillé en 1985.*

△ *La première Caravelle 10R montre la configuration particulière (beaucoup copiée) qui a fait le succès de l'avion : les réacteurs à l'arrière (ici des Pratt & Whitney JT8D-1). L'envergure, constante, est de 34,30 m, la longueur évoluant de 31,50 m (prototype) à 36,25 m (Caravelle 12).*

Air France commande 12 Caravelle, et prend une option sur 12 autres (la compagnie nationale en utilisera 50). Le second prototype, aux mains de Pierre Nadot et de Léopold Galy, vole le 6 mai 1956. Doté d'un intérieur luxueux de 52 sièges, il effectue une tournée sur le continent américain. United Airlines emploiera pendant dix ans une flotte de 20 Caravelle 6R. Néanmoins, la carrière américaine de l'avion sera entachée par la trahison de Douglas. Ce constructeur devait vendre la Caravelle aux États-Unis : il s'en inspira largement pour développer une copie, le DC-9 !

La Caravelle de série vole le 18 mai 1958, et la production cesse le 16 mars 1973, après 282 exemplaires et deux changements de raison sociale (Sud-Aviation, puis Aérospatiale). Réussite technique indéniable – une mention pour le premier atterrissage entièrement automatique de l'histoire, au cours d'un vol régulier d'Air Inter, le 9 janvier 1969 –, la Caravelle sera l'avion de ligne européen le plus vendu jusqu'à l'arrivée de la famille Airbus.

Effet de gamme, de nombreuses versions apparaîtront, selon la motorisation et l'allongement du fuselage.

Une quarantaine de Caravelle volent encore. Après avoir connu plusieurs dizaines d'exploitants au faîte de sa gloire, et véhiculé près de 400 millions de passagers, la dernière prouesse de la Caravelle est sans doute d'avoir permis aux astronautes du CNES de se familiariser avec l'apesanteur en réalisant des vols paraboliques au début des années 1990.

◁ *Le marché de l'occasion est vivace, ainsi cette Caravelle 11R (modèle avec porte-cargo, construit en six exemplaires), propriété d'une compagnie colombienne. L'avion volait auparavant pour Air Afrique, après être sorti de chaîne en 1967.*

◁ *Moment historique : le SE-210 Caravelle n° 01, F-WHHH, décolle de Toulouse-Blagnac le 27 mai 1955, à 19 h 30 min, pour son vol inaugural de 41 minutes. L'aéronautique française démontre ainsi qu'elle a comblé le retard accumulé sous l'Occupation.*

La première Caravelle 12 en assemblage final à l'usine Aérospatiale de Blagnac, avant son premier vol le 29 octobre 1970. La Super Caravelle fut lancée à la demande d'Air Inter et de la compagnie danoise Sterling. Air Inter a retiré ses Caravelle du service le 2 août 1991, les Airbus prenant la relève. ▷

La période contemporaine a vu le développement spectaculaire de l'aviation d'affaires, un domaine dans lequel Dassault Aviation est passé maître, comme en témoigne ce Falcon 50 EX.

1970-1998

La période contemporaine

Aujourd'hui, si elle fascine encore, la vue d'un avion ou d'un hélicoptère n'étonne plus vraiment. Voler est presque devenu banal et, pour une bonne partie de la population, prendre l'avion est aussi simple, aussi habituel que prendre le train. Pourtant, de grands événements, comme le Salon du Bourget, qui se tient toutes les années impaires aux portes de Paris, sont encore capables de drainer 400 000 visiteurs en quelques jours. Pourtant, sont encore en service aujourd'hui des appareils, militaires ou civils, dont les premiers vols ont eu lieu il y a trente ans ou plus.

Sans doute cela signifie-t-il qu'ils ont été fort bien conçus, et qu'ils satisfont les besoins à l'aube du IIIe millénaire. Mais cela sous-entend également que la conception des avions exige désormais des compétences et des investissements hors du commun, qu'il devient impératif de rentabiliser sur de grandes quantités, autrement dit sur de longues périodes. Les critères économiques ont modifié le paysage en raréfiant l'apparition de machines nouvelles, de moteurs nouveaux dont les études engloutissent des millions.

Ainsi, si des avions volent depuis des décennies, il arrive fréquemment que leur constructeur ait changé de nom. On a assisté ces dernières années à des concentrations, dans le dessein de résister à une concurrence acharnée sur un marché tout bonnement mondial. Exemple, la dernière mouture du Douglas DC-9, dénommée MD-95 depuis que McDonnell a fusionné avec Douglas, sortira finalement en tant que Boeing 717. Une multitude de grands noms ont ainsi disparu. Exit Grumman, Northrop, Rockwell ou General Dynamics. Ne restent que des grands groupes tentaculaires aux États-Unis, comme Boeing et Lockheed-Martin... Le phénomène est général, rendu obligatoire par la conjoncture. Les sociétés nationales françaises se regroupèrent petit à petit dans l'Aérospatiale. La fusion avec Dassault Aviation est dans l'air du temps.

La concurrence a construit l'Europe aéronautique : Airbus Industrie regroupe des avionneurs des principaux pays de l'Union européenne. L'heure est à la coopération internationale, pour partager les risques financiers. On va jusqu'à créer des sociétés communes, comme Eurocopter, regroupant les divisions d'hélicoptères de l'Aérospatiale et de l'allemand DASA, comme CFM International, entre le motoriste américain General Electric et le français SNECMA. Conséquence, les aéronefs qui apparaissent maintenant voleront toujours en 2025 !

Les performances n'ont guère progressé. Les avions de combat ne vont pas plus vite. Ce ne sont plus des avions, d'ailleurs, mais des systèmes d'armes qui comprennent une électronique et un armement intégrés de plus en plus sophistiqués. Ils sont toutefois plus agiles, plus furtifs car moins visibles sur les radars. Les avions de ligne, Concorde mis à part, ne croisent pas plus vite non plus. Mais ils embarquent plus de passagers, dans des conditions de confort accrues, et sont plus économiques car consommant et polluant moins...

Enfin, preuve que voler demeure un désir de l'homme, de multiples sports aériens se sont développés parallèlement à l'aviation légère. À côté du planeur qui permet de franchir des centaines de kilomètres sans motour, le delta et le parapente, utilisant les mêmes énergies de l'atmosphère, font de plus en plus d'adeptes en quête d'aventure.

Décidément, l'aviation, secteur de pointe, continue et continuera longtemps de faire rêver !

CHASSEURS DE LA NOUVELLE GÉNÉRATION

Avec l'actuelle génération de chasseurs, de nouveaux concepts ont fait leur apparition, de la furtivité au développement de l'interface homme-machine en passant par les ordinateurs de bord.

Grumman s'est fait une réputation dans la réalisation d'avions embarqués. Le F-14 est le dernier de la série... ▷

Le F-16 a inauguré une nouvelle classe de chasseurs légers, incorporant de nombreuses avancées technologiques. ▷

△ ▷ Le F-16 a emporté le marché du renouvellement des Starfighter des pays de l'OTAN, équipant désormais la Belgique, le Danemark, la Norvège et les Pays-Bas en plus de l'USAF. Sur cette photo d'un biplace, on voit, à la gauche du pilote, la sortie du canon complétant les missiles en bout d'aile. Derrière la verrière se trouve l'orifice de remplissage pour les ravitaillements en vol.

Depuis l'apparition des premiers jets militaires, plusieurs générations se sont succédé. La première a participé à la guerre de Corée suivie, dans les années 1960-1970, de la deuxième, du Mirage III au Phantom. Aux États-Unis, c'est l'époque de la Century Serie (F-100 SuperSabre, F-104 Starfighter, F-105 Thunderchief et F-111). La génération suivante reprend une nouvelle dénomination, avec les F-4 Phantom, les Northrop F-5 et la fameuse série des F-14, F-15, F-16, F-17 et F-18...

Du F-15 actuel au F-22 futur

Le McDonnell-Douglas F-15 Eagle, développé pour contrer le MiG-25 Foxbat, a effectué son premier vol en 1972. Cet engin biréacteur, à double dérive, monoplace et biplace, a été le premier intercepteur à disposer d'un rapport poids-poussée supérieur à 1. Ce qui lui permet d'accélérer tout en montant à la verticale, d'où les records du monde de vitesse ascensionnelle et de temps de montée. L'appareil a été constamment modernisé pendant ces vingt-cinq années, le F-15E Strike Eagle étant la dernière version. Il s'agit d'un biplace d'attaque prêt à affronter tous les temps et qui se démarque par sa supériorité aérienne, le pilote étant assisté d'un officier dédié aux systèmes d'armement. Cet appareil de 37 tonnes peut atteindre Mach 2.5. Le F-15 est utilisé, outre les États-Unis, par l'Arabie saoudite et Israël.

Le F-16 Fighting Falcon a effectué son premier vol en 1974. Il s'agit alors d'un nouveau concept de chasseur léger (16 tonnes) monoréacteur qui intègre de multiples innovations : une verrière d'une seule pièce pour une visibilité sur 360°, un siège incliné pour mieux supporter les accélérations en combat aérien, un mini-

Toujours en service, le Grumman F-14A Tomcat est le chasseur embarqué le plus puissant. Sa géométrie variable lui permet de remplir plusieurs types de missions. ▽

◁ △ *Le McDonnell-Douglas F-15 Eagle (ci-dessus) est un appareil de supériorité aérienne aux performances remarquables, grâce à son rapport poids-poussée proche de 1. Il a donné naissance à un avion d'attaque au sol, le F-15 E (ci-contre).*

manche latéral et surtout des commandes de vol électriques. Ces dernières permettent de donner à l'appareil une stabilité artificielle, contrôlée par ordinateur, ce qui en augmente la maniabilité. Ce chasseur révolutionnaire remportera ainsi, en 1975, le marché du siècle – face au Mirage F-1 –, qui visait le renouvellement des F-104 des pays de l'OTAN, sans oublier l'US Air Force. Développé en de multiples versions, mono et biplaces, l'appareil fait partie des plus vendus (4 000 exemplaires). Capable d'atteindre Mach 2, le F-16, né General Dynamics, est aujourd'hui produit par Lockheed-Martin.

Son concurrent, le Northrop F-17, ne connaîtra pas le succès, mais donnera naissance au McDonnell-Douglas F-18, utilisé par l'US Navy, la Suisse et la Finlande. Le F-18 Hornet, dont le premier vol remonte à 1978, remplace sur les porte-avions les F-4 Phantom et épaule les Grumman F-14D, biplaces d'interception à géométrie variable – le chasseur embarqué américain le plus puissant et le plus armé avec ses huit missiles Phoenix. Celui-ci doit être remplacé prochainement par le Super Hornet, dont le programme a été lancé en 1992. Cet appareil reprend la silhouette du F-18 d'origine mais est plus grand. Biréacteur, pesant 30 tonnes au décollage, le F/A-18E/F Super Hornet, qui peut atteindre Mach 1.8, opérera à partir des porte-avions de l'US Navy.

Le suivant sera le Lockheed-Martin F-22 Raptor, qui est issu du prototype YF-22. Le F-22 est le futur chasseur américain multirôle, et sera en service vers l'an 2005. Vainqueur du programme ATF (Advanced Tactical Fighter) face au Grumman-Northrop-McDonnell-Douglas YF-23, ce biréacteur de 27 tonnes peut atteindre Mach 1.7. Les essais en vol du premier YF-22 se poursuivent, d'autres prototypes devant le rejoindre d'ici à l'an 2000. Une production de 340 appareils est prévue jusqu'en 2010. Le F-22 définit une nouvelle génération avec, comme points forts : la furtivité (être indétectable par les radars), une

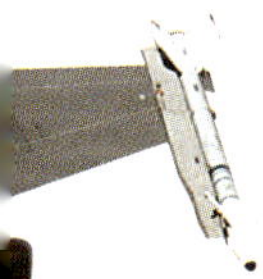

▷ *Issu du Northrop YF-17 Cobra, concurrent malchanceux face au F-16, le McDonnell-Douglas F/A-18 Hornet équipe l'US Navy, la Suisse et le Canada. Sur cet appareil canadien, un faux cockpit a été peint sous le ventre pour dérouter l'ennemi en combat tournoyant rapproché.*

LES AUTRES CHASSEURS

Outre les États-Unis (du F-15 au F-22), la France (du Mirage 2000 au Rafale) et la Russie (du MiG-29 au Sukhoi Su-37), d'autres pays ont développé des avions d'armes. Le Tornado est le premier avion de combat construit en coopération par la Grande-Bretagne, l'Allemagne et l'Italie, au sein du consortium Panavia.
Le programme est lancé en 1970, et les premiers prototypes ont pris leur envol en 1977 et en 1979. La mise au point de cet appareil, à voilure à géométrie variable, a pris plus de temps que prévu, avec une entrée en service dans la Luftwaffe en 1982, et dans la Royal Air Force en 1984.

Ce biplace de 28 tonnes, capable d'atteindre Mach 2.2, a été commandé à 990 exemplaires, avec l'Arabie saoudite comme client. La Suède a également développé un chasseur mono et biplace, le JAS-39 Gripen, « premier avion de combat suédois polyvalent ». Son premier vol est intervenu en 1988 (monoplace) et en 1996 (biplace). Cet appareil de 13 tonnes, atteignant Mach 2, dispose de commandes de vol électriques. L'armée de l'air suédoise en a commandé 140 exemplaires.

... CHASSEURS DE LA NOUVELLE GÉNÉRATION

croisière supersonique sans l'usage de la post-combustion, une haute manœuvrabilité (fortes incidences). Sa structure fait largement appel au titane et aux matériaux composites.

Polyvalence et furtivité

La plupart de ces avions de la génération actuelle des chasseurs ont comme caractéristiques principales :

– leur polyvalence : vu les coûts de développement, un appareil doit désormais répondre à de multiples missions, d'où le terme d'avion multirôle (interception, attaque au sol, reconnaissance, brouillage électronique, etc.) ;

– des commandes de vol électriques : les boîtes noires permettent un usage de la totalité du domaine de vol, avec des butées gérées par les ordinateurs ;

– un système d'armes sophistiqué : l'avion n'est qu'un outil, une plate-forme de tir qui n'est rien sans un système d'armes, d'où le maintien en production d'appareils qui ont vingt-cinq ans d'âge mais dont l'avionique de bord a été régulièrement modernisée ou complétée. Par systèmes d'armes, il faut comprendre l'armement (missiles guidés par radar ou à système autodirecteur, bombes guidées par laser, identification des cibles par tous les temps avec des capteurs infrarouges), le radar d'interception (notamment à balayage vertical, repérant les avions ennemis sous la trajectoire malgré l'écho du sol), la défense de l'appareil par l'usage de contre-mesures électroniques qui brouillent les radars adverses avec en outre l'éjection de leurres pour tromper les missiles adverses ;

– une interface pilote-machine développée : pour permettre au pilote de dialoguer avec son appareil, le cockpit dispose de multiples écrans multifonctions qui permettent l'utilisation des différents armements. Quand les informations à traiter deviennent trop nombreuses (par exemple un suivi de plusieurs cibles au même moment), un officier complète l'équipage, gérant le système d'armement, tandis que le pilote est responsable de la navigation et de la trajectoire. Pour aider ce dernier, un collimateur tête haute (HUD ou head-up

△ Le futur chasseur multirôle américain sera le Lockheed-Martin F-22 Raptor...

△ Issu du F/A-18, le futur F/A-18E/F reprend la même architecture que celle de son père mais à une échelle supérieure de 30 % environ. Il remplacera les F-14 et les F/A-18 sur les porte-avions de l'US Navy.

LA GÉNÉRATION SUIVANTE DE CHASSEURS

Quelques grandes idées se dessinent déjà. Les stratèges souhaitent disposer d'appareils capables de décollages courts ou à la verticale. Une autre branche de l'arbre généalogique du chasseur moderne pourrait s'orienter vers des appareils sans pilote, capables de supporter des accélérations plus importantes et en continu, ce que ne peut encaisser l'organisme humain. Certains engins de reconnaissance – les drones – et des appareils de surveillance, qui peuvent rester en vol plusieurs jours ou plusieurs semaines à haute altitude, montrent que cette évolution est possible

Les chasseurs de la nouvelle génération ont la plupart du temps deux dérives et deux réacteurs, afin de supporter des dommages en combat aérien sans que l'avion ne soit perdu – comme ce F/A-18 se préparant au catapultage. ▽

◁ △ *Avant d'entrer en unités vers l'an 2000, le F-22 va subir de nombreux essais en vol pour mettre au point l'appareil et le système d'armes. Plusieurs prototypes seront nécessaires.*

Vu les budgets (développement, production, maintenance) mis en jeu, les états-majors recherchent désormais des avions polyvalents, adaptables à différentes missions. ▷

L'interface homme-machine représente un important axe de recherche pour l'avenir, avec comme moyens le collimateur tête haute, les multiples écrans tactiles, les commandes vocales, la gestion des différents systèmes par des commandes regroupées sur le manche ou la commande de gaz, etc. ▷

display) projette sur la verrière les éléments essentiels, offrant au pilote la possibilité de conserver la vue vers l'extérieur. Des projets sont en cours pour intégrer le HUD dans la visière du casque. Les ordres à l'appareil, par commandes vocales, commencent à voir le jour, même sous forts facteurs de charge. Pour la navigation à basse altitude, l'appareil peut être piloté par le système de suivi de terrain automatique. Le concept Hotas (*Hands on throttle and stick*, les mains sur le manche et les gaz) permet au pilote de disposer de nombreuses fonctions du bout des doigts, pour gérer plusieurs systèmes tout en pilotant ;

– la furtivité : ce concept *(stealth)* vise à rendre les appareils invisibles aux ondes des radars. Soit les formes rondes accrochent peu les faisceaux d'énergie, soit les formes facettées les renvoient dans de multiples directions. Dans ce cas, les lignes des formes sont alignées pour diminuer la surface équivalente radar. Sur le plan de la structure, cette capacité est accrue par l'usage de matériaux absorbant l'énergie ou piégeant les ondes radar. La furtivité permet à l'appareil de rester indétecté ou d'être aperçu par l'ennemi beaucoup trop tard pour que ce dernier puisse réagir. Pour diminuer la signature infrarouge, les appareils furtifs sont subsoniques et leurs gaz d'échappement sont refroidis (mélangés à de l'air froid) ou étalés par de larges sorties, généralement sur la partie supérieure de l'appareil.

Ainsi se présente l'avion de chasse de la génération à venir, au sein d'un dispositif d'attaque qui intègre les avions-ravitailleurs (pour augmenter la durée de la mission et la distance d'intervention), mais également les avions-radars Awacs gérant la menace dans un espace aérien donné. Si la guerre du Golfe a en quelque sorte servi de terrain d'entraînement à ces nouveaux armements, chaque année, plusieurs pilotes français, anglais et autres participent à l'exercice américain Red Flag, dans le désert du Nevada. Là, des conditions très proches de la réalité leur permettent de se mesurer en réel. Tous les états-majors savent que la puissance d'une armée de l'air reste capitale pour l'issue d'un conflit.

DU MIRAGE 2000 AU RAFALE

En dehors des États-Unis, de la Russie et de la Suède, la France reste l'un des rares pays à pouvoir concevoir, fabriquer et vendre à l'exportation des avions de combat : Dassault est la clé de cette réussite.

Le succès de la famille Mirage III/V/50 n'a pas endormi les équipes d'ingénieurs de Dassault. Ainsi le prototype du Mirage F1, qui rompt avec la tradition de la voilure en delta pour une aile en flèche plus conventionnelle, vole-t-il le 23 décembre 1966. Le F1 entre en service en 1974 et l'est toujours. Le Mirage G est un appareil à géométrie variable développé sous contrat gouvernemental, riche d'enseignements pour Dassault (1967-1972).

Mirage 2000, delta des années 2000

À la suite de l'abandon de la version opérationnelle du Mirage G8A, le projet Mirage 2000 est choisi le 18 décembre 1975 pour devenir l'avion de combat français de la fin du XXe siècle. Il marque le retour à la formule delta, celle-ci offrant, grâce aux moyens de conception modernes, un excellent compromis. En particulier, une aile delta donne une faible traînée aérodynamique dans une large gamme d'incidences de vol, tout en offrant une surface importante pour une grande rapidité d'évolution et un plafond élevé. Il s'agit du premier avion de combat doté de commandes électriques et de systèmes d'armes et de navigation avancés, que Jean Coureau décolle le 10 mars 1978.

Entré en service dans l'armée de l'air à l'été 1983, il connaît depuis diverses versions, mono et biplaces. Chacune a un système d'armes différent, adapté au profil de mission : Mirage 2000 C et 2000-5 monoplaces pour l'interception (Mach 2.2), 2000 B biplace d'entraînement, 2000 D biplace d'attaque à basse altitude, et 2000 N biplace spécialisé dans la frappe nucléaire, emportant le missile ASMP. Ces avions sont propulsés par des réacteurs SNECMA M-53 P2 de

Le Mirage 2000 biplace existe en trois variantes principales, toutes extérieurement semblables : le 2000 B pour l'entraînement et la formation, le 2000 D pour l'attaque et le bombardement, et le 2000 N pour la pénétration nucléaire, avec le missile ASMP. Toutes les versions sont capables d'emmener 6 300 kg de charges militaires. ▷

L'Eurofighter EF-2000 est le concurrent européen du Dassault Rafale commandé par l'armée de l'air et la marine françaises. Fruit d'un consortium regroupant l'Allemagne, l'Espagne, l'Italie et la Grande-Bretagne, il vient d'être commandé à 620 exemplaires pour les forces aériennes de ces pays. Son développement a été laborieux. ▽

EUROFIGHTER, AVION DE COMBAT EUROPÉEN

L'EF-2000 est né de la volonté conjointe de quatre forces aériennes européennes de disposer d'un nouvel avion de combat à l'orée du XXIe siècle. En 1986, la Grande-Bretagne, l'Allemagne, l'Italie et l'Espagne ont ainsi fondé le consortium Eurofighter, et le biréacteur propulsé par deux Eurojet EJ200-3A de 6,1 tonnes (9,2 tonnes avec PC) vola le 27 mars 1994, suivi de six autres prototypes, dont deux biplaces. Ses performances sont proches de celles du Rafale, mais les essais en vol ont été plus longs que prévu. Le contrat d'industrialisation de 620 machines a été signé le 30 janvier 1998 pour l'ensemble des nations suscitées. Les premières livraisons commenceront en 2002.

▷ *Guy Mitaux-Maurouard, pilote d'essai de Dassault Aviation à l'époque où il décolla le Rafale A. G2M, ainsi qu'il était surnommé, a mené tous les tests de l'appareil démonstrateur. L'électronique du Rafale est ce que l'on fait de mieux dans le genre à l'aube du XXIe siècle.*

Le Rafale A fut un démonstrateur technologique du Rafale opérationnel, qui décolla pour la première fois à Istres le 4 juillet 1986, propulsé par deux réacteurs américains General Electric F-404 de 7 265 kg de poussée unitaire. ▷

6,5 tonnes de poussée à sec et de 9,7 tonnes avec postcombustion.

L'électronique de bord est très sophistiquée et le Mirage 2000-5, entré en service en 1997, a un radar Thomson-CSF RDY d'une portée de 100 km.

La France a commandé 315 Mirage 2000 et en a vendu 225 à l'export : la carrière de l'avion ne fait que commencer.

◁ *Catapultage du Rafale Marine en essais à la mer sur porte-avions. La Marine nationale sera le premier corps d'armée à recevoir le Rafale en dotation, en l'an 2000, et ses appareils seront basés à bord du nouveau porte-avions nucléaire Charles de Gaulle, les premiers essais à son bord devant avoir lieu en 1999.*

◁ *Le Mirage 2000-5 est la dernière évolution du monoplace, équipée d'un radar perfectionné Thomson-CSF RDY. Il est vu ici en configuration air-air avec quatre missiles Mica, deux Magic 2 et trois réservoirs supplémentaires. Deux canons de 30 mm sont montés en interne. Envergure : 9,13 m, longueur du monoplace : 14,36 m (14,55 m biplace), vitesse : Mach 2.2.*

Rafale, symbole du savoir-faire français

Fleuron de la recherche aéronautique tricolore, le Rafale est le premier avion de combat polyvalent, réunissant plusieurs types d'appareils en un seul, capable de remplir des missions d'interception, d'interdiction, d'attaque aussi bien au sol qu'à la mer. À ce titre, il n'a pas d'équivalent dans le monde !

Issu du projet ACX (avion de combat expérimental), le « démonstrateur technologique » a effectué son premier vol le 4 juillet 1986 piloté par Guy Mitaux-Maurouard. Le Rafale représente le dernier cri, et sa cellule, largement construite en matériaux composites, est douée, de par ses formes, d'une certaine furtivité (faible « signature » radar). Il est propulsé par deux moteurs SNECMA M-88-2 de 5,1 tonnes à sec et de 7,65 tonnes avec PC (il peut voler en croisière à vitesse supersonique). Le Rafale (mono et biplace) est doté du radar RBE2 de Thomson-CSF/Dassault Électronique, qui peut, en mode air-air, détecter plusieurs dizaines de cibles, dont huit en poursuite renforcée ; en mode air-sol, il assure le suivi de terrain et élabore une carte détaillée de la zone survolée à 10 km en avant de l'avion tout en recalant la navigation !

Le poste de pilotage est équipé d'écrans tactiles couleurs, et ultérieurement un viseur directement monté sur le casque du pilote sera employé. Détection, évaluation des menaces et contre-mesures sont gérées par un dispositif intégré spécifique.

Le Rafale peut emporter 6 tonnes de charges extérieures.

La Marine en sera la première utilisatrice, sur le nouveau porte-avions Charles de Gaulle, en 2000, et l'armée de l'air suivra en 2001, les commandes ayant été retardées en raison de crédits insuffisants.

△ *Le programme Rafale a franchi le cap des 2 500 vols dès 1995, avec cinq appareils, le démonstrateur Rafale A, le Rafale C 01 (premier vol le 19 mai 1991), le Rafale M 01 (12 décembre 1991), le Rafale B 01 (version biplace qui a volé le 30 avril 1993) et le Rafale M 02, deuxième exemplaire de la version Marine (8 novembre 1993).*

Les dernières versions du Mirage F1 sont encore en service, particulièrement la variante spécialisée dans la reconnaissance photo, très sophistiquée, que l'on voit ici en patrouille avec un Jaguar A (autre produit Dassault, en raison de l'absorption de Breguet, construit avec British Aerospace) pendant la guerre du Golfe en 1991. ▽

MIG ET SUKHOÏ, LES AVIONS DE COMBAT RUSSES

Au cours de ces dernières années, l'industrie aéronautique russe a développé toute une génération d'avions de combat hyperperformants qui n'ont rien à envier aux productions occidentales.

Le MiG-23 est un gros appareil à géométrie variable qui a effectué son premier vol le 10 avril 1967. C'est un chasseur multirôle qui constitua pendant la décennie 1970-1980 l'une des composantes les plus performantes de la force aérienne de l'URSS. ▷

Depuis la fin de la Seconde Guerre mondiale, l'Union soviétique, d'abord, la Russie, maintenant, a fourni un nombre important d'avions de combat, étudiés certes pour ses propres forces aériennes, mais répondant également aux besoins de nombreux pays.

MiG : du 21 au 29

Le MiG-21 fut le contemporain du Mirage III français et du Lockheed F-104 Starfighter. À l'instar du premier, il est toujours opérationnel par le truchement de modernisations. Sont toujours en lice également les chasseurs tactiques monoréacteurs MiG-23 (capable de Mach 2.35) et MiG-27, ce dernier étant une variante optimisée du précédent pour l'attaque au sol. Ces engins se remarquent par leur voilure à géométrie variable.

Le MiG-25, biréacteur monoplace (2 x 12 tonnes de poussée) à voilure fixe vole le 6 mars 1964 et entre en service dix ans plus tard. C'est un intercepteur à haute altitude, ou un avion de reconnaissance, capable d'atteindre Mach 2.8 (3 000 km/h). Le MiG-31, extrapolé du 25, est un biplace plus puissant encore (2 x 15,5 tonnes de poussée !) dont les réacteurs Soloviev tolèrent une croisière « rapide » à Mach 2.35 en altitude. Le prototype a volé le 16 septembre 1975, mais il n'est révélé à l'Ouest que bien plus tard. C'est le premier intercepteur au monde avec un radar à balayage électronique. Le MiG-31 M est en gestation depuis 1984. Encore plus lourd (52 tonnes), il possède un radar plus élaboré.

L'actuel MiG-29 est la monture de 25 forces aériennes, dont la Russie, qui en aligne 600. La toute dernière version, le MiG-29 SM, est prête à prendre la relève sur les chaînes qui ont déjà assemblé environ

△ Le MiG-31 fut dérivé du MiG-25, mais malgré la ressemblance, c'est un avion entièrement nouveau. C'était un intercepteur biplace (un pilote, un « opérateur des systèmes ») biréacteur, de la classe Mach 3. Aujourd'hui, c'est l'un des avions de combat opérationnels parmi les plus rapides. Envergure : 13,46 m, longueur : 22,69 m, poids au décollage supérieur à 46 tonnes.

△ Le MiG-27 est une extrapolation du MiG-23 optimisée pour le bombardement et l'attaque au sol, disposant d'une avionique adaptée à ce rôle. Le vol inaugural a eu lieu en 1972. Les dimensions étaient les mêmes, et la masse au décollage était de 20 300 kg. Le seul client à l'exportation fut l'Inde. Le MiG-27 est toujours en service.

Le Sukhoï 24 est un avion d'attaque lointaine piloté par deux hommes dans un habitacle côte à côte. Le prototype à géométrie variable vola le 17 janvier 1990. La photo représente la dernière version du Su-24 MR. Envergure ailes déployées : 17,64 m, ailes repliées : 10,37 m, longueur : 24,60 m, vitesse maximale : Mach 1.35. ▷

1 500 exemplaires. D'une masse d'environ 20 tonnes, le MiG-29 vole à 2 400 km/h et a un rayon d'action de 2 900 km. Autre amélioration en cours, le recours aux tuyères « à poussée vectorielle » des deux réacteurs Klimov/Sarkisov de 8 300 kgp avec PC, pour rendre le MiG-29 plus maniable, et compétitif jusqu'en 2010.

La saga des Sukhoï

C'est une impressionnante lignée d'avions de combat hyperperformants que la firme Sukhoï a débutée en créant, en 1969, le Su-27, qui s'envola le 20 mai 1977. Une quinzaine de modèles (monoplaces, biplaces en tandem et côte à côte, avec de l'avionique et des moteurs variés), fabriqués en titane et en aluminium, sont issus du Su-27 d'origine, tous caractérisés par une aérodynamique fort évoluée reposant sur l'homogénéité de la cellule, du fuselage et de la voilure, et un rapport poussée-poids très élevé (largement supérieur à 1 ; autrement dit, la poussée des réacteurs est supérieure à la masse de la machine). Ils peuvent emporter toute la panoplie russe de missiles, et certains, outre les modèles spécifiques pour l'export, sont spécialisés pour des profils de mission particuliers – attaque à longue distance (le Su-34, le Su-32 FN, destiné aux longues patrouilles, ayant une distance franchissable de 14 000 km moyennant trois ravitaillements en vol), attaque navale (Su-27 IB), chasseur-bombardier multirôle (Su-30 M), etc. Les derniers modèles sont affublés d'ailettes à l'avant et du radar Myetch N-001, qui peut suivre quinze cibles air-air et en engager six à 100 km. L'ultime dérivé, pour l'instant, le Su-37, a volé le 2 avril 1996 avec des réacteurs à tuyères mobiles, une avionique française (Sextant) et un nouveau radar à balayage électronique. Outre la Russie, le Viêt Nam et la Chine sont clients de la gamme Sukhoï, en attendant l'Inde, qui va recevoir quarante Su-30. Cette épopée des grands Sukhoï devrait encore se prolonger pendant plusieurs années, et durer jusque dans les années 2020.

△ Le plus récent des MiG, le MiG-29, est en service en Russie et dans de nombreux pays, et son potentiel de développement important fait qu'il restera en service longtemps au XXIe siècle. Doté d'une avionique ultramoderne, il est en outre très manœuvrant. Envergure : 11,36 m, longueur : 17,32 m, charge militaire : 4,6 tonnes, vitesse maximale : 2 445 km/h.

△ L'étrange silhouette du Sukhoï 35 est très caractéristique. Par rapport aux variantes initiales, cette version est dotée de petites voilures auxiliaires situées devant les ailes principales. Ces « plans canards » améliorent sensiblement la manœuvrabilité de l'appareil, de même que l'orientation de la poussée des réacteurs par l'intermédiaire de tuyères mobiles.

◁ Le Sukhoï 30 est un chasseur biplace en tandem multirôle mû par deux réacteurs Saturn-Lyulka de 7 600 kgp à sec et 12 500 kg avec postcombustion. Il atteint 2 100 km/h et ses douze points d'emport sous le fuselage et la voilure lui permettent d'embarquer une impressionnante panoplie de missiles air-air ou air-sol, voire un mélange des deux.

◁ Le Sukhoï 32 FN (ou Sukhoï 34) est un biplace côte à côte d'attaque et d'appui tactique qui dispose de la même motorisation que le Sukhoï 30. Il est cependant un peu plus long (25,20 m au lieu de 21,95 m), mais emploie la même voilure (constante sur toute la gamme). Il vole à 1 900 km/h en altitude et son rayon d'action avec trois ravitaillements en vol est de 14 000 km.

LES CAMIONS VOLANTS

Transporter des marchandises, parfois volumineuses, vite et loin, est un besoin vital, économique et stratégique. Ainsi a-t-on vu apparaître toute une génération d'avions-cargos civils et militaires.

La Seconde Guerre mondiale a mis en lumière l'importance de l'acheminement d'approvisionnements parfois sur de longues distances, avec une certaine rapidité. Aussi, dès les années 1950, les militaires demandent-ils aux constructeurs de concevoir des avions de transport, tactiques, pour intervenir directement à proximité des confilts, et stratégiques, pour véhiculer du matériel sur de longues distances.

△ Les formations de transport de l'US Air Force sont en cours de rééquipement avec des McDonnell-Douglas (maintenant Boeing) C-17 Globemaster II.

Gros porteurs...

Le plus célèbre des cargos militaires est sans doute le Lockheed C-130 Hercules, apte à transporter une charge de 20 tonnes à 590 km/h sur près de 3 900 km. Depuis son premier vol, le 23 août 1954, près d'une centaine de variantes de ce quadrimoteur à turbopropulseurs ont fait leur apparition pour assurer une multitude de missions, dépassant quelquefois sa vocation initiale d'avion de transport (voir les AC-130 gunships au Viêt Nam, le HC-130P pour la récupération de satellites, ou l'EC-130J Commando Solo, spécialisés dans la guerre psychologique en cours de développement, etc.). Plus d'un millier sont en service, et cette véritable cheville ouvrière est toujours en production, avec un fuselage rallongé qui en augmente la contenance, des turbines plus modernes et plus puissantes. L'avantage de l'Hercules est de pouvoir décoller et atterrir sur des pistes courtes, et il équipe de nombreuses forces aériennes (dont la France) et des compagnies civiles.

Lockheed a également conçu le C-141 Starlifter, un quadriréacteur stratégique capable de déplacer un missile intercontinental Minuteman pesant 39 tonnes, à 885 km/h sur 9 900 km. Le Starlifter, qui a effectué son vol inaugural en 1963 avant d'être commandé par l'US Air Force (284 exemplaires), est ravitaillable en vol (comme l'Hercules), ce qui lui permet d'in-

△ Le Lockheed C-130 Hercules est un avion-cargo polyvalent produit à près de 2 000 exemplaires. Des versions récentes sont encore en fabrication, et le constructeur a développé des programmes de modernisation des appareils existants, qui équipent de très nombreuses forces aériennes (ici la RAF britannique) dans le monde.

△ Ainsi se présentera l'ATF ou FLA en anglais (Future Large Aircraft) lorsqu'il entrera en service à l'aube du XXIe siècle. Il sera le fruit d'une coopération internationale européenne et remplacera, entre autres, le Transall franco-allemand, actuellement en dotation de l'armée de l'air et de la Luftwaffe.

Le Lockheed C-5 Galaxy a commencé sa carrière opérationnelle au sein du Military Airlift Command de l'US Air Force en 1969, et assure toujours les missions de projection de l'armée américaine dans le monde entier. C'est un avion énorme, que l'on voit ici engloutir avec aisance deux hélicoptères Aerospatiale Puma britanniques. ▽

△ *Toujours plus, l'octoréacteur Antonov 225 Mriya (le rêve) a été conçu pour participer au programme spatial russe, et notamment pour transporter sur son dos la navette Bouran. Cet avion unique – 88,40 m d'envergure, 84 m de long et 18,20 m de haut – s'est octroyé plus de 100 records. Ses 250 tonnes de charge utile peuvent être embarquées sur un pont long de 43 m.*

L'Antonov 22 Antheus, à l'époque de son vol inaugural en 1965, était le plus grand avion du moment (envergure : 57,90 m, longueur : 64,40 m, hauteur : 12,50 m), avec une masse maximale au décollage de 250 tonnes. Ce type d'appareil n'établit pas moins de 14 records dans sa catégorie poids lourds. Son train d'atterrissage comporte 14 roues... ▽

Successeur des Super Guppy, destinés à transporter des éléments d'Airbus entre les diverses usines européennes, cette baleine a été réalisée sur une base d'Airbus A-300 : c'est le Satic Beluga, qui est capable d'enlever des morceaux de fuselage pesant jusqu'à 45 tonnes. Sa vitesse de croisière de 750 km/h le rend presque deux fois plus rapide que son prédécesseur. ▽

Par mutilations successives du Boeing Stratocruiser et de son frère militaire C-97 (lui-même descendant du bombardier B 29), les ingénieurs sont parvenus au Guppy, au Pregnant Guppy et enfin au Super Guppy. Ce dernier a volé en France pendant un quart de siècle, faisant la navette entre les différents sites industriels d'Airbus. ▽

tervenir partout. Mais son fuselage trop étroit a mené à l'étude de son successeur, le McDonnell-Douglas C-17 Globemaster II, qui commence à équiper les formations de transport de l'USAF. Ce quadriréacteur à fuselage large, ravitaillable en vol, peut embarquer une charge utile de 76 tonnes, et franchir avec elle 4 445 km à 650 km/h, tout en se posant sur des terrains non préparés à proximité du champ de bataille.

Les Européens ont étudié leurs propres appareils, comme le Short Belfast britannique, ou le Transall franco-allemand, qui a décollé en 1963. Actuellement, les firmes Aérospatiale (France), Bristish Aerospace (Grande-Bretagne), Daimler-Benz (Allemagne), Alenia (Italie) et Casa (Espagne) travaillent à la conception d'un avion de transport militaire l'ATF (Avion de Transport du Futur) pour le XXIe siècle.

... et très gros !

Le 30 juin 1968 décolle le Lockheed C-5 Galaxy, de 68 m d'envergure et de 75,50 m de long. Il est destiné à épauler le Starlifter, de configuration analogue, mais ses dimensions sont nettement plus imposantes, avec un pont inférieur de près de 37 m de long et de 5,80 m de large ! Le nez de l'avion est articulé, en plus de la traditionnelle rampe arrière, et le train d'atterrissage ne comporte pas moins de 28 roues, pour opérer à partir de pistes non bétonnées... Une deuxième série (C-5B) a été lancée à la fin des années 1980, avec une nouvelle voilure, les ailes de la première génération ayant révélé une fatigue de la structure.

Le constructeur soviétique (maintenant ukrainien) Antonov a lui aussi produit de volumineux cargos volants, comme l'An-22, mû par quatre turbines Kuznetsov de 15 000 ch entraînant des hélices contrarotatives à huit pales, qui est apparu en 1965 (80 tonnes de charge à 520 km/h en croisière sur 5 000 km) et a été fabriqué jusqu'en 1974. Ont suivi les An-124 (premier vol le 26 décembre 1982) et 225 (premier vol le 21 décembre 1988) à réacteurs, quatre pour le premier, six pour le second, de 23 tonnes de poussée chacun. Celui-ci, bien qu'unique, est le plus grand avion du monde, et son poids maximal au décollage dépasse 450 tonnes !

F-117A NIGHTHAWK ET B-2 SPIRIT

Ces deux bombardiers inaugurent un nouveau concept de camouflage, la furtivité, ou la capacité de rester invisible aux ondes des radars adverses.

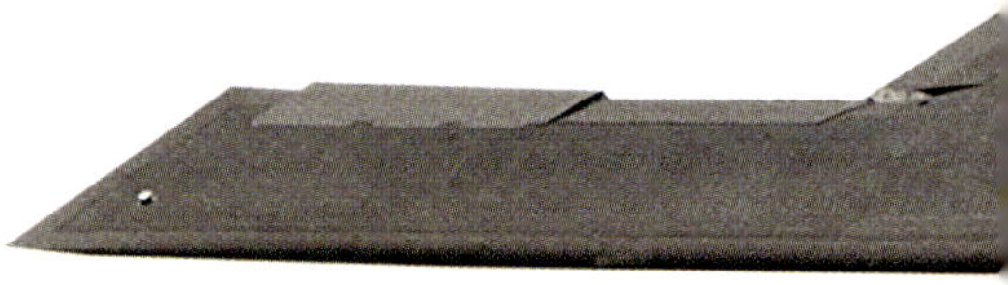

Au début des années 1980, une rumeur circule concernant l'existence d'avions furtifs *(stealth)*, utilisés par l'USAF à partir de sa base secrète de Groom Lake, dans le Nevada. Ces avions ne voleraient que de nuit et l'un d'eux se serait notamment écrasé en dehors du périmètre de la zone très secrète. Il faudra attendre la fin de novembre 1988 pour que ces faits soient confirmés : l'USAF dévoila une partie du mystère avec la publication d'une photo de mauvaise qualité, qui ne permettait pas de saisir l'architecture ni certains détails techniques.

Certes, l'avion est fort étrange. Conçu par les Skunks works de Lockheed, bureau d'études déjà réputé pour les U-2 (voir p. 116) et les SR-71, le F-117A NightHawk a une forme aux multiples facettes, peu aérodynamique. Le but est de piéger les ondes des radars. Les nombreux angles, jusque dans le choix des empennages en *V*, doivent les éparpiller dans toutes les directions. De plus, la structure fait appel à des matériaux dits absorbants, en composites et résine – matériaux non conducteurs « emprisonnant » les ondes électromagnétiques. Ainsi, sa signature étant extrêmement réduite, son identification se fait tardivement, alors qu'il n'est déjà plus possible de l'intercepter.

Pour voler discrètement, il ne faut pas faire de bruit. Les deux réacteurs GE F-404, sans postcombustion, ne permettent d'atteindre que Mach 0.9 (environ 950 km/h) et, pour diminuer la signature infrarouge, les gaz d'échappement

Le pilotage d'un tel appareil, aux formes peu aérodynamiques, est rendu possible par l'usage de calculateurs de vol assurant une stabilité artificielle. ▷

De 1982 à 1988, les vols d'entraînement des F-117A ont eu lieu de nuit et dans le plus grand secret, à partir de la base de Tohopah (Nevada). Après avoir été le secret le mieux gardé, le F-117A est désormais présenté dans les salons… ▽

Prototypes compris, plus de soixante F-117A ont été construits, dont trois au moins ont été perdus lors d'accidents. ▽

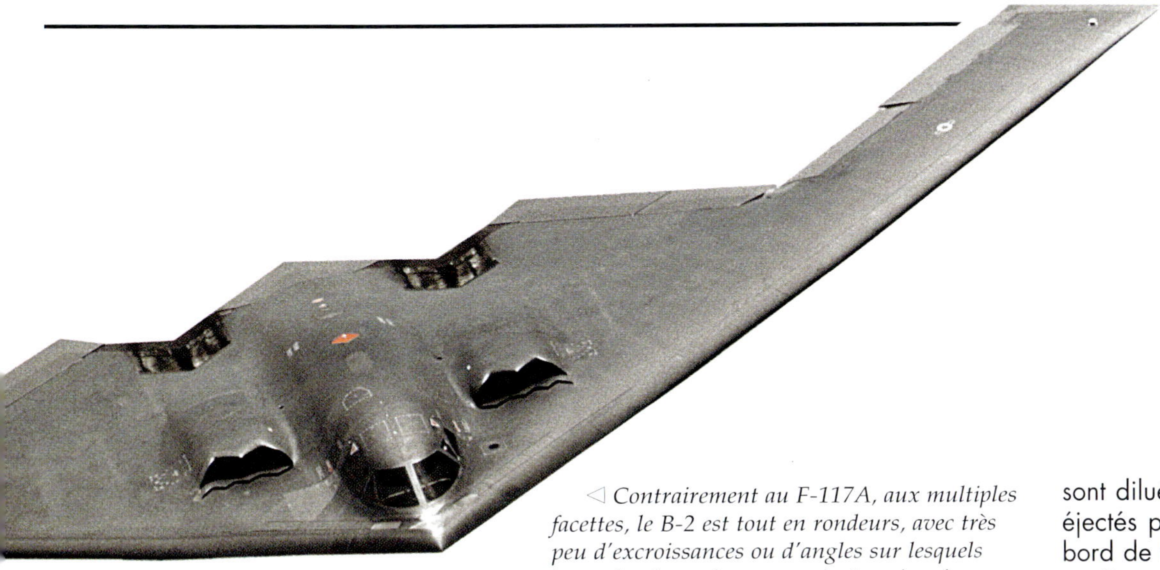

◁ *Contrairement au F-117A, aux multiples facettes, le B-2 est tout en rondeurs, avec très peu d'excroissances ou d'angles sur lesquels les ondes des radars pourraient avoir prise. Depuis l'apparition de ces deux appareils, le concept de furtivité ne peut plus être négligé, ni par les ingénieurs aéronautiques ni par les stratèges militaires.*

Pour accroître son autonomie, le B-2 est ravitaillable en vol. ▽

Hall d'assemblage du B-2, dont le revêtement initial, en matériaux composites, est de couleur blanche. Les nombreux tapis de protection sont là pour éviter tout dommage aux surfaces. ▽

Si le développement du prototype du B-2 a été effectué dans le secret, l'appareil – en raison de sa taille et de ses 170 tonnes – est cependant dévoilé au public à l'occasion de son premier vol, le 17 juillet 1989. ▽

sont dilués avec de l'air froid avant d'être éjectés par les sorties plates et étalées au bord de fuite des ailes à forte flèche.

Quand l'appareil est enfin dévoilé, en 1988, cela fait déjà six ans qu'il est opérationnel à partir de la base de Tonopah. Les pilotes, triés sur le volet, sont tous volontaires et ont dû s'engager pour des missions « dangereuses » avant de découvrir l'appareil. Une fois le secret levé par l'USAF, les vols d'entraînement peuvent s'effectuer de jour, avec des ravitaillements en vol pour les grandes distances.

Le F-117A, avion monoplace, est utilisé en conditions réelles pour la première fois en décembre 1989, lors de l'opération *Just Cause*, au Panamá, mais surtout en 1991, lors des missions sur l'Irak. Ses bombes à guidage laser sont destinées à effectuer des frappes chirurgicales. Les missions sont menées de nuit, après un transfert de l'avion furtif sur une base dans la soute d'un C-5 Galaxy.

À la même époque, l'USAF s'équipe d'un bombardier stratégique à long rayon d'action, ravitaillable en vol, et également furtif. Fidèle aux idées de Jack Northrop, le B-2 Spirit n'est qu'une immense aile, avec le cockpit et les quatre réacteurs GE F-118 noyés dans la structure. Les sorties des réacteurs sont placées sur le dessus, pour diminuer la signature infrarouge. Le pilotage, *via* des calculateurs de vol, est assuré par des volets, des ailerons et des aérofreins qui occupent le bord de fuite en l'absence d'empennage vertical. L'équipage est constitué de deux hommes. Comme le F-117A, le B-2A est subsonique et son image-radar serait celle d'un oiseau (0,1 m²), à comparer à celle d'un B-52G, évaluée à 70 m². Il est largement fait appel aux matériaux composites pour cet appareil de 52,60 m d'envergure et de 21 m de long, assemblé dans une usine très robotisée. Si l'USAF souhaite en recevoir 132 exemplaires, pour l'heure, seuls 21 B-2 ont été budgétisés. Comme les autres appareils des *black programs* (projets secrets), l'avion est au centre de polémiques en raison de son coût (500 millions de dollars l'unité), et de son efficacité (le revêtement n'aime pas l'eau...).

CONCORDE, LE PRESTIGE SUPERSONIQUE

Aujourd'hui, près de vingt-cinq ans après son premier vol commercial, cet avion garde sa magie, celle de permettre à ses passagers de voler à deux fois la vitesse du son en croisière.

1969 fut un millésime très important pour le domaine aérospatial, puisque cette année-là vit le premier vol du Concorde, préfigurant le transport supersonique, celui du Boeing 747, initialisant le transport haute densité, et le premier pas de l'Homme sur la Lune… Cette photo immortalise le vol inaugural du Concorde 001, le 2 mars 1969. ▷

En 1960, Dassault et Sud-Aviation élaborent une Super Caravelle supersonique. Sur l'autre rive de la Manche, le Bristol 198 est en gestation. Une convergence de vues se dégageant, un accord intervient le 25 octobre 1962, ratifié par les gouvernements le 29 novembre. Sud-Aviation est maître d'œuvre de la cellule, et British Aircraft Corporation de la motorisation (réacteurs Bristol Olympus), Dassault abandonnant sa participation. Le responsable du bureau d'études français est Lucien Servanty, connu pour ses Triton, ses Espadon et ses Trident.

◁ Le Concorde 001, immatriculé F-WTSS (pour transport supersonique), en vol en configuration de croisière avec le nez relevé en position horizontale. Cet avion diffère quelque peu des exemplaires suivants ; il est notamment plus court, et ne dispose pas de sièges pour les passagers, mais d'une instrumentation d'essais. Il est exposé au musée de l'Air et de l'Espace du Bourget.

Le Concorde n° 3 en service commercial sous les couleurs d'Air France. La première desserte commerciale remonte à 1976 et, depuis, le prestigieux appareil assure quotidiennement la liaison entre Paris et New York, le parcours le mieux adapté. Bien qu'ils aient été peu rentables au début, Air France ne songe pas à retirer ses Concorde, qui attirent une clientèle toujours renouvelée. ▽

Une avancée technologique

En 1967, alors que soixante-quatorze Concorde sont en commande pour seize compagnies, deux chaînes de montage parallèles sont mises en place, à Toulouse et à Filton, ce qui constitue une erreur du point de vue de la rentabilité du programme… Le n° 001 sort de l'usine française en décembre 1967. Après de nombreux tests au sol, indispensables eu égard au côté révolutionnaire de l'avion, le prototype effectue son premier vol le 2 mars 1969 avec l'équipage André Turcat, Jacques Guignard, Henri Perrier et Michel Rétif. Le 002, né à Filton, prend son essor le 9 avril 1969, et vont suivre deux appareils de présérie, le 01 anglais (premier vol le 17 décembre 1971) et le 02 français (10 janvier 1973). Le 1er octobre 1969, Concorde 001 franchit le mur du son et, le 4 novembre 1970, il passe Mach 2.

À l'époque, les Américains travaillent sur des engins équivalents, parfois plus ambitieux. Aucun d'eux ne va voir le jour, et le Tupolev 144 soviétique va aboutir à un échec technique (avec un tragique accident lors du Salon du Bourget 1973) et commercial.

△ *Le Concorde n° 6 aux anciennes couleurs de British Airways, en configuration de croisière, nez relevé et train d'atterrissage rentré. Cette vue permet d'apercevoir les réacteurs groupés par paires sous les superbes courbes de la voilure delta. En vol à Mach 2, l'échauffement de l'air sur ses tôles fait que l'avion s'allonge de plus d'une dizaine de centimètres !*

△ *Le poste de pilotage du Concorde n° 13 d'Air France : les volants ont une forme unique. Le Concorde détient plusieurs records de vitesse, dont un tour du monde (avec six escales) bouclé par un appareil d'Air France en 32 h et 49 min les 12 et 13 octobre 1992, puis 31 h 27 min les 15 et 16 août 1995, soit 40 388 km parcourus en un temps de vol de 22 h 43 min.*

△ *Pendant la gestation du Concorde, les constructeurs américains, notamment Boeing et Lockheed, ont cherché à développer des projets concurrents, voire nettement plus ambitieux que le supersonique franco-britannique. Pourtant, malgré un soutien politique puissant, aucun ne réussit à voir le jour, le Concorde étant le seul supersonique civil en service régulier.*

Le bureau d'études de l'Aérospatiale, fort de l'expérience acquise en près d'un quart de siècle d'exploitation commerciale de cet avion mythique qu'est le Concorde, travaille à nouveau sur des projets d'avions de transport supersonique du futur (ATSF). ▷

Pour parvenir au Concorde, l'industrie fait un bond spectaculaire. Certes, les avions de combat atteignent deux fois la vitesse du son, mais pendant quelques minutes seulement. Le Concorde, lui, vole à Mach 2 en croisière, donc pendant plusieurs heures ! Le pari technologique est réussi, puisqu'un seul incident intervient au cours des 2 278 vols d'essai. Mais la confiance dans le Concorde est telle que le président Pompidou vole à son bord le 7 mai suivant, avant de se rendre, le 12 décembre, aux Açores pour une rencontre avec son homologue américain Nixon.

Un échec commercial douloureux

L'avion tête de série s'envole de Toulouse le 6 décembre 1973. Il peut embarquer 128 passagers en classe économique, mais la traversée de l'Atlantique limitant la charge utile, leur nombre sera restreint à 100 pour ce type de vol. Les premières liaisons commerciales ont lieu le 21 janvier 1976, avec le départ d'un Concorde britannique pour Bahrein, et celui d'un appareil d'Air France pour Dakar, puis Rio.

Pourtant, les commandes fondent comme neige au soleil. Certes, les Américains ne digèrent pas l'échec et pèsent de tout leur poids auprès des compagnies pour qu'elles renoncent au Concorde. Pis, la rentabilité du bel oiseau se révèle marginale : une distance franchissable de 6 580 km avec une charge utile de 8 845 kg seulement, et de 5 110 km avec l'emport maximal (un voyageur consomme 1 200 litres de carburant sur Paris-New York !). Enfin, le problème du « bang », ajouté au bruit considérable des réacteurs, a été négligé : lorsque British Airways veut inaugurer la desserte Londres-Singapour, l'Inde interdit le survol de son territoire ! Lors du trajet Paris-New York, seule destination assurée actuellement en Concorde par Air France, l'avion descend la vallée de la Seine en subsonique avant d'accélérer à Mach 2 au-dessus de la mer. La croisière supersonique a dû être limitée aux survols maritimes...

Finalement, seuls seize Concorde sont produits, répartis pour moitié entre British Airways et Air France.

BOEING 747 ET SES SUCCESSEURS

Premier constructeur aéronautique au monde, Boeing entend maintenir sa place pour le marché de l'avion de ligne des années 2000.

▷ *Après le succès de son premier jet, le long-courrier quadriréacteur 707, Boeing développera un moyen-courrier, le triréacteur 727, construit à plus de 1 800 exemplaires.*

Fort du succès remporté par son quadriréacteur 707, le géant de Seattle développe rapidement une gamme d'avions de ligne à réaction. Le premier à sortir d'usine, en novembre 1962, est le 727, un triréacteur moyen-courrier (131 passagers). C'est le premier jet à embarquer un groupe auxiliaire de puissance (APU) – en fait le troisième réacteur maintenu au ralenti – pour fournir l'énergie électrique (éclairage, climatisation, etc.) lors des escales. Le prototype vole le 9 février 1963. Dix ans plus tard, le cap des 1 000 unités est passé et ce sera le Boeing le plus vendu (1 823 exemplaires lors de l'arrêt des chaînes en 1983) avant d'être détrôné par le 737.

Ce dernier a été lancé en février 1965, grâce à la Lufthansa, qui a participé à la définition du cahier des charges de ce court-courrier – une première avec le lancement d'un Boeing par une compagnie européenne. Après une sortie d'usine le 9 avril, le biréacteur va connaître le succès sous de multiples versions, atteignant le total de 1 869 en 1987, mais l'appareil est toujours produit, constamment modernisé et remotorisé.

△ *Technologies nouvelles obligent (instrumentation EFIS, ordinateurs de bord gérant le vol), les cockpits des derniers avions de ligne sont dépouillés, avec toute l'instrumentation face à l'équipage de deux pilotes.*

Le plus gros avion civil pour l'usine la plus grande du monde

Mais le plus grand événement pour Boeing sera la décision, prise en mars 1966, de lancer le programme du 747. Lockheed ayant remporté le marché d'un avion-cargo militaire (C-5A Galaxy) destiné à l'US Air Force, Boeing oriente son projet concurrent vers le transport civil. La commande de 25 appareils, le 13 avril 1966, par la Pan Am, au prix unitaire de 21 millions de dollars, accélère le développement de ce paquebot de l'air. Le 30 septembre 1968, le prototype sort de la nouvelle usine spécialement réalisée à Everett, près de Seattle, la plus grande au

Dernière version du biréacteur court-courrier 737, le modèle -700 devrait permettre à Boeing de battre tous les records de production, avec plus de deux mille 737 déjà construits… ▷

△ Dernière version actuelle, en attendant les prochains modèles en cours de développement, le 747-400 est reconnaissable à sa longue bosse permettant d'accroître la capacité en sièges.

△ Le prototype, à courte bosse, a bénéficié des études menées pour un avion-cargo militaire. Cela reste l'appareil civil le plus gros en opération aujourd'hui.

◁ Les premiers 747 étaient pilotés en équipage à trois, avec un ingénieur en vol face à son panneau d'instruments, en arrière du copilote. La comparaison de deux cockpits (années 1970 et 1990) montrent l'évolution effectuée sur le plan de l'ergonomie…

Même si la décision n'est pas prise – comme Airbus et son A-3XX –, Boeing envisage de développer un Jumbo de 600 à 1 000 sièges. Les versions -400, -500 et -600 serviront peut-être d'intermédiaires vers ce géant futur. ▽

◁ *Pour lancer la production, la création d'une usine spécifique a été nécessaire. À avion géant, usine géante – la plus importante en surface au monde…*

monde. L'appareil reçoit vite le surnom de Jumbo (éléphant), vu sa taille démesurée (368 passagers), sa masse (300 tonnes, dont 180 tonnes de carburant), ses dix-huit roues, son double pont à l'avant et son cockpit très haut perché. C'est le plus gros jet civil, et si un salon luxueux est prévu derrière le poste de pilotage, dans la bosse, l'appareil répond avant tout à une demande des compagnies qui doivent faire face à une croissance importante du trafic liée au développement du voyage aérien et du tourisme de masse. L'idée du charter connaît alors un boom.

Le prototype vole le 9 février 1969. Avec la possibilité d'embarquer 400 passagers ou 50 tonnes de fret pour des versions cargo, il va obliger les aéroports à réorganiser leurs infrastructures pour absorber l'arrivée simultanée de plusieurs Jumbo Jet déversant leurs centaines de passagers…

Les versions vont se succéder avec le 747-200F cargo, en 1971, puis le 747 SP (Special Performance). Ce dernier, plus court de 15 m, emporte 290 à 330 passagers sur 12 000 km. Il peut utiliser des pistes courtes. Son autonomie accrue lui permet de relier Los Angeles à Sydney, ou Johannesburg à Londres sans escale. En 1988, un 747 SP réalisera un tour du monde avec seulement deux escales, en 36 h 54 min. Allant moins vite mais parcourant de plus grandes distances sans perdre de temps aux escales pour se ravitailler en carburant, il devient paradoxalement un concurrent du… Concorde, bien que les deux appareils soient aux deux extrêmes du transport aérien (grande vitesse et peu de passagers pour l'un, grandes distances et nombreux passagers pour l'autre).

Parmi les versions spécifiques, il faut citer des 747 aménagés en avions privés pour quelques millionnaires, parmi lesquels deux 747 sont utilisés pour les déplacements du président des États-Unis. Un Boeing 747 a aussi été modifié par la Nasa pour effectuer les premiers largages atmosphériques de la navette spatiale, puis les

... BOEING 747 ET SES SUCCESSEURS

convoyages de cette dernière entre les terrains d'atterrissage et le pas de tir. Alors que le premier 747 rentre au musée Boeing de Seattle en 1990, une nouvelle version arrive sur le marché, le -300, reconnaissable à sa bosse supérieure rallongée, pouvant recevoir 85 sièges en version économique – rentabilité oblige.

Des versions militaires du 747 participeront à l'opération Desert Storm (Tempête du désert) en 1990-1991 en Irak, transportant 644 000 soldats et 220 000 tonnes de matériel.

400 tonnes, 500 passagers et 13 000 km

La dernière évolution du 747 est le modèle -400, qui prend l'air le 29 avril 1988. C'est le premier appareil civil à dépasser les 400 tonnes de masse maximale. Il se distingue par son important rayon d'action (13 000 km), sa capacité d'emport (420 à 568 passagers), ses réacteurs moins gourmands, sa voilure allongée et équipée de winglets, ses instruments électroniques et son équipage à deux pilotes. Son prix est de 126 millions de dollars. Quinze modèles de 747 ont ainsi vu le jour, avec, du premier modèle (-100) au dernier (-400), une distance franchissable augmentée de 8 500 à 13 500 km, des réacteurs passés de 19 700 kg de poussée à 27 500, mais générant un niveau sonore réduit de moitié.

Quant au tableau de bord, les 971 instruments initiaux ont laissé place à 365 indicateurs. Le 747 va passer le cap du 250e avion livré en 1974, le 500e en 1980, le 1 000e en 1993. Son évolution est loin d'être achevée puisque, dans les cartons, se trouvent plusieurs projets, comme ce 747 allongé pour recevoir 500 passagers en trois classes sur une distance de 140 000 km, ou le modèle -400X, conçu avec 420 sièges pour 16 000 km de distance franchissable. Boeing décidera dans le courant de l'année 1999 de la suite qu'il donnera à ce projet. Nul doute que le 747 a marqué le transport aérien de 1970 à 1990, période pendant laquelle le trafic mondial est passé de 382 millions à 1,16 milliard de passagers, notamment avec un accroissement des vols charters.

△ *Premier Boeing a être équipé de commandes électriques, le 777 est un biréacteur gros-porteur pouvant concurrencer les premières versions du 747 pour des coûts d'exploitation moindres – le résultat des gains de poussée réalisés par les motoristes.*

Les biréacteurs 757 et 767 ont été développés en parallèle, avec la même voilure, seul le fuselage étant différent. ▷

Les carnets de commandes sont pleins pour les années à venir et certaines usines Boeing tournent 24 heures sur 24... ▷

Avec sa gamme très complète et ses nombreux projets prêts à sortir des cartons, le géant de Seattle entend bien rester le premier constructeur aéronautique au monde... ▷

Des biréacteurs très performants

Après le 747, Boeing a lancé les programmes des 757 et des 767. Ce dernier, lancé en 1978, est un gros porteur, un biréacteur moyen-courrier de 210 passagers. Avec ses deux réacteurs (argument de vente), il fait partie d'une nouvelle génération de jets, avec une aile entièrement nouvelle, des instruments électroniques et un cockpit qu'il partage avec le 757 (180 sièges) développé simultanément à partir de 1980. Depuis 1984, ces deux biréacteurs bénéficient, avec l'Airbus A-310-300, d'une nouvelle réglementation autorisant les biréacteurs à traverser l'Atlantique plus directement. Car avec la fiabilité accrue des réacteurs, il leur faut désormais pouvoir atteindre un aéroport de dégagement, en cas de panne d'un réacteur, en moins de 120 minutes, puis de 180 minutes (au lieu de 60 minutes exigées auparavant). Ainsi, les routes sont plus courtes et augmentent la rentabilité des liaisons, grâce à ces vols dits « Etops » (Extented range twin engine operations).

Dernier-né des biréacteurs, le 777 *(triple seven)* est le plus avancé en matière de technologie, avec des commandes électriques. Né en version -200, il est rejoint depuis peu par le -300, l'avion de ligne le plus long au monde, avec 74 m (3,10 m de plus que le 747-400). Il peut accueillir de 368 à 550 passagers sur 10 000 km. Ses capacités et ses performances, malgré deux réacteurs, le rapprochent des premiers 747-100 et -200, mais avec des coûts opérationnels (consommation et maintenance) diminués de 40 %. Avec les versions des très long-courriers, les -200X et -300X, lancés au début de 1998, le 777 aura pour concurrents les Airbus A-340-500 et -600.

Ces gros porteurs doivent répondre aux demandes des compagnies pour les vingt ans à venir, car le trafic aérien doit progresser de 5 % par an jusqu'en 2015, imposant un accroissement du nombre de sièges par appareil, un rayon d'action toujours plus important – au risque de saturer les infrastructures au sol – et modifiant par là même le profil de l'aviation de transport future.

MCDONNELL-DOUGLAS

△ *MD-90.*

Si le constructeur californien Lockheed a vite quitté le marché de l'avion de transport civil après l'échec commercial de son triréacteur L-1011 Tristar, McDonnell-Douglas est resté le numéro 2 derrière Boeing, avant l'arrivée d'Airbus. Après le DC-8, devancé par le 707, le constructeur américain a développé une gamme de biréacteurs à partir de son DC-9. Ils auront pour nom, selon la capacité d'emport et les dimensions, MD-80, MD-81, MD-87 et MD-95 (MD pour McDonnell-Douglas après la reprise de la société Douglas). Quant au DC-10 triréacteur, sa descendance aura pour nom MD-11. Mais dans les années 1990, les difficultés financières sont importantes, les chaînes d'assemblage peu actives et le constructeur perd du terrain, loin derrière Boeing et Airbus. En 1997, le département avions civils est repris par Boeing, McDonnell-Douglas se concentrant sur les marchés militaires… Le MD-95 devient Boeing 717…

△ *MD-11.*

DE L'HÉLICOPTÈRE AU CONVERTIBLE

Dans les années 1970 à 1990, les performances de l'hélicoptère ne vont cesser de s'accroître. Notamment au sein de la division hélicoptères de l'Aérospatiale, qui prendra place au cœur de la société européenne Eurocopter.

▷ Après le succès des Alouette, l'Aérospatiale (future Eurocopter) va connaître le succès avec la Gazelle et son rotor anticouple caréné Fenestron. L'appareil sera surtout commandé par les forces militaires. L'Alat française l'utilise toujours en version antichar.

Après le succès de l'Alouette III, une série d'hélicoptères va naître. Le Super Frelon innove par le biais d'un moteur à trois turbines qui permet d'augmenter la charge utile. Dans sa catégorie, il sera suivi par les Puma, Super Puma et les Cougar, des hélicoptères de manœuvre pour l'armée de terre française. Le Puma, dès 1965, utilise des pales de rotor en fibre de verre.

De multiples innovations technologiques

Mais les matériaux composites seront encore plus présents sur la Gazelle, un hélicoptère de cinq places aux nombreuses innovations : pales en fibre de verre, fuselage fin et bien profilé terminé par le Fenestron. Ce dernier est un rotor anticouple caréné, plus rustique et meilleur pour la sécurité. Avec plusieurs records du monde de vitesse (307 km/h sur 3 km), la Gazelle, commandée par la France et l'Angleterre, est le premier hélicoptère à obtenir la certification américaine « vol aux instruments » en monopilote en 1975. De taille supérieure (douze sièges), le Dauphin (record de 312 km/h sur 3 km) utilise le Fenestron et un train d'atterrissage fixe puis rétractable. Il détient toujours le record du monde de vitesse, qui a été établi en novembre 1991 à 372 km/h. Il a été commandé par les coast guards américains. L'Écureuil et les récents EC-120 et EC-135 complètent aujourd'hui la gamme d'Eurocopter, sans oublier des appareils militaires comme le Tigre et le Cougar (transport de troupes), en attendant le NH-90, qui est en cours de développement.

Aux États-Unis, les grands de l'hélicoptère ont fait de même. Bell produit une série d'hélicoptères dont les plus connus sont les 206 Jet Ranger et LongRanger, suivis des 222, 212 et 412 pour les civils, et des Cobra et King Cobra pour les militaires.

△ Le concept du Notar (ici sur un MD-520) est la réponse de McDonnell-Douglas au Fenestron d'Eurocopter. Dans les deux cas, il s'agit de développer un système anticouple, fiable, peu coûteux à entretenir et permettant des évolutions en toute sécurité près d'obstacles ou de personnes…

Le Dauphin reprend les avancées technologiques de la Gazelle sur un appareil de grande capacité (douze places). Les coast guards américains l'ont retenu pour leurs opérations de sauvetage – une belle carte de visite commerciale. 25 appareils sortent des chaînes chaque année, pour un total dépassant les 700 unités. ▽

Le Tigre, hélicoptère antichar, équipera prochainement les armées française et allemande. Son rotor rigide lui permet d'effectuer des figures de voltige comme la boucle ou le tonneau. ▽

△ L'Écureuil, produit par Eurocopter à Marignane, connaît plusieurs versions de motorisation. La famille est prospère, avec plus de 2 000 exemplaires produits à ce jour…

△ *L'EC-20, développé par Eurocopter en coopération avec la CATIC (Chine) et Singapore Aerospace, vole depuis octobre 1997. Une centaine ont déjà été commandés, dont une trentaine livrés en 1998.*

△ *Du côté des Américains, Bell reste le challenger, avec sa gamme des Ranger et LongRanger déclinée en de nombreux modèles (407, 427, 430, etc.).*

Boeing-Vertol, avec son imposant hélicoptère birotor Chinook, en développe des versions civiles et militaires. Sikorsky se spécialise dans les appareils de forts tonnages. McDonnell-Douglas est également sur le marché, avec l'AH-64 Apache, baptisé tueur de chars. On doit à ce constructeur une nouvelle innovation, Notar (NO TAil Rotor), conçu avec une soufflante couplée à la turbine, dont les gaz d'échappement permettent de contrôler l'hélicoptère en lacet. Sans rotor arrière, les hélicoptères équipés du Notar peuvent opérer près des arbres sans risque et l'appareil est ainsi moins sensible au vent de travers. En dépit de ces développements, les hélicoptères parviennent à une butée physique. La barre des 400 km/h constitue un mur difficilement franchissable en raison de problèmes de contrôle (différence importante de vitesse entre la pale avançante et la pale reculante).

L'avenir se dit convertible

Les rotors, pointés vers le haut, procurent aux convertibles les capacités d'un hélicoptère mais, une fois en altitude, le basculement vers l'avant leur permet de bénéficier des performances d'un avion. Dans ce domaine, Bell est certainement le plus avancé. Son expérience vient du XV-15, dont le premier vol libre a été réalisé en 1977.

Cet appareil probatoire a donné naissance au Bell XV-22, qui vole depuis 1989. La version de série a vu le jour sous le nom de Bell-Boeing V-22 Osprey – un appareil polyvalent pouvant effectuer du sauvetage, du transport de troupes (24 soldats) ou de passagers, des opérations embarquées avec les avantages de l'hélicoptère (2 turbines de 10 000 ch) et ceux de l'avion (500 km/h). Il a été commandé en grand nombre par les Marines américains. Le convertible n'en est qu'à ses débuts, mais c'est un appareil qui fera parler de lui à l'avenir. Boeing et Eurocopter travaillent sur différents projets...

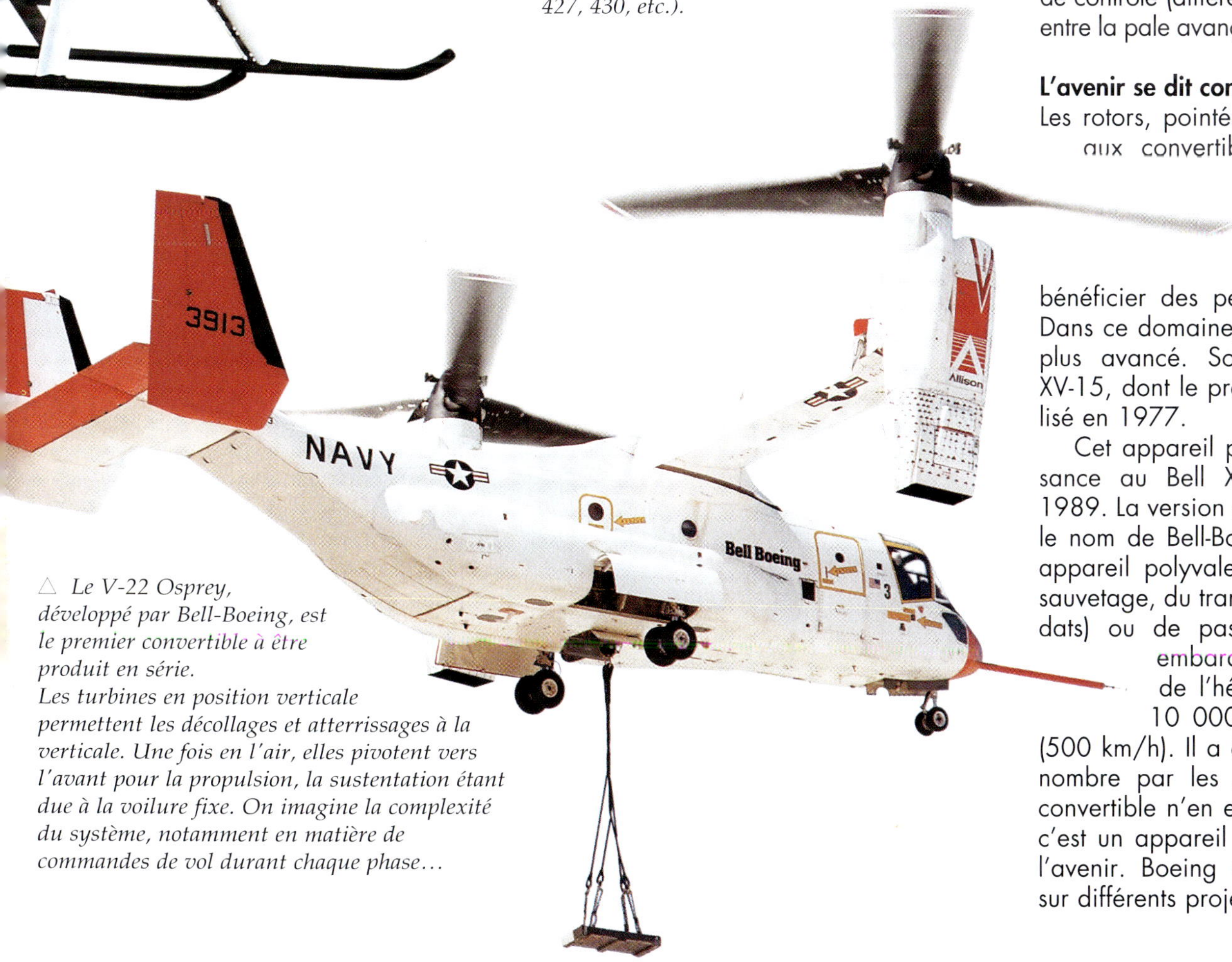

△ *Le V-22 Osprey, développé par Bell-Boeing, est le premier convertible à être produit en série. Les turbines en position verticale permettent les décollages et atterrissages à la verticale. Une fois en l'air, elles pivotent vers l'avant pour la propulsion, la sustentation étant due à la voilure fixe. On imagine la complexité du système, notamment en matière de commandes de vol durant chaque phase...*

LES SPORTS AÉRIENS

Après un démarrage dans les années 1930, l'aviation privée a repris son essor après 1945, tandis que plus récemment sont apparus de véritables sports de glisse de l'espace aérien.

Le prototype du Beechcraft Bonanza a effectué son premier vol fin 1945. Il était à l'époque équipé d'un empennage papillon (en V) et 15 500 Bonanza de ce type ont été construits jusqu'à présent. D'autres variantes avec un empennage classique sont encore en fabrication, et, avec un moteur Continental de 285 ou 300 ch, cet avion embarque de quatre à six personnes. ▷

En 1945, les aéro-clubs se rééquipent grâce aux Piper Cub abandonnés par les Américains. Justement, ceux-ci sont prêts à lancer la production d'appareils nouveaux. Le plus évolué est le Beechcraft Bonanza à train rentrant, de quatre à six places, mû par un moteur Continental de 285 ch, dont le premier vol a eu lieu le 22 décembre 1945, et qui est toujours en fabrication, totalisant près de 20 000 exemplaires... D'autres sont apparus sur le même créneau, comme les Mooney, Piper, etc. Parallèlement, les bimoteurs Piper (Apache, Aztec, Seneca, etc.) et Beech (Baron...) ont connu le succès.

À moteur...

Après-guerre, la politique des prototypes menée en France profite aussi à l'aviation légère, et les aéro-clubs complètent leur flotte avec des SIPA, des Norécrin. La construction en amateur repart, et la France reste leader dans ce domaine. Si auparavant on partait de plans pour fabriquer chaque pièce et construire son avion, désormais des kits permettent de le monter soi-même. Une petite révolution a eu lieu le 22 janvier 1948 lors du vol d'un monoplace conçu par Jean Délémontez, le Jodel D-9. Le biplace côte à côte Jodel D-11 est étudié à l'instigation de l'État, et décolle en mars 1950. Une myriade de variantes (notamment le D-112 à moteur Continental de 65 ch) voient le jour, des milliers étant produits tant par des industriels que par des particuliers, et il en sort encore à l'aube de l'an 2000 !

L'éventail de machines qui est offert aux constructeurs du dimanche est immense, et des modèles en bois revêtus de toile, ou métalliques, et maintenant en matériaux composites sont disponibles, dont certains ont un look *Guerre des étoiles*, comme les Vari Eze et Long Ez dessinés par l'Américain Burt Rutan.

Les quelque 500 aéro-clubs français alignent une flotte d'appareils-écoles (Robin, Jodel, Rallye, Cessna...) et de voyage,

◁ *Le Jodel D-112, mû par un moteur 4 cylindres à plat Continental de 65 ch, est un petit biplace en bois et toile très populaire, puisqu'il a été construit à des milliers d'exemplaires à la fois par des industriels et par des constructeurs amateurs, qui en assemblent encore aujourd'hui. Simple et fiable, il croise à 155 km/h à 75 % de la puissance de son moteur.*

Le constructeur français Pierre Robin a créé une large famille d'avions en bois et toile, qui font appel à la voilure caractéristique développée par Jean Délémontez pour les Jodel. La série des DR (pour Délémontez-Robin), dont le DR-400 est le plus célèbre, est très répandue et appréciée en Europe. Ce sont des avions légers de voyage, qui peuvent aussi remorquer des planeurs. ▷

◁ *Le Cessna 172 américain est l'avion le plus construit de la planète, avec plus de 40 000 exemplaires fabriqués depuis les années 1960, jusqu'en 1987. Avec la fin de la crise, la chaîne a été relancée dix ans plus tard. Cette famille d'avions à ailes hautes va du biplace-école (Cessna 150/152) au six-places pressurisé (Cessna 210 Centurion).*

◁ *En France, le bureau d'études Morane-Saulnier a conçu le Rallye, produit par la SOCATA pendant plus de vingt-cinq ans. Stables, les nombreuses versions de Rallye (quadriplaces de 100 à 235 ch) sont très nombreuses dans les aéro-clubs, et la relève est assurée par la gamme des TB également développée par la SOCATA à Tarbes.*

◁ *L'Alliance 34 est un planeur biplace français (SN Centrair) construit en matériaux composites (fibre de verre ou de carbone et résine époxy). Le planeur, malgré l'absence de moteur, est un appareil hautement sophistiqué, et l'aérodynamique est particulièrement étudiée. 15 000 vélivoles pratiquent le vol à voile en France, domaine dans lequel la France est championne du monde.*

▽ *L'Américain Curtiss Pitts fit voler un petit biplan de sport au lendemain de la Seconde Guerre mondiale. Les Pitts ont révolutionné la voltige aérienne en permettant de décrire des trajectoires auparavant inaccessibles. La voltige de compétition s'exerce désormais avec des monoplans comme les Cap 231 et 232 de l'avionneur Mudry, vu ici.*

Si les armées ont des régiments de parachutistes, le parachutisme est un sport dans lequel il est possible de pratiquer plusieurs disciplines, comme le vol relatif, la voile contact, etc. Les voiles des parachutes, initialement hémisphériques, ont évolué et sont maintenant véritablement pilotables, permettant de se poser avec une grande précision. ▷

dont, en France, les quadriplaces Robin DR-400 (en bois et toile) et Cessna 172 (plus de 40 000 exemplaires, dont plus de 2 000 fabriqués sous licence par Reims Aviation) sont les plus répandus. La dynastie des Socata Rallye a dépassé les 3 000 exemplaires et est encore omniprésente.

Le mouvement ULM (ultraléger motorisé) est né au début des années 1980 du croisement de deux courants, celui des pilotes venant du delta, et celui d'autres venant de l'aviation légère traditionnelle, déjà pénalisée par le poids d'une réglementation contraignante. Ces deux mondes coexistent, et certains ULM n'ont rien à envier aux avions.

La voltige aérienne s'est structurée. C'est un sport à part entière, avec des figures codifiées, et le Français Mudry a porté sur les fonts baptismaux la lignée des Cap (Cap 10 biplace, jusqu'au Cap 232 monoplace de haut niveau), qui ont hissé les pilotes tricolores, tous sexes confondus, sur les podiums des championnats internationaux.

Sans moteur

Le vol sans moteur existe depuis longtemps, puisqu'il a précédé l'avion ! L'entre-deux-guerres a vu l'émergence du vol à voile comme sport, et les vélivoles ont acquis une science de l'atmosphère et de la météorologie qui leur permet aujourd'hui de parcourir des centaines de kilomètres sans moteur (les frères Herbaud n'ont-ils pas relié Vinon – près de Manosque – à Fez, au Maroc, en planeur, en avril 1992 ?). Les planeurs actuels sont des machines de très haute technologie, caractérisées par leur finesse (jusqu'à 60, c'est-à-dire qu'un planeur lâché à 1 000 m mettra 60 km avant de toucher le sol !).

Le delta, issu des recherches de l'Américain Rogallo, qui l'avait pensé pour ramener au sol les capsules spatiales, est né dans les années 1970, et le parapente la décennie suivante. Le parachutisme sportif lui aussi a évolué, chute libre, figures acrobatiques en solo ou en groupe, précision d'atterrissage, voile contact, sont au programme. Dans tous ces sports aériens, les Français accumulent les médailles !

LE TRANSPORT RÉGIONAL

Il ne suffit pas de relier les continents ou les pays, encore faut-il couvrir rapidement de plus petites distances. Ainsi sont apparus les avions commuters : un fabuleux marché pour les constructeurs.

En dix ans, le marché des vols régionaux, sur des distances relativement courtes et transversales, a connu une croissance de 12 %, à comparer aux 5 % de la moyenne générale du transport aérien, un rythme qui devrait rester soutenu jusqu'à l'horizon 2005. Ces dessertes réclament des appareils de 15 à 100 places, pour lesquels une motorisation à base de turbopropulseurs est souvent adaptée. Dans ce secteur, qui revêt une importance économique considérable (plus de 600 milliards de francs sur vingt ans, plus de 8 200 appareils à livrer de 1997 à 2016), pas moins de 80 modèles sont en compétition, proposés par des constructeurs qui sont parfois des regroupements internationaux : américains, brésiliens, canadiens, européens, indonésiens et tchèques sont sur les rangs, les poids lourds de l'aéronautique, Boeing et Airbus, étant encore absents de ce créneau (mais Airbus travaille sur l'AE 316 et Boeing sur le 717...).

Historiquement, le premier avion de transport régional est le Fokker 27 Friendship, capable de transporter 40 passagers, qui décolla fin 1955. Mus par des turbopropulseurs Rolls-Royce Dart, de nombreux exemplaires rendent encore de bons et loyaux services. Envergure : 29 m, longueur : 23,56 m (25 m pour la version allongée F-27-500), croisière à 470 km/h. ▷

◁ *Pour les 25 ans de carrière du Friendship, Fokker lança la production en série d'une version extérieurement semblable mais très modernisée baptisée Fokker 50. Près de 200 exemplaires ont été livrés, avant la faillite de Fokker, en 1996. Apte au transport de 54 passagers, cet avion a des dimensions identiques à celles du F-27-500, mais la croisière est plus rapide (de 520 à 600 km/h).*

Des avions à hélices ultramodernes

Le premier avion de transport régional parfaitement réussi est le néerlandais Fokker 27 Friendship. Ce biturbine métallique à ailes hautes qui décolle le 24 novembre 1955 entraîné par deux moteurs Rolls-Royce Dart de 2 050 ch est un tel succès (l'américain Fairchild-Hiller fabrique le FH-227 sous licence) que, pour fêter son 25e anniversaire, Fokker le relance avec un modèle nettement amélioré, le Fokker 50, dont le prototype vole le 28 décembre 1985. Les principales différences portent sur les moteurs Pratt & Whitney Canada PW-125B de 2 500 ch qui actionnent des hélices à six pales, et sur de nombreux éléments de structure en matériaux composites. La faillite de Fokker en 1996 en a stoppé la production, ainsi que celle des Fokker 70 et 100 à réacteurs. Fairchild a conservé son intérêt pour les

Conçu par l'ingénieur Ed Swearingen et produit par la firme Fairchild, le Metro a fait son premier vol le 26 août 1969. Cet appareil, entraîné par deux turbines Allied Signal (Garrett) TPE 331-12 de 900 ch, peut embarquer 20 passagers à 500 km/h sur des distances régionales, et ses dernières évolutions sont toujours en service. ▽

avions de transport régional, en nouant des alliances avec Swearingen (Metro) et, en 1996, en rachetant 80 % des parts de l'allemand Dornier, qui détient les 228 et 328 au catalogue. Le rustique 228, d'une capacité de 15 à 20 passagers (deux turbines de 715 ch), qui a volé le 28 mars 1981, est également assemblé sous licence en Inde. Le 328 (30 sièges), plus évolué, emploie la même voilure et s'est envolé le 6 décembre 1991. Un dérivé (328 Jet à réaction) entrera en service début 1999. Le groupe canadien Bombardier a récemment absorbé De Havilland Canada et Canadair, récupérant ainsi la gamme des Dash 8, biturbines de 35 à 60 passagers dont le premier vol remonte au 20 juin 1983. L'offre du groupe est complétée par les biréacteurs Regional Jet CRJ-100/200 (50 sièges) et CRJ-700 (70/80 sièges, qui sera opérationnel fin 2000), issus des jets d'affaires Canadair Challenger et Bombardier Global Jet. Avec 205 commandes en 1997 sur le « segment » 30 à 100 sièges, Bombardier se taille la part du lion avec près de 43 % du marché...

Juste derrière, avec 27,5 %, se positionnent les Brésiliens, avec les Embraer. Le premier, le Bandeirante, est étudié dans les années 1970 par l'ingénieur français Max Holste. Le Brasilia, d'une capacité de 30 voyageurs (premier vol le 27 juillet 1983), lui succède. Trois cent cinquante avions ont trouvé preneur, mais la carrière de l'EMB-120 est désormais freinée par l'arrivée des biréacteurs ERJ-135 (37 sièges) et ERJ-145 (50 places).

Les Européens suivent le mouvement

La médaille de bronze revient aux Européens (18 % du marché), un temps regroupés au sein d'AI (R), c'est-à-dire Aero International (Regional). Cette entité rassemblait la dynastie des ATR franco-italiens (Aérospatiale-Alenia) et les activités de British Aerospace avec ses Jetstream et Avro RJ. Mais les Britanniques ont récemment quitté le consortium. La gamme des ATR-42 (de 42 à 50 sièges) et 72 (modèle rallongé de 64 à 74 sièges) a engrangé 562 commandes au 1er janvier 1998, 500 avions étant en ligne. Simples et robustes, ces biturbines sont une grande réussite, le premier vol ayant eu lieu le 16 août 1984 et la mise en service le 2 décembre 1985 au sein de la compagnie française Air Littoral.

△ À l'origine, le programme de cet avion de transport régional est le fruit d'une coopération entre le suédois Saab et l'américain Fairchild, dont le premier a repris le contrôle en 1985. Les Saab 340 (37 passagers) et Saab 2000 (50 sièges) ont volé respectivement le 26 janvier 1983 et le 26 mars 1992, mais leur production est actuellement stoppée, en dépit d'un beau succès commercial.

△ Le groupe canadien Bombardier, qui a englobé deux constructeurs, De Havilland Canada et Canadair, a deux gammes distinctes, les Dash 8 à turbines, de 35 à 60 passagers, et les Regional Jet, dérivés des avions d'affaires Challenger et Global Jet, vu ici, par un allongement du fuselage et des réacteurs adaptés.

△ Finalement, Fairchild a récemment racheté l'allemand Dornier, et poursuit le programme 328, un module de 30 places lancé en 1988 qui est en service commercial depuis le 21 octobre 1993. La variante 328 Jet a volé au début de 1998, des réacteurs remplaçant les turbines à hélices, et viendra compléter la gamme en 1999.

Grand succès européen, la lignée des ATR est le fruit d'une coopération franco-italienne entre l'Aérospatiale et Alenia. L'ATR-42 (avion de transport régional), qui contient une quarantaine de sièges, a volé le premier en 1984, et 310 appareils sont actuellement en service dans le monde entier. Envergure : 24,57 m, longueur : 22,67 m, distance franchissable : 1 950 km à 450 km/h. ▽

LES AIRBUS, DE L'A-300 À L'A-3XX

Avec sa gamme de bi et de quadriréacteurs, Airbus Industrie a réussi à prendre place dans le marché de l'avion de ligne, talonnant de près le géant de Seattle.

Chaîne de montage de l'A-321 à Hambourg. ▷

Dans les années 1960, les compagnies européennes sont à la recherche d'un avion de 200 places pour faire face à l'accroissement du trafic. À Toulouse, en 1965, on étudie un avion de 200 à 225 sièges, pouvant franchir 1 500 km. Plusieurs constructeurs travaillent sur un tel programme, notamment en France et en Angleterre, où l'industrie s'appuie sur de nombreuses sociétés qui deviendront par la suite l'Aérospatiale, pour la France, et British Aerospace, pour la Grande-Bretagne. Peu à peu, se recentrant et prenant en commun des décisions, elles vont se regrouper autour d'un projet unique, l'A-300, qui comprend 270 à 320 places. Le 25 juillet 1967, les représentants des gouvernements français, anglais et allemand finissent par s'entendre en dépit de l'importance de l'enjeu financier que représente un tel projet, et des préoccupations que suscitent l'avenir du supersonique Concorde.

La vente des Airbus a permis de nombreuses fois à la balance du commerce extérieur d'être bénéficiaire… Ici, un A-310. ▽

Avec sa gamme importante, le constructeur européen détient 40 % du marché de l'avion de ligne. ▷

Des débuts difficiles

Sud-Aviation aura la maîtrise de la cellule, Rolls-Royce celle de la motorisation. Mais l'accord stipule que le programme sera lancé si 75 appareils sont commandés. En 1968, cet objectif n'est pas atteint. Les ingénieurs proposent alors une version plus petite, l'A-300B, à 250 sièges. Une des nouveautés est que ce *wide-body* (fuselage large à doubles couloirs) n'a que deux réacteurs. Le 10 avril 1969, la Grande-Bretagne se retire mais, à titre privé, Hawker-Siddeley (absorbée plus tard par British Aerospace) demeure dans le programme, en charge de la conception des voilures. Le 29 mai suivant, la France et l'Allemagne décident de poursuivre. En septembre, la construction du prototype baptisé Airbus débute avec la création d'Airbus Industrie (France 50 %, Grande-Bretagne 50 %) avant d'enregistrer la participation de l'Espagne et des Pays-Bas.

Le 28 octobre 1972, l'Airbus A-300B décolle, avec Max Fischl et Bernard

L'A-320 a marqué l'aviation commerciale par de nombreux choix technologiques innovants : des commandes de vol électriques au minimanche. ▽

△ *L'A-321 a effectué son premier vol le 12 mars 1993, à partir de Hambourg, où l'appareil est assemblé.*

Par familles (A-330 et A-340, A-319, A-320 et A-321), les Airbus partagent de nombreux éléments structuraux communs mais surtout un même cockpit, avec une même philosophie des ergonomies et des commandes de vol (écrans EFIS, minimanches latéraux, etc.). ▽

Tout a débuté, en 1972, avec l'A-300B. Désormais, plus d'un millier d'Airbus volent dans le monde et le chiffre de 2 000 appareils sortis des chaînes d'assemblage du consortium européen devrait être atteint en l'an 2000… ▽

Ziegler aux commandes. Ce vol, qui survient cinq ans seulement après le lancement du programme, intervient deux ans et neuf mois avant la date fixée par le contrat, comme le soulignent Roger Béteille, président d'Airbus, et Henri Ziegler, l'administrateur-gérant. Malgré la certification en mars 1974 et quelques commandes, le pari est loin d'être gagné. Il faut en confirmer la crédibilité et prouver que l'appareil peut concurrencer les Boeing et les McDonnell-Douglas.

Une gamme entière voit le jour

Les débuts sont difficiles, avec une production de cinq à six unités par an – 1976 ne verra aucune commande –, la compagnie de lancement étant Air France. Le tournant décisif de l'aventure sera concrétisé, en juillet 1977, par la commande de trente-quatre A-300B par Eastern Airlines. Cette ouverture sur le marché américain servira de point de départ au biréacteur européen. Patiemment, les équipes techniques et commerciales vont gagner du terrain, se fondant sur une gamme complète, choisissant des paris technologiques parfois contestés au départ, mais reconnus ensuite.

En 1997, fêtant son 25e anniversaire, le consortium a déjà pris le tiers du marché des avions de plus de 100 places, visant la moitié du marché mondial dans les années à venir. Entre-temps, McDonnell-Douglas a dû jeter l'éponge – ne détenant plus que 10 % du marché malgré ses 2 000 DC et MD volant dans le monde –, sa gamme étant reprise par Boeing. Airbus a su développer une gamme, ce qui n'avait pas été le cas pour la Caravelle. Après l'A-300B est ainsi arrivé, en juillet 1978, l'A-310, plus court, comprenant 210 sièges. Cet autre *wide-body* prendra la relève comme avion de ligne ou avion-cargo.

Commandes électriques et minimanche

Puis viendra le tour de l'A-320 à 150 places, lancé en mars 1984. Le concurrent des DC-9 et des Boeing 737-200 retient un fuselage à simple couloir.

C'est surtout le premier avion de ligne au monde à être équipé de commandes électriques *(fly-by-wire)*, les calculateurs gérant le domaine de vol et permettant un même comportement quelle que soit la taille de l'appareil. Cette solution technique, retenue pour tous les Airbus à venir, permet une transition plus rapide pour les pilotes,

. . . LES AIRBUS, DE L'A-300 À L'A-3XX

des coûts de formation plus réduits et une flexibilité des flottes.

Autre particularité, l'A-320 utilise un minimanche qui remplace l'imposant volant habituel. Le biréacteur fait partie des premiers à avoir des *glass cockpits,* des instruments digitaux (EFIS ou Electronic flight instrumentation system). Après un premier vol le 22 février 1987 et une certification un an plus tard, l'A-320 aura cependant un début de carrière marqué par trois accidents qui entraîneront des débats quant à certains choix technologiques, mais qui n'entacheront pas son succès, ainsi qu'en témoignent de nombreuses commandes, dont la plus importante de toute l'histoire d'Airbus, celle de 100 A-320 en 1986 par Northwest Airlines. L'A-320 sera suivi des A-319 (premier vol en août 1995), avec 130 sièges, et des A-321, avec 190 sièges.

Si le siège social et la chaîne principale d'assemblage se trouvent à Toulouse, le consortium compte également des usines en Europe, les éléments arrivant par Super-Guppy puis par l'Airbus Beluga. Ainsi, les A-319 et A-321 sont assemblés à Hambourg, au sein de la Daimler-Benz Aerospace (DASA).

Après cette série de court et de moyen-courriers, Airbus Industrie s'attaque aux longs et très long-courriers de 200 à 300 places, pour concurrencer les 747 Jumbo et MD-11 (issu du DC-10).

En juin 1987, le programme des A-330 et des A-340 est lancé alors que près de 100 commandes sont déjà enregistrées. L'A-340-300 effectue son premier vol le 25 octobre 1991. Il s'agit d'un quadriréacteur à long rayon d'action (13 900 km) – ce qui permettra au prototype de réaliser un tour du monde médiatique durant un Salon du Bourget. Des versions dérivées sont à l'étude (-600 et -500), portant la distance franchissable à 15 700 km non-stop – d'où des durées à bord de dix-huit à dix-neuf heures pour les passagers et la nécessité d'un double équipage, avec une cabine de repos. Le 2 novembre 1992, c'est au tour de l'A-330-300 de prendre l'air. Il s'agit d'un biréacteur de grande capacité, ce qui concurrence les Boeing 767-300ER et -400. Les 330 et 340 partagent le même cockpit (deux pilotes en disposition FFCC, Forward facing crew cockpit).

△ *Baptisé The World Ranger, le prototype de l'A-340 a effectué un tour du monde lors d'un Salon du Bourget.*

Comme pour tous les Airbus depuis l'A-320, le cockpit du quadriréacteur reçoit deux minimanches latéraux. ▽

Avec de multiples portes, les temps de chargement ne devraient pas être plus longs que pour l'actuel 747. Le constructeur européen a déjà étudié l'usage de l'A-3XX sur les 30 plus gros aéroports mondiaux, afin de s'adapter aux infrastructures. ▽

△ *Encore une vue d'artiste, l'A-3XX attend une décision de lancement devant intervenir fin 1998 pour une mise en service en l'an 2004. Ce sera alors le plus gros avion de ligne au monde, avec des capacités pouvant atteindre 800 passagers sur deux ponts.*

△ *L'A-319 est le plus petit de la gamme des Airbus, avec 124 sièges en version standard.*

L'A-330 a décollé de Toulouse le 2 novembre 1992, obtenant sa certification JAA (Europe) et FAA (américaine) en octobre 1993. C'est Air Inter qui le mettra la première en ligne entre Paris-Orly et Marseille en janvier 1994, avec une capacité de 412 sièges. ▽

◁ *Les A-330 et A-340 ont donné naissance à une nouvelle voilure adaptée aux long et très long-courriers, avec des vols de plus de dix-sept heures.*

Le plus gros avion de ligne

Airbus Industrie ne compte pas en rester là. Dans les cartons attend l'A-3XX de 500 à 800 sièges, pour concurrencer le Boeing 747 et ses possibles dérivés. Devant être mis en service vers 2004, il sera le plus gros avion de ligne au monde. La première version sera le -100, avec 550 sièges et 14 200 km de distance franchissable, soit Londres-Singapour non-stop. L'appareil comprendra deux cabines de passagers superposées. Pour l'heure, le budget évalué à 10 billions de dollars fait hésiter Airbus Industrie autant que Boeing. Pourtant, les études prouvent qu'un besoin de 1 400 avions de plus de 400 sièges d'ici à l'an 2015 s'impose. Un autre pari reste à relever pour le consortium, celui de sa restructuration, prévue avant le 1er janvier 1999, pour passer du statut de groupement d'intérêt économique (GIE) à celui de « véritable » entreprise. C'est l'un des reproches qui lui sont faits régulièrement. L'aventure jusqu'à ce jour a de fait représenté près de 50 milliards de dollars d'investissement dont, pour une large part, de l'argent public – d'où les critiques régulières des Américains, à grands coups de communiqués et de déclarations de guerre commerciale –, même si ceux-ci ne reconnaissent pas que Boeing a profité largement d'études militaires, comme ce fut le cas pour les 707 et les 747.

Airbus et Boeing, deux géants

Ainsi, face à Boeing, devenue la plus grande entreprise aérospatiale au monde, Airbus Industrie a remporté son pari de s'implanter sérieusement sur le marché de l'avion de ligne, et dépasse les 40 % de parts de marché si la totalité des commandes est prise en compte.

De plus, le programme est désormais lié à la conscience politique de l'Union européenne, et a permis une restructuration des industries aéronautiques française (37,9 % du GIE), allemande (37,9 %), anglaise (20 %) et espagnole (4,2 %).

Au début de 1998, Airbus Industrie, vingt-cinq ans après ses premiers pas, pouvait ainsi présenter un bilan très positif : 2 474 commandes, dont 1 619 appareils ont déjà été livrés auprès de 138 clients – une belle réussite à laquelle peu comptaient en 1972...

GLOSSAIRE

Allongement : rapport entre l'envergure et la corde (largeur) d'une aile. Plus l'allongement est important et plus la traînée induite (générée par la création de portance) est faible. Les appareils peu motorisés doivent avoir un fort allongement (planeur). L'allongement est directement lié aux performances de montée.

Autonomie : temps de vol permis par la capacité des réservoirs de l'avion.

Axes de rotation : tout avion peut évoluer autour de trois axes : axe de roulis (contrôle de l'inclinaison par les ailerons), axe de tangage (contrôle de l'assiette par la profondeur), axe de lacet (contrôle par la direction). Voir aussi Gouvernes.

Canard : formule consistant à placer la gouverne de profondeur en avant de la voilure principale. Le premier appareil de ce type fut le Flyer I des frères Wright. Dans les années 1970, le concept est revenu à la mode, notamment sur les chasseurs car la profondeur à l'avant permet une plus grande agilité.

Cantilever : se dit d'une voilure en porte-à-faux, dont la rigidité propre la fait se passer de tout soutien supplémentaire au fuselage, tels des mâts ou haubans.

Cellule : elle est constituée d'un fuselage (permettant l'emport d'une charge utile : fret, passagers, armement, etc.) reposant sur un train d'atterrissage, rétractable ou non, d'une voilure et d'empennages assurant la stabilité et le contrôle de l'appareil. La cellule est motorisée par un groupe motopropulseur (GMP) ou un groupe turboréacteur (GTR).

Couche limite : fine couche d'air englobant tout mobile dans un fluide et ne bougeant pas. Cette couche entraîne une augmentation de la traînée. Sur avions sophistiqués, on cherche à l'accélérer ou à l'aspirer. Les entrées d'air des réacteurs ont des pièges à couche limite pour éviter que cette dernière ne perturbe l'écoulement interne au réacteur.

Décrochage : diminution importante de la portance, suite à un angle d'incidence trop fort de la voilure. Le décrochage définit la limite basse du domaine de vol d'un avion. On peut la diminuer en utilisant des volets et/ou des becs de bord d'attaque.

Distance franchissable : distance pouvant être parcourue par l'appareil avec la capacité de ses réservoirs principaux, complétés ou non par des réservoirs supplémentaires. Elle est donnée en considérant le vent nul. Dans la réalité, elle peut varier en fonction du vent, de la puissance affichée, de l'altitude de vol, de la masse de l'appareil, etc. Terme utilisé par l'aviation commerciale.

Empennages : surfaces verticales et horizontales constituant la queue d'un avion (sauf dans le cas d'un canard, où ils sont à l'avant). Voir aussi Gouvernes.

Extrados de voilure : surface supérieure d'une aile.

Finesse : rapport entre portance et traînée d'une aile. C'est également le rapport entre la distance franchie par un avion en plané et à sa hauteur. Ce paramètre n'est pas lié à la masse de l'avion mais uniquement à son aérodynamique. Un Boeing 747 à deux fois plus de finesse qu'un avion léger, mais à des vitesses supérieures.

Gouvernes : il s'agit de surfaces permettant de piloter l'appareil. Aux extrémités de l'aile, on trouve les ailerons. Ils se braquent simultanément mais à l'inverse (l'aileron droit se lève quand le gauche s'abaisse). Modifiant localement la portance (augmentation sur une aile, diminution sur l'autre), ils permettent au pilote de contrôler au manche (mouvements en latéral) l'appareil en roulis (inclinaison de l'appareil). À l'arrière, on trouve l'empennage horizontal, constitué d'un plan fixe (stabilité) et d'une gouverne de profondeur. Cette dernière, actionnée par le manche (mouvements d'avant en arrière) permet de contrôler l'appareil autour de son axe de tangage (montée ou descente). L'empennage vertical est constitué d'un plan fixe (la dérive) et d'une gouverne de direction. Celle-ci, actionnée par les palonniers, permet de contrôler l'appareil autour de l'axe de lacet (rotation à droite ou à gauche). Ces différentes gouvernes peuvent être complétées par des compensateurs, surfaces aérodynamiques de petite taille, permettant de diminuer les efforts aux commandes. Sur les appareils de fort tonnage, ces commandes sont assistées. Si les gouvernes d'avions légers sont actionnées par câbles ou biellettes, les avions de ligne modernes utilisent désormais des commandes de vol électriques, comme les chasseurs de nouvelle génération. Un calculateur analyse l'action effectuée par le pilote et l'ordre arrive aux gouvernes via un calculateur.

Hypersustentation : voir Volets.

Instruments de vol : les principaux sont l'anémomètre (vitesse de l'appareil par rapport à l'air), l'altimètre (hauteur par rapport au sol, altitude par rapport au niveau de la mer, ou niveau de vol par rapport à une altitude pression), le variomètre (vitesse verticale, vers le haut ou vers le bas), le compas (orientation par rapport au nord magnétique). Pour les avions à forte vitesse subsonique ou supersonique, le Machmètre donne la vitesse. De nos jours, les instruments analogiques sont remplacés par des instruments électroniques (EFIS).

Intrados de voilure : surface inférieure d'une aile.

Moteurs : nombre d'appareils volent avec des moteurs à explosion entraînant une hélice. Les cylindres peuvent être disposés à plat, en ligne ou en étoile. Toutefois, les avions de combat et la plupart des avions de ligne volent avec des réacteurs, qui sont des turbines à gaz. Le principe est simple : un compresseur aspire l'air et le comprime. Dans cet air comprimé, on brûle du carburant injecté dans une chambre de combustion. Les gaz très chauds s'échappent par une tuyère, une partie étant récupérée par une turbine entraînant le compresseur (et une hélice dans le cas du turbopropulseur). Dans le cas du statoréacteur (Leduc, Griffon), pas de compresseur, l'air à haute vitesse se comprime de lui-même dans la veine d'écoulement (inconvénient : il faut de la vitesse au flux d'air, et ce type de moteur ne peut donc fonctionner à l'arrêt). Cet inconvénient est compensé en partie avec l'installation de clapets pour empêcher le reflux des gaz vers l'avant, c'est le pulsoréacteur (V-1).

Pod : container profilé destiné à embarquer des équipements sous les ailes ou le fuselage.

Portance : force exercée de bas en haut, s'opposant au poids de l'appareil. La portance, générée par la voilure, est proportionnelle à la surface de l'aile et au carré de la vitesse.

Profil : le profil d'une aile est défini par plusieurs paramètres, dont la position de l'épaisseur relative maximale (rapport entre sa corde et sa hauteur) et sa courbure (cambrure plus ou moins prononcée). Les profils modernes sont dits à écoulement laminaire, cherchant à bénéficier de l'écoulement aérodynamique le plus parfait pour diminuer la traînée.

PSV : pilotage sans visibilité. Le pilote vole sans aucune référence avec l'extérieur, utilisant ses instruments. Le principal est l'horizon artificiel. Des approches et des atterrissages peuvent se faire avec des conditions médiocres de visibilité en utilisant l'ILS (Instrument Landing System), un système définissant un axe et une pente à suivre jusqu'à l'entrée de piste. Avec l'usage du pilote automatique, certains avions modernes peuvent suivre, seuls, l'axe de l'ILS jusqu'à l'atterrissage automatique compris.

Radionavigation : principe de navigation en utilisant des moyens électriques. Le pilote utilise un réseau de balises au sol (VOR, ADF) lui permettant de se positionner dans l'espace et de déterminer sa distance par rapport aux balises (DME). Désormais, le GPS (positionnement par satellite) remplace progressivement les balises terrestres.

Rayon d'action : distance de vol permise par la capacité des réservoirs avant de revenir au point de départ. Terme utilisé par l'aviation militaire.

Rotor : c'est la grande hélice articulée qui assure la sustentation des appareils à voilure tournante, les autogires et les hélicoptères. Sur l'hélicoptère, le rotor a aussi pour fonction de propulser l'appareil de par son inclinaison et la variation du pas des pales.

Structure : les ailes d'un aéronef sont en général construites autour d'un longeron, poutre qui court sur leur longueur, afin d'en assurer la rigidité, sur lequel sont fixées, à la perpendiculaire, des nervures (qui restituent le profil aérodynamique choisi) sous un revêtement. Les fuselages sont également composés de longerons ou de lisses qui joignent des cadres régulièrement espacés. Le revêtement peut être travaillant, c'est-à-dire qu'il participe à la solidité de la cellule. Les fuselages peuvent aussi être constitués d'un treillis de tubes d'acier soudés.

Technologie : plusieurs types de construction coexistent. Le plus ancien, toujours employé car léger est le bois et toile : une structure en bois est recouverte de toile enduite. Les avions peuvent aussi être métalliques, en alliages légers, et en matériaux composites, à base de fibres de verre, de carbone, de kevlar, etc., et de résine époxy.

Traînée : force exercée d'avant en arrière, s'opposant à la traction du moteur. La traînée est proportionnelle à la surface de l'aile et au carré de la vitesse.

Voilure : c'est l'ensemble constitué des ailes d'un appareil (les plans). La voilure peut être monoplane, biplane, etc. Sa forme en plan peut varier : rectangulaire, trapézoïdale, en flèche, voire en delta.

Volets : ce sont des gouvernes, placées au bord de fuite de l'aile, qui se braquent simultanément vers le bas afin de créer un surplus de portance à basse vitesse, permettant d'approcher et de se poser à la vitesse la plus faible possible, donc d'utiliser les pistes les plus courtes. Plusieurs types existent : volet d'intrados (seul la partie inférieure de l'aile se braque), volet de courbure (tout le bord de fuite s'abaisse), volet à fente (une fente est créée entre l'aile et le volet pour accélérer l'écoulement aérodynamique et augmenter la portance), volet à recul (tout en se braquant, le volet recule, augmentant ainsi la surface de l'aile et donc la portance). Le summum, utilisé sur les avions de ligne, est le volet type Fowler (volets à multiples éléments, à fente et à recul). On parle alors d'hypersustentation.

Vrille : autorotation (phénomène entretenu) due au décrochage d'une aile et pas de l'autre. La méthode type de sortie est de contrer la rotation à la direction, de pousser sur le manche (pour diminuer l'angle d'incidence de la voilure), puis de faire une ressource souple.

Winglet : surface pratiquement verticale, installée aux extrémités de voilure et destinée à diminuer l'importance des tourbillons marginaux. Ceux-ci, créés par la rencontre de l'air en pression (intrados de la voilure) et en dépression (extrados), génèrent un surcroît de traînée, diminuant la distance franchissable et augmentant la consommation. Optimisés pour le vol en croisière, les winglets peuvent être plus pénalisants dans d'autres phases de vol...

INDEX

Les chiffres en **gras** renvoient aux développements principaux, ceux en *italique* aux illustrations.

CRÉDITS PHOTOGRAPHIQUES

Couverture : Collection Louis Blériot (m) **; Collection Pierre Gaillard** (b) **; Collection Bernard Thouanel** (hg, hd).

Aero-Friedrichshafen : 33 b ; **Avions Mudry :** 149 bg ; **Avions Robin :** 148 mb ; **François Besse :** 9 h, 9 mg, 9 md, 9 b, 10 h, 10 mh, 11 h, 12 h, 12 mh, 12 mb, 14 mh, 15 b, 21 m, 23 h, 25 b, 27 h, 28 b, 29 m, 46 md, 47 h, 47 m, 47 b58 mh, 58 mb, 58 b, 59, 60 h, 60 md, 60 b, 61 h, 61 mh, 61 mb, 61 b, 71 m, 72 b, 73 mh, 73 mb, 78 h, 78 m, 78 b, 79 h, 79 mh, 79 mb, 79 b, 80 mh, 80 mb, 80 b, 81 h, 81 mh, 81 mb, 81 b, 83 b, 84 mg, 84 md, 85 b, 86 h, 86 m, 86 b, 87 h, 88 b, 89 mh, 89 b, 90 m, 90 bg, 90 bd, 91 h, 102 m, 102 mb, 102 b, 103 h, 104 mh, 105 h, 111 h, 115 b, 116 m, 121 m, 128 b, 129 h ; **Cessna Aircraft :** 148 b ; **Collection Aéro-club de France :** 17 mh ; **Collection Bernard Thouanel :** 83 h, 58 h, 60 mg, 73 b, 90 h, 91 b, 92 b, 94, 100 m, 100 b, 101 mb, 101 b, 102 h, 102 mh, 103 m, 103 b, 104 h, 104 m, 104 mb, 104 b, 105 m, 105 b, 106 h, 107 m, 108 m, 108 b, 109 m, 109 mb, 109 b, 110 h, 110 mh, 110 m, 110 mb, 110 b, 111 mh, 111 mb, 111 b, 112 h, 112 m, 112 b, 113 h, 113 m, 113 b, 114 h, 114 m, 114 b, 115 h, 115 mh, 115 mb, 116 h, 116 b, 117 h, 117 mh, 117 mb, 117 b, 118 h, 118 mh, 119 h, 119 mh, 119 mb, 119 b, 120 h, 120 m, 120 b, 121 h, 121 mb, 121 b, 122 h, 122 mh, 122 mb, 122 b, 123 h, 123 m, 123 b, 128 h, 128 mh, 128 m, 128 mb, 129 m, 129 b, 130 h, 130 m, 130 b, 131 h, 131 mh, 131 mb, 131 b, 132 h, 132 mg, 132 b, 133 h, 133 md, 133 mb, 133 b, 136 h, 136 mh, 136 mb, 136 b,137 h,137 mb, 138 h, 138 m, 138 b, 139 h, 139 mh, 139 mb, 139 b, 140 h, 141 mg, 142 h, 142 m, 142 b, 143 h, 143 mh, 143 mb, 143 bg, 143 bg, 144 h, 144 mh, 144 mb, 144 b, 145 h, 145 b, 146 h, 146 m, 146 mb, 146 b, 147 b, 149 h, 150 h, 150 m, 150 b,151 h, 151 b, 152 h, 152 mh, 152 mb, 152 b, 153 h, 153 m, 153 b, 154 h, 154 m, 154 b, 155 h, 155 mh, 155 mb, 155 b ; **Collection Frédéric Lert :** 146 mh ; **Collection Jean Molveau :** 33 hg, 33 hd, 42 mh, 141 md, 148 h, 151 mg ; **Collection Louis Blériot :** 13 h, 13 mh, 13 mb, 13 b ; **Collection Michelin :** 37 b ; **Collection Museu aérospacial de Rio de Janeiro :** 14 b ; **Collection Pierre Gaillard :** 8 mh, 20 m, 20 b, 21 b, 22 h, 22 m, 22 b, 23 b, 24 h, 24 bg, 24 bd, 25 mb, 26 h, 26 m, 26 b, 27 m, 28 h, 28 m, 29 bg, 29 bd, 30 m, 30 b, 31 mb, 31 b, 32 h, 32 m, 32 b, 33 mh, 33 mb, 34, 36 h, 36 mg, 36 mb, 37 h, 37 m, 38 h, 38 m, 38 b, 39 h, 39 m, 39 b, 40 h, 40 m, 40 b, 41 h, 41 m, 41 b, 42 h, 42 mb, 42 b, 43 h, 43 mh, 43 mb, 43 b, 44 h, 44 mh, 44 mb, 44 b, 48 h, 48 mhg, 48 mhd, 48 mb, 48 b, 49 h, 49 m, 49 b, 50 h, 50 m, 51 h, 51 m, 51 b, 52 h, 52 mh, 52 mb, 52 b, 53 m, 53 b, 54 h, 54 m, 54 bg, 54 bd, 55 h, 55 m, 55 b, 64 h, 64 mg, 64 md, 64 b, 65 h, 65 mh, 65 mb, 65 b, 66 h, 66 m, 66 b, 67 h, 67 mh, 67 mb, 67 b, 68 h, 68 m, 68 b, 69 h, 69 mh, 69 mb, 69 b, 70 h, 70 m, 70 b, 71 h, 71 bg, 71 bd, 74 h, 74 mh, 75 b, 76 h, 76 mh, 76 mb, 76 b, 77 h, 77 m, 77 bg, 77 bd, 82 h, 82 mh, 82 mb, 82 b, 83 m, 84 h, 87 m, 87 b, 92 h, 92 m, 93 h, 93 mh, 93 mb, 93 bg, 96 h, 96 m, 97 h, 97 mh, 97 md, 97 mb, 97 b, 98 hg, 98 hd, 98 m, 98 b, 99 h, 99 m, 99 b, 100 h, 101 h, 101 mh, 106 m, 106 b, 107 h, 107 b, 108 h, 109 h, 109 mh, 118 mb, 118 b, 124 h, 124 m, 124 b, 125 h, 125 mh, 125 mb, 125 bg, 125 bd, 134 b, 135 mh, 140 m, 140 b, 148 mh ; **Dassault Aviation :** 126 ; **DR :** 88 h, 89 h, 89 mb ; **Jean-Michel Goyat :** 74 mb, 75 mb ; **Henri-Pierre Grolleau :** 85 h, 85 m ; **Collection Jean-Michel Goyat :** 74 b, 75 h, 75 mh ; **André Hautot :** 84 b ; **Fonds René Couzinet-La Roche sur Yon :** 56 h, 56 m, 56 b, 57 h, 57 mhg, 57 mhd, 57 mb, 57 b ; **Pierre Gaillard :** 124 mb, 134 h, 134 mg, 135 mb, 135 b, 137 mh, 141h, 141 mh, 151 md ; **Jenö Kiss :** 6 ; **Frédéric Lert :** 91 m147 h, 147 m ; **L'Illustration :** 8 h, 8 mb, 8 b, 45 m, 45 b, 46 h, 46 mg, 46 b ; **Ministère de la Défense (Italie) :** 45 h ; **Jean Molveau :** 12 b, 14 h, 14 mb, 15 h, 16 h, 16 mg, 16 md, 16 b, 17 h, 17 b, 18, 20 h, 21 h, 23 mb, 25 h, 25 mh, 28 mg, 29 h, 30 h, 31 hg, 31 hd, 31 m, 36 b, 53 h, 62, 72 h, 73 h, 80 h, 93 b, 149 m ; **NASM :** 10 mb, 10 b, 11 mh, 11 mb, 11 b ; **Gil Roy :** 149 bd ; **Bernard Thouanel :** 134 md, 135 h, 137 b ; **Katushiko Tokunaga :** 132 md.

Impression et reliure : Clerc s.a. - Saint-Amand-Montrond

Première édition - deuxième tirage
Achevé d'imprimer : avril 1999
Dépôt légal en France : septembre 1998
Dépôt légal en Belgique : D-1998-0621-101

Imprimé en France
Printed in France